面向"十四五"高职高专教材·计算机系列

数字电子技术项目教程

（修订本）

主　编　李福军

副主编　闫　坤　宋月丽　余　菲

参　编　山　磊　唐　静
　　　　高　艳　周宗斌

清华大学出版社
北京交通大学出版社
·北京·

内 容 简 介

本书从高职教育技能培养的角度出发，以全新的教学理念和教学方式介绍现代电子技术的基本理论和基本技能，以基础知识为引导，突出介绍数字电子技术的新发展、新器件、新技术、新工艺，特别注重实践应用，采用项目导向、任务驱动、工学结合的学习方式，使知识内容更贴近岗位技能的需要。为增强教学效果和拓展学生技能，在每个项目中配有学习目标、知识拓展、实用资料、技能实训和项目制作，在重点和难点之处提出"想一想"和"知识链接"等关键问题，以启发学生主动思考和学习。

本书将教学内容按实际应用项目模块编写，以电子技术的典型项目为载体，全书内容共 7 个操作项目，包括裁判电路的制作、译码显示电路的制作、多路竞赛抢答器的制作、双音门铃的制作、数字电子钟的制作、数字电压表的制作和大规模数字集成器件及应用。本书遵循由浅入深、循序渐进的教育规律，通过亲自动手制作一些实用电子产品，使学生逐步建立起学习信心和成就感，融"教、学、做"为一体，充分体现了课程改革的新理念。

本书实用性强，可作为高职高专电气自动化、电子信息、机电一体化、计算机等专业的学生教材，也可供从事相应工作的工程技术人员参考使用。

版权所有，侵权必究。

图书在版编目（CIP）数据

数字电子技术项目教程 / 李福军主编．—北京：清华大学出版社；北京交通大学出版社，2011.6（2022.7 重印）

（面向"十四五"高职高专教材·计算机系列）

ISBN 978-7-5121-0588-1

Ⅰ．①数… Ⅱ．①李… Ⅲ．①数字电路-电子技术-高等职业教育-教材 Ⅳ．①TN79

中国版本图书馆 CIP 数据核字（2011）第 106000 号

策划编辑：郭锦程
责任编辑：郭东青　　特邀编辑：宋林静
出版发行：清华大学出版社　　邮编：100084　　电话：010-62776969　　http://www.tup.com.cn
　　　　　北京交通大学出版社　邮编：100044　　电话：010-51686414　　http://press.bjtu.edu.cn
印　刷　者：北京虎彩文化传播有限公司
经　　　销：全国新华书店
开　　　本：185×260　　印张：15.5　　字数：387 千字
版　　　次：2022 年 7 月第 6 次印刷
书　　　号：ISBN 978-7-5121-0588-1/TN·78
印　　　数：10 001～10 500 册　　定价：49.00 元

本书如有质量问题，请向北京交通大学出版社质监组反映。对您的意见和批评，我们表示欢迎和感谢。
投诉电话：010-51686043，51686008；传真：010-62225406；E-mail：press@bjtu.edu.cn。

前　言

本书是为高职院校电气自动化、电子信息、机电一体化、计算机等专业编写的一本新教材。

电子技术日新月异，新知识、新技术、新工艺不断涌现，但不论电子技术如何发展，其基本理论与基本技能都是遵循同样认知规律的。授之以鱼不如授之以渔，教会学生电子技术的基本知识，并培养学生会思考、会学习、会应用，才能使学生适应电子技术飞速发展的社会要求。

传统的电子技术教材偏重学科体系，理论性过强，这对培养高职类应用型技术人才很不适应，往往造成了教师难教，学生难学的局面。造成这种现象的原因是多方面的，主要体现为：一是只讲集成器件的逻辑符号，很少介绍器件实物、型号选用及使用等实用知识；二是只讲数字电路的原理，很少介绍电路的实际应用与制作，使学生感到学无所用。

根据高职教育培养的是面向生产第一线的高级应用技术型人才的要求，本教材力求在保证理论基础、掌握基本技能的基础上，注重集成电路及新器件、新电路的分析与应用，具有以下的特点。

（1）通过典型、实用的操作项目及大量的电路测试的形式，使学生初步建立感观认识，然后对操作结果及出现的问题进行讨论、分析、研究，并得出结论。

（2）学生在做中学，渐进式加深理解和巩固知识点，逐步提高自身的电子技术实际应用能力和计算机设计自动化（EDA）软件的应用技能。

（3）在重点难点之处提出"想一想"等核心问题，变学生被动学习为主动思考学习。通过知识拓展、实用资料、技能训练和项目制作等栏目及时将理论知识与实际产品制作结合起来，实现工学结合，建立学习信心与成就感。

本教材语言通俗易懂、层次清晰严谨、内容丰富实用、图文并茂，特别是一些实际应用与教学经验的写入，使本书更具有特色。全书共7个操作项目，按照"以全面素质为基础、以能力为本位、以学生为主体、以职业技能为主线"的总体设计要求，以形成掌握电子技术的基本技术和操作技能为基本目标，紧紧围绕工作任务完成的需要来选择和组织课程内容。本书以典型项目为载体，链接相应的理论知识和实训技能，融"教、学、做"为一体，适合边教、边学、边做的教学方法。

本教材由辽宁机电职业技术学院李福军担任主编，由宋月丽、闫坤、余菲担任副主编。李福军负责全书的任务设计及总体策划，编写了项目1、项目7和附录，并对全书进行统稿；辽宁机电职业技术学院宋月丽编写了项目2、项目3、项目4；辽宁机电职业技术学院闫坤编写了项目5、项目6。

深圳职业技术学院余菲、连云港职业技术学院山磊、辽宁信息职业技术学院唐静、芜湖职业技术学院高艳、黄冈科技职业学院周宗斌对本教材的编撰做了大量工作，在此一并致谢！

为了配合教学，本教材配有免费的电子教案，可以到北京交通大学出版社网站下载。网址为：http://press.bjtu.edu.cn。

由于编者的能力水平所限，书中难免存在差错和疏漏之处，我们迫切期望使用本教材的广大老师和学生对本教材中存在的问题提出批评、建议和意见（编者信箱：lifujun0415@163.com），以便进一步修订和完善教材。

编　者
2011年5月

学习导航：全书的知识结构框架图

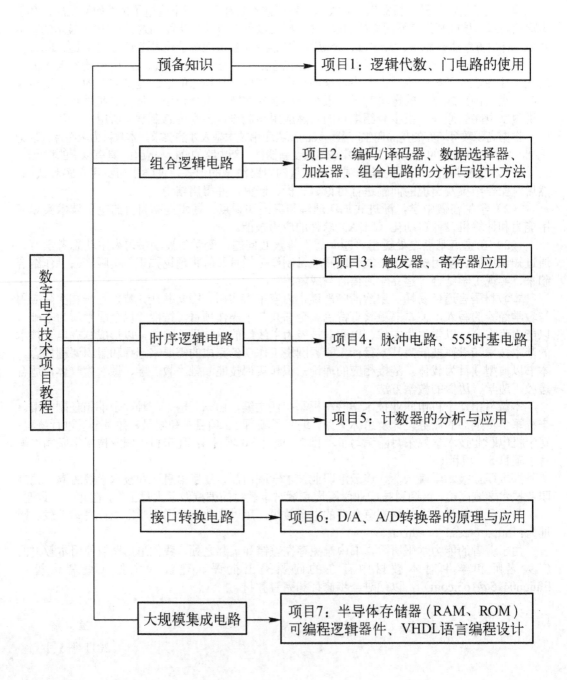

目　录

■ **项目 1　裁判电路的制作** ···1

　任务 1.1　数字电路的预备知识 ···1
　　　1.1.1　认识数字电路 ···2
　　　1.1.2　二进制基础 ···3
　　　1.1.3　逻辑代数基础 ···7
　　　1.1.4　逻辑函数的化简 ··12
　　　1.1.5　逻辑函数的表示方法及其转换···22
　知识拓展 1　用 Multisim 仿真进行逻辑函数的化简与转换··24
　任务 1.2　认识逻辑门电路 ··26
　　　1.2.1　认识分立元器件门电路 ··26
　　　1.2.2　认识 TTL 集成门电路 ···31
　　　1.2.3　认识 CMOS 集成门电路 ···37
　知识拓展 2　TTL 与 CMOS 集成电路使用的注意事项··39
　阅读材料　数字集成电路的种类与封装 ···42
　技能训练　TTL 与非门的功能测试与转换 ··43
　项目制作　裁判电路的组装与制作 ···45
　项目小结 ···48
　自测题 1 ···48

■ **项目 2　译码显示电路的制作** ··51

　任务 2.1　认识编码器和译码器 ··51
　　　2.1.1　编码器 ···52
　　　2.1.2　译码器与显示器 ··55
　任务 2.2　数据选择器及其应用 ··61
　　　2.2.1　认识数据选择器 ··61
　　　2.2.2　数据选择器的应用 ···64
　知识拓展 1　数据分配器的使用 ··66
　任务 2.3　认识加法器 ···67
　　　2.3.1　一位二进制加法器 ···67
　　　2.3.2　多位二进制加法器 ···69
　任务 2.4　组合逻辑电路的分析与设计方法 ··70
　　　2.4.1　组合逻辑电路的分析方法 ···70

I

  2.4.2 组合逻辑电路的设计方法 ·································· 71
 知识拓展2 组合逻辑电路的竞争和冒险问题 ························ 73
 实用资料 常见的集成译码器与编码器 ································ 76
 技能训练 用数据选择器实现组合逻辑电路 ·························· 78
 项目制作 一位十进制编码、译码显示电路的制作 ···················· 80
 项目小结 ··· 83
 自测题2 ··· 83

项目3 多路竞赛抢答器的制作 ································ 86

 任务3.1 学习触发器 ····································· 86
  3.1.1 认识基本RS触发器 ···································· 87
  3.1.2 学习同步触发器 ······································· 89
  3.1.3 学习集成触发器 ······································· 94
  3.1.4 触发器之间的转换 ····································· 97
 任务3.2 认识数据锁存器 ································· 99
  3.2.1 寄存器的基本概念 ····································· 99
  3.2.2 数码寄存器 ·· 100
  3.2.3 数据锁存器 ·· 100
 任务3.3 学习移位寄存器 ································· 102
  3.3.1 移位寄存器 ·· 102
  3.3.2 移位寄存器的应用 ···································· 105
 知识拓展 集成顺序脉冲发生器（CD4017）·························· 106
 技能训练 循环彩灯的调试 ······································ 107
 项目制作 四路竞赛抢答器的制作 ·································· 109
 项目小结 ··· 111
 自测题3 ··· 112

项目4 双音门铃的制作 ······································ 115

 任务4.1 学习脉冲的产生与整形电路 ······················· 116
  4.1.1 单稳态触发器 ·· 116
  4.1.2 多谐振荡器 ·· 120
  4.1.3 施密特触发器 ·· 121
 任务4.2 认识555集成定时器 ······························ 125
  4.2.1 555定时器分析 ······································· 125
  4.2.2 555定时器的典型应用 ································· 127
 知识拓展 石英晶体多谐振荡器 ·································· 130
 技能训练 脉冲发生器的测试 ···································· 131
 项目制作 双音门铃的设计制作 ·································· 132

项目小结 ··· 135
自测题 4 ··· 135

项目 5　数字电子钟的制作 ··· 138

任务 5.1　计数器的分析 ··· 139
　　5.1.1　认识时序电路 ··· 139
　　5.1.2　计数器的分析方法 ··· 141
任务 5.2　常用集成计数器及其应用 ·· 147
　　5.2.1　熟悉常见集成计数器的型号 ·· 147
　　5.2.2　74 系列同步十进制/十六进制加法计数器(74LS160～163) ················ 147
　　5.2.3　CMOS 系列双十进制加法计数器(CD4518) ··································· 151
知识拓展 1　常用异步计数器芯片及其应用 ··· 152
任务 5.3　数字电子钟电路剖析 ·· 155
　　5.3.1　数字电子钟的电路组成 ·· 156
　　5.3.2　数字电子钟的工作原理 ·· 157
知识拓展 2　数字电路故障的检查和排除方法 ·· 160
实用资料　常见集成计数器 ··· 161
技能训练　计数器及其应用 ··· 164
项目制作　数字电子钟的设计与制作 ·· 165
项目小结 ··· 167
自测题 5 ··· 168

项目 6　数字电压表的制作 ··· 171

任务 6.1　认识数/模转换器 ·· 172
　　6.1.1　D/A 转换器的基本原理 ·· 172
　　6.1.2　常见的 D/A 转换器 ·· 173
　　6.1.3　D/A 转换器的主要技术指标 ··· 177
　　6.1.4　集成 D/A 转换器 ··· 177
任务 6.2　认识模/数转换器 ·· 180
　　6.2.1　A/D 转换的过程 ·· 180
　　6.2.2　A/D 转换器的工作原理 ·· 182
　　6.2.3　A/D 转换器的主要技术指标 ··· 186
　　6.2.4　集成 A/D 转换器及其应用 ··· 186
知识拓展　双积分型 A/D 转换器 CC14433 ··· 188
技能训练　加法计数器 D/A 转换的显示 ·· 190
项目制作　直流数字电压表的装调 ··· 191
项目小结 ··· 194
自测题 6 ··· 195

■项目 7　大规模数字集成器件及应用 ··· 196

　任务 7.1　认识半导体存储器 ··· 196
　　7.1.1　半导体存储器的概念 ·· 196
　　7.1.2　随机存取存储器 ·· 197
　　7.1.3　只读存储器 ··· 200
　任务 7.2　学习可编程逻辑器件 ·· 205
　　7.2.1　可编程逻辑器件的基本知识 ·· 206
　　7.2.2　可编程逻辑器件简介 ·· 207
　任务 7.3　EDA 技术与 VHDL 设计 ·· 209
　　7.3.1　EDA 技术介绍 ··· 209
　　7.3.2　EDA 开发软件介绍 ··· 210
　　7.3.3　VHDL 语言设计基础 ·· 211
　实用资料　可编程逻辑器件厂商及软件 ··· 221
　技能训练　计数器的 EDA 设计 ·· 221
　项目小结 ··· 224
　自测题 7 ·· 224

附录 A　常用数字集成电路速查表 ·· 225

附录 B　常用 TTL（74 系列）数字集成电路型号及引脚排列 ··················· 233

附录 C　常用 CMOS（C000 系列）数字集成电路型号及引脚排列 ············· 235

附录 D　常用 CMOS（CC4000 系列）数字集成电路型号及引脚排列 ·········· 237

参考文献 ·· 239

项目 1　裁判电路的制作

项目剖析

在观看一些体育（如举重）比赛项目时，如果人们听到一声铃响，并且看到表示"成功"的信号灯亮起来，说明运动员比赛成绩有效。此裁判电路的基本原理如图 1-1 所示，其中有 3 个输入信号（S_1 为主裁判，S_2、S_3 为两个副裁判），Y 为输出信号。

图 1-1　裁判电路原理框图

那么，这个电路的工作原理是什么？如何进行设计并制作出来呢？相信读者在完成以下各任务的学习后，就会找到这些问题的答案。本项目制作简单，效果明显，通过本项目的学习能使同学们对数字逻辑电路有一个基本认识，也为今后学习其他项目打下必要的基础。如果能制作出实物进行调试，可以大大地提高学习的兴趣。本项目由以下两个学习任务组成：

任务 1　数字电路的预备知识；
任务 2　认识逻辑门电路。

学习目标

数字电路的基础主要可分为逻辑代数（理论知识）和逻辑门电路（器件知识）两大部分。这两者有着密切的联系，且相辅相成。通过本项目的学习，应达到以下目标：
1. 建立二进制的思维方式，深入理解"位权"的概念；
2. 掌握逻辑代数基础知识，并会灵活应用；
3. 掌握基本门电路和集成门电路的特性及其应用；
4. 学会裁判电路的设计、制作与检测。

任务 1.1　数字电路的预备知识

任务目标

1. 了解数字电路的特点及其分类。
2. 学习数制和码制的关系，掌握十进制和二进制数的相互转换。

3. 深入理解基本逻辑运算关系及其基本定理、公式。
4. 熟练掌握逻辑函数的表示方法及其化简方法。

1.1.1 认识数字电路

1. 数字电路的特点

在模拟电子技术中，被传递、加工和处理的信号是模拟信号——这类信号的特点是在时间和幅值上都是连续变化的。如锅炉温度信号控制器中处理的温度信号，广播电视中传送的语音和图像信号等，如图 1-2（a）所示。这种用于传递、加工处理模拟信号的电子线路，称为模拟电路。

在数字电子技术中，被传递、加工和处理的信号是数字信号——这类信号的特点是在时间和幅值上都是不连续变化（即离散）的。如计算机等数字设备中运行的信号，如图 1-2（b）所示，其中高电平和低电平分别用 1 和 0 来表示。这种用于传递、加工处理数字信号的电子线路，称为数字电路。

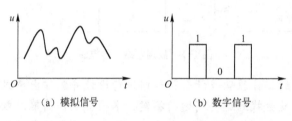

图 1-2　模拟信号和数字信号示意图

思考：模拟电路与数字电路的主要区别是什么？

由于模拟电路处理的是工业现场的连续变化的信号——其典型信号为正弦波形，它的主要作用是对微弱的电信号进行放大，模拟电路原理框图如图 1-3 所示。模拟电路的分析方法以十进制定量计算为主，需要精确计算出各种电参数，因此模拟电路很易受到外界信号的干扰。

数字电路的典型信号为不连续的矩形波，它主要研究的是电路输出与输入信号之间对应的逻辑关系（故又可称之为逻辑电路），数字电路原理框图如图 1-4 所示。由于数字信号只有低、高电平（0、1）两种信息，同时数字电路多为集成电路，内部结构复杂，所以数字电路以二进制方式定性分析电路的外部应用为主（其分析的主要工具是逻辑代数），一般不需深入讨论电路的内部结构。

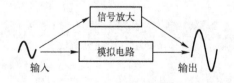

图 1-3　模拟电路原理框图

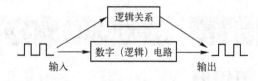

图 1-4　数字电路原理框图

与模拟电路相比，数字电路主要优点如下。

（1）便于高度集成化。由于数字电路采用二进制，基本单元电路结构简单，允许电路参数有较大的离散性，因此便于将很多的单元电路集成在同一块半导体芯片上。

（2）工作可靠性高，抗干扰能力强。数字信号主要是用高电平 1 和低电平 0 来表示信号的有和无，而高电平和低电平为一定的范围值（如 TTL 系列的高电平为 3～5 V），并不是一个固定值，允许在一定范围内波动，从而大大提高了数字电路工作的可靠性，其抗干扰能力也很强。

（3）便于实现智能化。只有数字电路才能直接与计算机连接，实现智能化控制。

（4）数字信息便于长期保存。数字信息可借助某种媒体（如磁盘、光盘等）进行长期保存。

鉴于以上数字电路的优点，现在很多电子产品已逐步趋于数字化，如数字电视、数码摄（照）相机等。

2．数字电路的分类

根据电路结构的不同，数字电路可分为分立电路和集成电路（Integrated Circuit，IC）两种类型。分立电路是指将电阻、电容、晶体管等分立器件用导线在电路板上逐个连接起来的电路，从外观上可以看到一个一个的电子元器件；集成电路则是用特殊的半导体制造工艺将许多微小的电子元器件集中做在一块晶片上而成为一个不可分割的整体电路（集成芯片），从外观上看不到任何元器件，只能看到一个一个的引脚。通常把一个芯片封装内含有等效元器件的个数（或逻辑门的个数）定义为集成度。

根据集成度的不同，数字集成电路的分类如表 1-1 所示。

表 1-1　数字集成电路分类

集成路分类	集 成 度	主要应用场合
小规模集成电路（SSI）	1～10 门/片，或 10～100 个元器件/片	逻辑单元电路，例如：逻辑门电路、集成触发器
中规模集成电路（MSI）	10～100 门/片，或 100～1000 个元器件/片	逻辑部件，例如：编码器、译码器、计数器、寄存器、数据选择器、加法器、转换器等
大规模集成电路（LSI）	100～1000 门/片，或 1000～100 000 个元器件/片	数字逻辑系统，例如：中央控制器、存储器、各种接口电路等
超大规模集成电路（VLSI）	大于 1000 门/片，或 大于 10 万个元器件/片	高集成度的数字系统，例如：各种型号的单片机

根据所用器件制作工艺的不同，数字电路又可分为双极型（TTL 型）和单极型（MOS 型）两大类。

根据电路的结构和工作原理的不同，数字电路还可分为组合逻辑电路和时序逻辑电路两大类。组合逻辑电路没有记忆功能，其输出信号只与当时的输入信号有关，而与电路以前的状态无关。时序逻辑电路具有记忆功能，其输出信号不仅和当时的输入信号有关，而且与电路以前的状态有关。

1.1.2　二进制基础

1．数制

所谓数制就是计数的方法。在日常生活中人们最常用的是十进制数，而目前在数字电路中还没有具有 10 种状态的开关器件可以用来表示一位十进制数。常见的开关器件通常只具有两种不同的状态（如高、低电平），可以用来表示一位二进制数。因此，在数字电路中常用到二进制数。

以上提到的十进制数和二进制数都是进位计数制。常用的数制有十进制、二进制、八进制和十六进制。

1) 十进制（Decimal）

十进制数采用 0，1，2，3，4，5，6，7，8，9 这 10 个不同的数码来表示，通常把数制中所有的数码个数称为基数。十进制数的进位规律是逢十进一。

一个数的大小由它的数码大小和数码所在的位置决定，每个数码所处的位置称为"权"。数码的位置不同，所表示的数值就不同。例如：

$$7777$$
$$7\times10^3=7000$$
$$7\times10^2=700$$
$$7\times10^1=70$$
$$7\times10^0=7$$
$$=7777$$

10^3、10^2、10^1、10^0 称为十进制的权。各数位的权是10的幂。

即 $(7777)_{10} = 7\times10^3 + 7\times10^2 + 7\times10^1 + 7\times10^0$

任意一个十进制数都可以表示为各个数位上的数码与其对应权的乘积之和，称为按权展开式。例如，1352.87 按权展开为

$$(1352.87)_{10} = 1\times10^3 + 3\times10^2 + 5\times10^1 + 2\times10^0 + 8\times10^{-1} + 7\times10^{-2}$$

一个具有 n 位整数和 m 位小数的十进制数，可以记为 $(D)_D$ 或 $(D)_{10}$，下标 D 或 10 表示括号中的 D 为十进制数。十进制数的一般表达式（通式）可表示为

$$(D)_D = d_{n-1}10^{n-1} + d_{n-2}10^{n-2} + \cdots + d_1 10^1 + d_0 10^0 + d_{-1}10^{-1} + d_{-2}10^{-2} + \cdots + d_{-m}10^{-m}$$

$$= \sum_{i=-m}^{n-1} d_i 10^i$$

式中，d_i 为第 i 位的系数，可为 0~9 中的任何一个符号；10 为基数，10^{n-1}，10^{n-2}，…，10^1，10^0，10^{-1}，10^{-2}，…，10^{-m} 分别为各位的权。

2) 二进制（Binary）

二进制数的基数为 2，逢二进一，即 1+1=10。二进制数广泛应用于数字电路中，它只有两个数字符号 0 和 1，与电路的两个状态（开和关、高电平和低电平等）直接对应，使用起来比较方便。二进制数各位的权为 2 的幂。与十进制类似，任一个 n 位整数和 m 位小数的无符号二进制数可按权展开为

$$(D)_B = (d_{n-1}d_{n-2}\cdots d_1 d_0 d_{-1}\cdots d_{-m})_B = \sum_{i=-m}^{n-1} d_i 2^i$$

式中，下标 B 表示 D 为二进制数，系数 d_i 取值只有 0 和 1 两种可能。例如：

$$(101.101)_B = 1\times2^2 + 0\times2^1 + 1\times2^0 + 1\times2^{-1} + 0\times2^{-2} + 1\times2^{-3}$$

3) 十六进制（Hexadecimal）

由于二进制数进制太小，位数太多，书写记忆很不方便，所以往往需要用十六进制数

来表示数字电路（例如，单片机）的相关信息。十六进制数的基数为 16，有 16 个数字符号：0、1、…、9、A（10）、B（11）、C（12）、D（13）、E（14）、F（15），计数规律为逢十六进一，即 F+1=10。十六进制数各位的权为 16 的幂。例如，十六进制数$(3A.5F)_H$ 按权展开为

$$(3A.5F)_H = 3 \times 16^1 + 10 \times 16^0 + 5 \times 16^{-1} + 15 \times 16^{-2}$$

想一想：不同进制数的权有什么区别？

2．不同数制的转换

二进制（或十六进制）数一般用于计算机内部的运算，但人们却只熟悉十进制数，所以需要进行这些进制之间的相互转换，才能实现人与机器之间的信息交流。

1）其他进制数→十进制数

通过前面所学的知识可以看出，将其他进制的数按权展开，再相加，即可得到对应的十进制数。例如：

$$(1010.11)_2 = 1 \times 2^3 + 0 \times 2^2 + 1 \times 2^1 + 0 \times 2^0 + 1 \times 2^{-1} + 1 \times 2^{-2} = (10.75)_{10}$$

2）十进制数→二进制数

转换方法：整数部分采用"除 2 取余法"，即除 2 取余后逆向排序；小数部分采用"乘 2 取整法"，即乘 2 取整后正向排序。

【例 1-1】 将十进制数$(25.3125)_{10}$ 转换成二进制数。

解：

```
2 | 25  …… 余1   低位                    取整
2 | 12  …… 余0    ↑       0.3125×2=0.625  …… 0    高位
2 | 6   …… 余0    |       0.625×2=1.25    …… 1     ↓
2 | 3   …… 余1    |       0.25×2=0.5      …… 0
2 | 1   …… 余1   高位      0.5×2=1.0       …… 1    低位
    0
```

即$(25.3125)_{10} = (11001.0101)_2$

3）十进制数→十六进制数

【例 1-2】 将十进制数$(2341.78)_{10}$ 转换成十六进制数（取三位小数）。

解：

```
16 | 2341 …… 余5   低位                   取整
16 | 146  …… 余2    ↑      0.78×16=12.48  …… 12   高位
16 | 9    …… 余9   高位     0.48×16=7.68   …… 7     ↓
     0                     0.68×16=10.88  …… 10   低位
```

即$(2341.78)_{10} = (925.C7A)_{16}$

4）二进制数与十六进制数之间的相互转换

四位二进制数可以组成一位十六进制数（即 $2^4=16$），而且这种对应关系是一一对应的。这样就不难求得它们之间的相互转换了。

【例 1-3】 将二进制数 1100011011.11 转换成十六进制数。

解：二进制数　　11　0001　1011．1100
　　　　　　　　↓　　↓　　　↓　　　↓
　　十六进制数　　3　　1　　　B．　　C

即　$(1100011011.11)_2 = (31B.C)_{16}$

【例 1-4】 将十六进制数 1F.A 转换为二进制数。

解：十六进制数　　1　　　F．　　A
　　　　　　　　　↓　　　↓　　　↓
　　二进制数　　0001　1111．1010

即　$(1F.A)_{16} = (11111.101)_2$

3．码制

 想一想：什么叫编码？码有大小吗？

广义上的编码是指用一定的符号（如文字、数字等）来表示某一特定对象的过程。例如，读者的名字是文字编码，而读者的学号则是数字编码。虽然这种编码形式不同，但是代表的却是同一个对象（读者这个人本身）。这里将形成这种代码所遵循的规则称为码制。

注意：编码有时表面上看起来是数字（如学号），却没有数量上的含义，没有大小之分。

1）二进制编码

用一定位数的二进制数来表示某一特定对象的过程称为二进制编码。因为十进制编码或某种文字和符号的编码很难用电路来实现，所以在数字电路中一般都采用二进制编码。

2）二-十进制编码（BCD 码）

将 0~9 这 10 个一位十进制数字用四位二进制数 $b_3b_2b_1b_0$ 来表示的编码过程，称为 BCD 编码。常见的几种 BCD 码如表 1-2 所示。

表 1-2　几种常用的 BCD 码

十进制数	8421 码	5421 码	2421 码	余 3 码	格雷码
0	0000	0000	0000	0011	0000
1	0001	0001	0001	0100	0001
2	0010	0010	0010	0101	0011
3	0011	0011	0011	0110	0010
4	0100	0100	0100	0111	0110
5	0101	1000	1011	1000	0111
6	0110	1001	1100	1001	0101
7	0111	1010	1101	1010	0100
8	1000	1011	1110	1011	1100
9	1001	1100	1111	1100	1101
权	8421	5421	2421	无权	无权

（1）有权 BCD 码。四位二进制代码中每一位数码都有确定的位权值，其中 8421BCD 码是一种最简单、最常用的有权码。

【例 1-5】 将 $(465)_{10}$ 转换为其对应的 8421BCD 码。

解： $(465)_{10} = (0100\ 0110\ 0101)_{8421BCD}$

（2）无权 BCD 码。没有确定的位权值。例如，余 3 码是由 8421BCD 码加 3（0011）得来的；格雷码的特点是任意两个相邻的码之间只有一位数不同，是一种可靠性代码，又称为反射循环码。

1.1.3 逻辑代数基础

逻辑代数是处理数字电路的专用数学工具，它是由英国数学家乔治·布尔于 1847 年创立的，所以也叫布尔代数。与普通代数不同，逻辑代数为二值代数，主要处理的是二进制逻辑关系。

1. 认识基本逻辑关系和运算

基本的逻辑关系只有与、或、非这 3 种逻辑，对应的最基本逻辑运算也只有与运算、或运算和非运算。

1）与逻辑（AND）

只有当决定事件（Y）的所有条件（A, B, C, …）全部具备时，此事件（Y）才能发生，这种因果关系叫做与逻辑，实现这种逻辑关系的运算就是与逻辑运算。

下面以两个串联的开关 A，B 控制灯泡 Y 为例来说明，如图 1-5 所示。

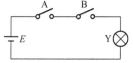

图 1-5 与逻辑实例

由图 1-5 可见，只有当两个开关均闭合时，灯泡才会亮。显然，灯泡的结果状态（亮）和开关的条件状态（闭合）之间符合与逻辑关系，可用表 1-3 来概括。

如果将开关闭合记作 1，断开记作 0；灯亮记作 1，灯灭记作 0，则可得到与逻辑关系的真值表，如表 1-4 所示。

表 1-3 与逻辑功能表

开关 A	开关 B	灯 Y
断开	断开	灭
断开	闭合	灭
闭合	断开	灭
闭合	闭合	亮

表 1-4 与逻辑真值表

A	B	Y
0	0	0
0	1	0
1	0	0
1	1	1

> 真值表里的 0、1 只表示相反的两种状态，不代表数量的大小。

与逻辑运算表达式为

$$Y = A \cdot B \text{ 或 } Y = AB$$

在数字电路中，实现与逻辑运算功能的电路称为与门，其逻辑符号如图 1-6 所示。

图 1-6 与门符号

> 功能概括：全 1 为 1。

 想一想： 请列出具有 3 个变量的与逻辑 $Y = ABC$ 的真值表。

2）或逻辑（OR）

只要决定事件（Y）的所有条件（A, B, C, …）有一个（或一个以上）具备时，此事件（Y）就会发生，这种因果关系叫做或逻辑，实现这种逻辑关系的运算就是或逻辑运算。

或逻辑的实例如图 1-7 所示，不难分析出其功能如表 1-5 所示，真值表如表 1-6 所示。

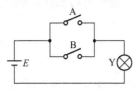

图 1-7　或逻辑实例

表 1-5　或逻辑功能表

开关 A	开关 B	灯 Y
断开	断开	灭
断开	闭合	亮
闭合	断开	亮
闭合	闭合	亮

表 1-6　或逻辑真值表

A	B	Y
0	0	0
0	1	1
1	0	1
1	1	1

或逻辑运算表达式为

$$Y=A+B$$

 想一想：在或逻辑运算中，为什么 1+1=1？

实现或逻辑运算功能的电路称为或门，其逻辑符号如图 1-8 所示。

图 1-8　或门符号

3）非逻辑（NOT）

非逻辑指的是逻辑的否定。当决定事件（Y）发生的条件（A）满足时，事件不发生；条件不满足时，事件反而发生。非逻辑运算表达式为

$$Y = \overline{A}$$

非逻辑的实例如图 1-9 所示，其功能如表 1-7 所示，真值表如表 1-8 所示，逻辑符号如图 1-10 所示。

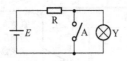

图 1-9　非逻辑实例　　　　　　　　图 1-10　非门符号

表 1-7　非逻辑功能表

开关 A	灯 Y
断开	亮
闭合	灭

表 1-8　非逻辑真值表

A	Y
0	1
1	0

注意：非门只有一个输入端。

2. 复合逻辑关系和运算

在实际工程中遇到的逻辑关系往往是用与、或、非 3 种基本逻辑关系作特定的组合而实现的。常见的复合逻辑有与非、或非、与或非、异或（同或）等几种，具体情况如表 1-9

所示。

表 1-9 常见的复合逻辑关系

复合逻辑	表达式	复合门的逻辑符号	功能简述
与非	$Y = \overline{AB}$	A、B 输入与非门，输出 Y	有 0 为 1
或非	$Y = \overline{A+B}$	A、B 输入或非门，输出 Y	全 0 为 1
与或非	$Y = \overline{AB+CD}$	A、B、C、D 输入与或非门，输出 Y	先与后或，总体取非
异或	$Y = \overline{A}B + A\overline{B} = A \oplus B$	A、B 输入异或门，输出 Y	相异为 1

经过逻辑运算可以得出异或逻辑的真值表，如表 1-10 所示。

表 1-10 异或逻辑真值表

A	B	Y
0	0	0
0	1	1
1	0	1
1	1	0

当 A、B 取值不同时，Y 才为 1。

如果 $Y = \overline{A} \cdot \overline{B} + AB = \overline{A \oplus B}$，则为异或非逻辑（也称同或），其逻辑关系与异或相反，可概括为"相同为 1"（A、B 相同，Y 才为 1）。

3. 基本逻辑运算规律

逻辑代数的基本定律是分析、设计逻辑电路的重要基础，这些定律有其独特的特性，一定要深入领会它们的逻辑含义，不要死记硬背。

1）基本定律

表 1-11 给出了一些重要的基本定律。

表 1-11 基本逻辑运算定律

定律名称	公 式	
0-1 律	$A \cdot 0 = 0$	$A + 1 = 1$
自等律	$A \cdot 1 = A$	$A + 0 = A$
重叠律	$A \cdot A = A$	$A + A = A$
互补律	$A \cdot \overline{A} = 0$	$A + \overline{A} = 1$
还原律	$\overline{\overline{A}} = A$	
交换律	$A \cdot B = B \cdot A$	$A + B = B + A$
结合律	$A \cdot (B \cdot C) = (A \cdot B) \cdot C$	$A + (B + C) = (A + B) + C$
分配律	$A \cdot (B + C) = A \cdot B + A \cdot C$	$A + BC = (A + B) \cdot (A + C)$
反演律	$\overline{AB} = \overline{A} + \overline{B}$	$\overline{A + B} = \overline{A} \cdot \overline{B}$（德·摩根定理）

表中的德·摩根定理可以推广到多个变量，其逻辑式如下：

$$\begin{cases} \overline{A \cdot B \cdot C \cdots} = \overline{A} + \overline{B} + \overline{C} \cdots \\ \overline{A + B + C \cdots} = \overline{A} \cdot \overline{B} \cdot \overline{C} \cdots \end{cases}$$

知识链接

逻辑函数及其相等概念

（1）逻辑变量。在逻辑表达式中，等式右边的字母 A、B、C、D 等称为输入逻辑变量，等式左边的字母 Y 称为输出逻辑变量，字母上面没有非运算符的叫做原变量，有非运算符的叫做反变量。

（2）逻辑函数。如果对应于输入逻辑变量 A，B，C，…的每一组确定值，输出逻辑变量 Y 就有唯一确定的值，则称 Y 是 A，B，C，…的逻辑函数。记为

$$Y = f(A, B, C, \cdots)$$

其中，f 表示输出 Y 和输入 A，B，C，…之间对应的某种逻辑函数关系。

（3）逻辑函数相等的概念。设有两个逻辑函数 $Y_1 = f(A, B, C, \cdots)$ 与 $Y_2 = g(A, B, C, \cdots)$。它们的变量都是 A，B，C，…，如果对应于变量 A，B，C，…的任何一组变量取值，Y_1 和 Y_2 的值都相同，则称 Y_1 和 Y_2 是相等的，记为 $Y_1 = Y_2$。

若两个逻辑函数相等，则它们的真值表一定相同；反之，若两个函数的真值表完全相同，则这两个函数一定相等。因此，要证明两个逻辑函数是否相等，只要分别列出它们的真值表，看看它们在真值表中的取值是否相同即可。

【例 1-6】 试证明德·摩根定理：$\overline{AB} = \overline{A} + \overline{B}$。

解：设公式的左边为 Y_1；公式的右边为 Y_2，利用真值表法可以证明 $Y_1 = Y_2$，如表 1-12 所示。

表 1-12 真值表法证明等式

A	B	$\overline{AB}$ (Y_1)	$\overline{A}$	$\overline{B}$	$\overline{A} + \overline{B}$ (Y_2)
0	0	1	1	1	1
0	1	1	1	0	1
1	0	1	0	1	1
1	1	0	0	0	0

2）常用公式

表 1-13 给出了基本逻辑运算常用公式，这些公式在逻辑函数化简中经常用到。

表 1-13 基本逻辑运算常用公式

公式名称	公　式	证　明
合并律	$AB + A\overline{B} = A$	$AB + A\overline{B} = A(B + \overline{B}) = A \cdot 1 = A$
吸收律	$A + AB = A$	$A + AB = A(1 + B) = A \cdot 1 = A$
消去律	$A + \overline{A}B = A + B$	$A + \overline{A}B = (A + \overline{A})(A + B) = 1 \cdot (A + B) = A + B$

续表

公式名称	公 式	证 明
冗余定理	$AB+\overline{A}C+BC=AB+\overline{A}C$	左 $=AB+\overline{A}C+BC(\overline{A}+A)$ $=AB+\overline{A}C+\overline{A}BC+ABC$ $=AB(1+C)+\overline{A}C(1+B)$ $=AB+\overline{A}C=$右

对于消去律 $A+\overline{A}B=A+B$，可以这样来理解记忆：在两个与项中，一个为 A，另一个为含有 $\overline{A}$ 的与项，则可以消去 $\overline{A}$。

想一想：冗余定理可以推广吗？如何理解记忆它？

4．逻辑代数的基本规则

1）代入规则

在任意逻辑等式中，如果将等式两边的某一变量都代之以另一个量（或一个逻辑函数），则该等式仍成立，这个规则称为代入规则。

例如，在公式 $\overline{AB}=\overline{A}+\overline{B}$ 中，用 $\overline{A}$ 替代 A，用 $\overline{B}$ 替代 B，则有 $\overline{\overline{A}\cdot\overline{B}}=A+B$，这可以看作是原公式的一种变形。可见，利用代入规则可以灵活地应用基本公式，并扩大原公式的应用范围。

2）反演规则

对于任何一个逻辑表达式 Y，如果将表达式中的所有"·"换成"+"，"+"换成"·"；"0"换成"1"，"1"换成"0"，原变量换成反变量，反变量换成原变量，那么所得到的表达式就是函数 Y 的反函数 $\overline{Y}$（或称补函数）。这个规则称为反演规则。

【例1-7】 试求 $Y=\overline{A}B+A\overline{B}$ 的反函数 $\overline{Y}$。

解：根据反演规则，可作如下变化：

$$Y=\overline{A}\cdot B+A\cdot \overline{B}$$
$$\overline{Y}=(A+\overline{B})\cdot(\overline{A}+B) \quad \text{——括号的作用是保持了原式 } Y \text{ 的运算顺序}$$
$$=\overline{A}\cdot\overline{B}+A\cdot B$$

通过这个例子进一步证明了同或是异或的反函数（异或非）。

【例1-8】 试求 $Y=AC+\overline{A(B+C)}$ 的反函数 $\overline{Y}$。

解：$\overline{Y}=(\overline{A}+\overline{C})\cdot\overline{\overline{A}+\overline{B}\cdot\overline{C}}=(\overline{A}+\overline{C})A(B+C)=\overline{A}\overline{C}(B+C)=AB\overline{C}$

注意：对于原函数式中两个变量以上的"大非号"，在反演规则变换时应保持不变。

3）对偶规则

对于任何一个逻辑表达式 Y，如果将表达式中的所有"·"换成"+"，"+"换成"·"；"0"换成"1"，"1"换成"0"，而变量保持不变，则可得到的一个新的函数表达式 Y'，Y' 称为函 Y 的对偶函数。这个规则称为对偶规则。

例如，分配律第一个公式为

$$A(B+C)=AB+AC$$

根据对偶规则，其对偶式为

$$A+BC=(A+B)(A+C)$$

这个公式较难理解，但只要记住了第一个公式，它的对偶式仍然成立。可见，利用对偶规则可以使公式应用扩大一倍。因此，前面讲到的定律公式往往是成对出现的。

1.1.4 逻辑函数的化简

1. 化简逻辑函数的意义

逻辑问题常用逻辑函数式表达出来，而有时根据实际问题得到的逻辑表达式往往并不是最简逻辑式，并且可以有不同的形式。因此，实现同一个逻辑函数问题就会出现不同的逻辑电路设计方案，这就要求对逻辑函数进行化简和变换，得到最简逻辑式及相关形式，从而设计出最简洁的逻辑电路。可见，逻辑函数的化简不仅能节省器件、降低成本，还减少了连线、提高了系统的可靠性，具有十分重要的实际工程意义。

2. 逻辑函数的表达式

1) 一般逻辑表达式的形式

一个逻辑函数的表达式并不是唯一的。常见的逻辑表达式有 5 种形式，它们之间可以相互变换，这种变换在逻辑电路的分析和设计中经常用到。例如：

$$Y = \overline{A}B + AC \quad \text{——与或（积之和）式}$$
$$= (A+B)(\overline{A}+C) \quad \text{——或与（和之积）式}$$
$$= \overline{\overline{\overline{A}B} \cdot \overline{AC}} \quad \text{——与非-与非式}$$
$$= \overline{\overline{A+B} + \overline{\overline{A}+C}} \quad \text{——或非-或非式}$$
$$= \overline{A \cdot \overline{B} + \overline{AC}} \quad \text{——与或非式}$$

可以证明，这 5 种表达式只是形式上不同，但实际上是逻辑相等的，它们所表示的是同一个逻辑问题。采用不同的表达式，就对应用不同的逻辑电路来实现。因此，可以根据实际所用器件的要求，将一个已知的逻辑函数式进行变换，就可以用不同的逻辑器件（如不同门电路）来实现。

2) 最简函数表达式

逻辑函数有多种形式，其中与或式最为常用，也很容易转换成其他类型的表达式。因此，应着重研究最简单的与或式。

一个与或表达式，根据逻辑相等和有关公式、定理进行变换，其结果并不是唯一的。以 $Y = A\overline{B} + BC$ 这个与或式为例，可表示为

$$Y = A\overline{B} + BC \quad \text{——原式}$$
$$= A\overline{B} + BC + AC \quad \text{——配上冗余项}$$
$$= A\overline{B}C + A\overline{B}\,\overline{C} + \overline{A}BC + ABC \quad \text{——原式配项变化}$$

可以证明：以上 3 个式子逻辑上是相等的，即实现的是同一个逻辑问题。但是哪一个式子最简单呢？显然，第一个式子最简单，用它实现逻辑问题最合算。由此可以得出最简与或式的标准如下。

① 逻辑函数式中的乘积项（与项）的个数最少。
② 每个乘积项中的变量数最少。
如何才能得到一个最简与或式呢？这就需要对逻辑函数进行化简。

3. 公式化简法

公式化简法就是利用学过的公式和定理消除与或式中的多余项和多余因子，常见的方法有以下几种。

1）并项法

利用公式 $A+\overline{A}=1$，将两乘积项合并为一项，并消去一个互补（相反）的变量。如

$$Y = AB\overline{C} + \overline{A}B\overline{C} = (A+\overline{A})B\overline{C} = B\overline{C}$$

2）吸收法

利用公式 $A+AB=A$ 吸收多余的乘积项。如

$$Y = \overline{A}B + \overline{A}BC = \overline{A}B$$

3）消去法

利用公式 $A+\overline{A}B = A+B$ 消去多余因子 $\overline{A}$；利用冗余定理公式 $AB+\overline{A}C+BC = AB+\overline{A}C$ 消去多余项 BC。如

$$Y = \overline{A} + AC + B\overline{C}D = \overline{A} + C + B\overline{C}D = \overline{A} + C + BD$$

又如

$$Y = AD + \overline{A}EG + DEG = AD + \overline{A}EG$$

式中 DEG 为冗余项，可以消去。

4）配项法

利用公式 $A+\overline{A}=1$ 及 $AB+\overline{A}C+BC = AB+\overline{A}C$ 等，给某函数配上适当的项，进而可以消去原函数式中的某些项。

【例 1-9】 化简函数 $Y = A\overline{B} + B\overline{C} + \overline{B}C + \overline{A}B$。

分析：表面看来似乎无从下手，好像 Y 不能化简，已是最简式。但如果采用配项法，则可以消去一项。

解 1：

$$Y = A\overline{B} + B\overline{C} + (A+\overline{A})\overline{B}C + \overline{A}B(C+\overline{C})$$
$$= A\overline{B} + B\overline{C} + A\overline{B}C + \overline{A}\overline{B}C + \overline{A}BC + \overline{A}B\overline{C}$$
$$= A\overline{B} + B\overline{C} + \overline{A}C$$

解 2：若前两项配项，后两项不动，则有

$$Y = A\overline{B}(C+\overline{C}) + (A+\overline{A})B\overline{C} + \overline{B}C + \overline{A}B$$
$$= \overline{A}B + B\overline{C} + \overline{A}C$$

由本例可见，有时化简的结果并不是唯一的。如果两个结果形式（项数、每项中变量数）相同，则二者均正确，可以验证二者逻辑相等。

【例 1-10】 化简函数 $Y = A\overline{B} + BD + \overline{A}D$。

解：配上前两项的冗余项 AD，对原函数并无影响。则有

$$Y = A\overline{B} + BD + AD + \overline{A}D = A\overline{B} + BD + D$$
$$= A\overline{B} + D$$

公式法化简，要求必须熟练应用基本公式和常用公式，有时还需要一定的经验与技巧，尤其是难以判断所得到的结果是否最简，这些都给初学者造成了一定的困难。为了解决这一问题，可采用卡诺图化简法。

4．卡诺图化简法

用卡诺图化简逻辑函数，直观灵活，而且能确定化简结果是否为最简。在学习卡诺图之前，首先要研究逻辑函数的最小项问题，最小项是一个非常重要的概念。

1) 最小项

（1）定义。如果一个函数的某个乘积项包含了函数的全部变量，其中每个变量都以原变量或反变量的形式出现，且仅出现一次，则这个乘积项称为该函数的一个标准积项，通常称为最小项。

例如，3个变量 A，B，C 可组成 $2^3=8$ 个最小项：

$\overline{A}\overline{B}\overline{C}$、$\overline{A}\overline{B}C$、$\overline{A}B\overline{C}$、$\overline{A}BC$、$A\overline{B}\overline{C}$、$A\overline{B}C$、$AB\overline{C}$、$ABC$

（2）最小项的编号。为了方便记忆，通常用编号 m_i 来表示最小项。下标 i 的确定：把最小项中的原变量记为 1，反变量记为 0，当变量顺序确定后，可以按顺序排列成一个二进制数，则与这个二进制数相对应的十进制数，就是这个最小项的下标 i。例如，3个变量 A，B，C 对应8个最小项的表示方法如表1-14所示。

表1-14　3个变量的最小项及其编号表示方法

序 号	变 量 取 值 A B C	最 小 项	最小项编号 m_i
0	0 0 0	$\overline{A}\overline{B}\overline{C}$	m_0
1	0 0 1	$\overline{A}\overline{B}C$	m_1
2	0 1 0	$\overline{A}B\overline{C}$	m_2
3	0 1 1	$\overline{A}BC$	m_3
4	1 0 0	$A\overline{B}\overline{C}$	m_4
5	1 0 1	$A\overline{B}C$	m_5
6	1 1 0	$AB\overline{C}$	m_6
7	1 1 1	ABC	m_7

（3）最小项的性质。

① 任意一个最小项，只有一组变量取值使其值为1。

② 任意两个不同的最小项的乘积必为0。

③ 全部最小项的和必为1。

2) 逻辑函数的最小项表达式

逻辑函数的最小项表达式又可称为标准与或式。任何一个逻辑函数都可以表示成唯一的一组最小项之和，即标准与或式具有唯一性。

如果已经列出了函数的真值表，则只要将函数值 Y 为 1 的那些最小项相加，便是函数的最小项表达式。

【例1-11】已知函数的真值表如表1-15所示，试写出该函数的最小项表达式。

表 1-15　函数的真值表

A	B	C	Y
0	0	0	0
0	0	1	1	→ $m_1 = \overline{A}\,\overline{B}C$
0	1	0	0
0	1	1	1	→ $m_3 = \overline{A}BC$
1	0	0	0
1	0	1	1	→ $m_5 = A\overline{B}C$
1	1	0	1	→ $m_6 = AB\overline{C}$
1	1	1	0

解：$Y = m_1 + m_3 + m_5 + m_6 = \overline{A}\cdot\overline{B}\cdot C + \overline{A}\cdot B \cdot C + A\overline{B}C + AB\overline{C} = \sum(1,3,5,6)$

注意：将真值表中函数值为 0 的那些最小项相加，便可得到反函数 $\overline{Y}$ 的最小项表达式。

对于不是最小项表达式的与或表达式，可利用公式 $A + \overline{A} = 1$ 来配项展开变换成最小项表达式。

【例 1-12】将逻辑函数表达式 $Y = \overline{A} + BC$ 变成标准与或式。

解：$Y = \overline{A} + BC$
$= \overline{A}(B + \overline{B})(C + \overline{C}) + (A + \overline{A})BC$
$= \overline{A}BC + \overline{A}B\overline{C} + \overline{A}\,\overline{B}C + \overline{A}\,\overline{B}\,\overline{C} + ABC + \overline{A}BC$
$= \overline{A}\,\overline{B}\,\overline{C} + \overline{A}\,\overline{B}C + \overline{A}B\overline{C} + \overline{A}BC + ABC$
$= m_0 + m_1 + m_2 + m_3 + m_7$
$= \sum m(0,1,2,3,7)$

3）逻辑函数的卡诺图表示法

（1）最小项卡诺图。卡诺图是逻辑函数的图形表示法。这种方法是将 n 个变量的全部最小项填入具有 2^n 个小方格的图形中，其填入规则是使逻辑相邻的最小项在几何位置上也相邻。所得到的图形称为 n 变量最小项的卡诺图，简称卡诺图。图 1-11 为二、三、四变量的卡诺图。

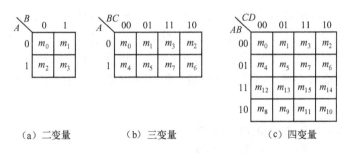

(a) 二变量　　(b) 三变量　　(c) 四变量

图 1-11　二、三、四变量的卡诺图

图 1-11 中用 m_i 注明每个小方格对应的最小项。为了便于记忆，在卡诺图中左上角斜线下面标注行变量（A, AB），斜线上面标注列变量（B, BC, CD），两侧所标的 0 和 1 表示对应小方块中最小项为 1 的变量取值。

知识链接

关于卡诺图的相邻性

卡诺图最大的优点就是形象地表达了有关最小项之间的相邻性。

（1）几何相邻。最小项在几何位置上的相邻关系。主要包括：一是相挨（挨在一起的两个小方格）；二是相对（任意一行或一列的两端）。

（2）逻辑相邻。如果任意两个最小项中只有一个变量不同（互补），则称这两个最小项为逻辑相邻。例如在图 1-11（b）中，$m_0 = \overline{A} \cdot \overline{B} \cdot \overline{C}$ 和 $m_1 = \overline{A} \cdot \overline{B} \cdot C$，二者只有 C 变量不同，故 m_0 与 m_1 逻辑相邻。同理可得，m_0 与 m_2，m_4 也逻辑相邻。

（3）重要结论。在卡诺图中，凡是几何相邻的最小项必为逻辑相邻。这一结论体现了卡诺图作为化简工具的实质，同时说明了卡诺图的行、列变量只有按照循环反射码（00，01，11，10）的顺序标注，才能满足此结论的成立。

相邻的最小项才可以合并，消去有关互补变量，从而达到化简函数的目的。例如，$m_0 = \overline{A} \cdot \overline{B} \cdot \overline{C}$ 和 $m_1 = \overline{A} \cdot \overline{B} \cdot C$，因二者相邻，则 $m_0 + m_1 = \overline{A} \cdot \overline{B} \cdot \overline{C} + \overline{A} \cdot \overline{B} \cdot C = \overline{A} \cdot \overline{B}$，消去了 C 变量。

（2）用卡诺图表示逻辑函数。由于任何一个逻辑函数都可变换为最小项表达式，因此，可以用卡诺图来表示逻辑函数。

用卡诺图表示逻辑函数是将逻辑函数转换为最小项表达式，然后在卡诺图上将式中包含的最小项在所对应的小方格内填上 1，其余位置上填上 0（或空着），得到的即为逻辑函数的卡诺图。

【例 1-13】 用卡诺图表示逻辑函数 $Y(A, B, C) = \sum m(2, 3, 5, 7)$。

解：这是一个 3 变量逻辑函数，$n=3$，先画出 3 变量卡诺图。由于已知 Y 为最小项表达式，因此在对应卡诺图中 2，3，5，7 号小方格中填 1，其余小方格不填，即画出了 Y 的卡诺图，如图 1-12 所示。

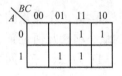

图 1-12 例 1-13 的卡诺图

【例 1-14】 用卡诺图表示逻辑函数 $Y = (\overline{A}B + A\overline{B})\overline{C} + \overline{B}CD + \overline{B}C\overline{D} + A\overline{B}CD$。

分析：由于已知 Y 式不是与或式，因此先将其变成一般与或式，而后有两种方法。

其一，将 Y 式配项变成最小项表达式，再填入卡诺图，此方法较麻烦。

其二，不用变成最小项表达式，直接将一般与或式填入卡诺图，此方法较快捷。

解 1：

$Y = (\overline{A}B + A\overline{B})\overline{C} + \overline{B}CD + \overline{B}C\overline{D} + A\overline{B}CD$

$= \overline{A}B\overline{C} + A\overline{B}\overline{C} + \overline{B}CD + \overline{B}C\overline{D} + A\overline{B}CD$

$= \overline{A}B\overline{C}\overline{D} + \overline{A}B\overline{C}D + A\overline{B}\overline{C}\overline{D} + A\overline{B}\overline{C}D + \overline{A}\overline{B}CD + A\overline{B}CD + A\overline{B}C\overline{D}$

$$+A\bar{B}C D+A\bar{B}\bar{C}D$$
$$=m_2+m_3+m_4+m_5+m_9+m_{10}+m_{11}+m_{12}+m_{13}$$

将 Y 填入卡诺图如图 1-13 所示。

解 2：

① 先把已知 Y 式展开成一般与或式

$$Y=\bar{A}B\bar{C}+AB\bar{C}+\bar{B}CD+\bar{B}C\bar{D}+A\bar{B}\bar{C}D$$

② 画出四变量卡诺图（空白）。

③ 将上式中的每个乘积项直接填入卡诺图中。

具体方法为：因为 $\bar{A}B\bar{C}$ 缺少 D 变量，所以不用看 D 变量。只看行变量 $\bar{A}B(AB=01)$ 对应的第 2 行；列变量 $\bar{C}(C=0)$ 对应的第 1 列和第 2 列，这样第 2 行和第 1 列、第 2 列交叉的小方格为 $\bar{A}B\bar{C}$ 对应的最小项，即 4，5 号小方格（如图 1-13 中虚线所示），故在这两个小方格中填 1。其他"与项"依次类推，最后一项 $A\bar{B}\bar{C}D$ 为最小项，即 m_9，在 9 号小方格中填 1。注意，若有重复最小项的小方格，只填一个 1（因为 1+1=1）。如此填完全部"与项"，就画出了该函数 Y 对应的卡诺图，如图 1-13 所示。

正确填写函数的卡诺图是利用卡诺图进行化简的基本工作。只有正确画出了函数的卡诺图，才能保证化简的正确性。

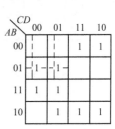

图 1-13 例 1-14 的卡诺图

4）用卡诺图化简逻辑函数

（1）化简规律。两个相邻最小项合并为一项，消去一个变量，合并结果为它们的共有变量。

在图 1-14（a）和图 1-14（b）中画出了两个最小项相邻的几种可能情况。例如，图 1-14（a）中 $\bar{A}BC(m_3)$ 和 $ABC(m_7)$ 相邻，可合并为：$\bar{A}BC+ABC=(\bar{A}+A)BC=BC$。合并后将 A 和 $\bar{A}$ 这个互非变量消去，只剩下公共变量 B 和 C。

4 个相邻最小项合并为一项，消去 2 个变量，合并结果为它们的共有变量。

如图 1-14（d）中示出了 4 个最小项相邻的合并情况。

$$Y=m_5+m_7+m_{13}+m_{15}$$
$$=\bar{A}B\bar{C}D+\bar{A}BCD+AB\bar{C}D+ABCD$$
$$=\bar{A}BD(\bar{C}+C)+ABD(\bar{C}+C)$$
$$=\bar{A}BD+ABD=BD$$

合并结果为这 4 个相邻最小项的共有变量，消去了 A，$\bar{A}$ 和 C，$\bar{C}$ 这两个互非的变量。只剩下 4 个最小项的公共变量 BD。

8 个相邻最小项合并为一项时，消去 3 个变量，合并结果为它们的共有变量。

如图 1-14（e）中表示出了 8 个最小项相邻合并的情况。

例如，在图 1-14（e）中，上边两行的 8 个最小项是相邻的，可将它们合并为一项 $\bar{A}$。

其他互非的变量都被消去了。

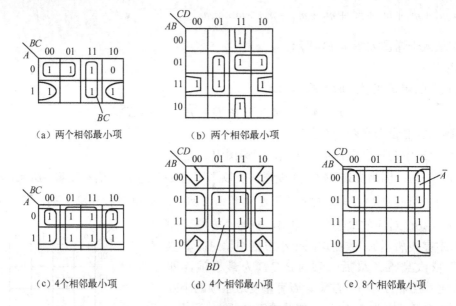

图 1-14 最小项相邻的几种情况

至此，可以归纳出用卡诺图合并相邻最小项的一般规则。

① 用卡诺图合并相邻最小项的个数必须是 2^n 个（$n=0$，1，2，3，…）。为清楚起见，通常用画包围圈的方法将合并的最小项圈起来。

② 包围圈内相邻最小项合并的结果可直接从卡诺图中求得，即为各相邻最小项的共有变量。

（2）卡诺图（圈 1 法）化简方法。用卡诺图化简逻辑函数的步骤如下。

① 将逻辑函数填入卡诺图中，得到逻辑函数卡诺图。

② 找出可以合并（即几何上相邻）的最小项，并用包围圈将其圈住。

③ 合并最小项，保留相同变量，消去相异变量。

④ 将合并后的各乘积项相或，即可得到最简与或表达式。

用卡诺图化简逻辑函数画包围圈合并相邻项时，为保证化简结果的正确性，应注意以下规则。

① 每个包围圈所圈住的相邻最小项（即小方块中对应的 1）的个数应为 2，4，8 个等，即为 2^n 个。

② 包围圈尽量大。即圈中所包含的最小项越多，其公共因子越少，化简的结果越简单。

③ 包围圈的个数尽量少。因个数越少，乘积项就越少，化简后的结果就越简单。

④ 每个最小项均可以被重复包围，但每个圈中至少有一个最小项是不被其他包围圈所圈过的，以保证该化简项的独立性。

⑤ 不能漏圈任何一个最小项。

【例 1-15】 用卡诺图化简法化简逻辑函数 $Y = A\bar{B} + B\bar{C} + \bar{B}C + \bar{A}B$。

解：（1）画出三变量 A、B、C 的卡诺图，如图 1-15 所示。

（2）填卡诺图。将逻辑函数式中的最小项在卡诺图相应的方格内填 1，没有最小项的方格内填 0 或不填。

（3）画包围圈。合并相邻最小项。在包围圈内，若变量以互非出现（即以原变量出现，又以反变量出现）则被消去。

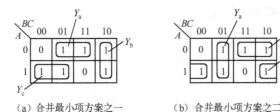

(a) 合并最小项方案之一　　　　(b) 合并最小项方案之二

图 1-15　例 1-15 的卡诺图化简

如图 1-15（a）和图 1-15（b）所示，有两种可取的合并最小项的方案。
按图 1-15（a）的方案合并最小项，则可得

$Y_a = \overline{A}C$，在此包围圈中，变量 B 以原变量 1 和反变量 0 出现；

$Y_b = B\overline{C}$，在此包围圈中，变量 A 以原变量 1 和反变量 0 出现；

$Y_c = A\overline{B}$，在此包围圈中，变量 C 以原变量 1 和反变量 0 出现。

按图 1-15（b）的方案合并最小项，则可得

$Y_a = \overline{B}C$，$Y_b = \overline{A}B$，$Y_c = A\overline{C}$。

（4）写出逻辑函数的最简与或表达式。将各包围圈相邻最小项的合并结果进行逻辑加，便为逻辑函数的最简与或表达式。按图 1-15（a）的方案合并最小项，则可得

$$Y = Y_a + Y_b + Y_c = \overline{A}C + B\overline{C} + A\overline{B}$$

按图 1-15（b）的方案合并最小项，则可得

$$Y = Y_a + Y_b + Y_c = \overline{B}C + \overline{A}B + A\overline{C}$$

两个化简结果都符合最简与或表达式的标准。

此例说明，有时一个逻辑函数的化简结果不是唯一的（可与例 1-9 进行对比）。

【例 1-16】用卡诺图化简法化简逻辑函数 $Y = \sum m(3,4,5,7,9,13,14,15)$。

解：（1）画 4 变量卡诺图。如图 1-16 所示。

（2）填卡诺图。有最小项的方格填 1。

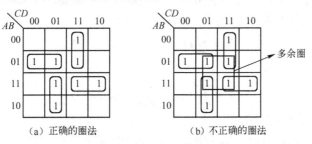

(a) 正确的圈法　　　　(b) 不正确的圈法

图 1-16　例 1-16 的卡诺图化简

（3）画卡诺图圈，合并相邻最小项，如图 1-16（a）所示。写出逻辑函数的最简与或表达式的结果为

$$Y = \overline{AB}\overline{C} + \overline{A}\overline{C}D + \overline{A}CD + ABC$$

在图 1-16（b）中多画了一个 4 个相邻项的包围圈，这样，就不能得到最简与或表达式，而多了一个与项 BD。因此，在卡诺图画完后应仔细观察一下有无多余的包围圈。

5．具有约束项的逻辑函数化简

【例 1-17】 在十字路口有红、绿、黄 3 色交通信号灯，规定红灯亮停，绿灯亮行，黄灯亮稍等，试分析车行与 3 色信号灯之间逻辑关系。

分析：设红、绿、黄灯分别用 A、B、C 表示，且灯亮为 1，灯灭为 0。车用 Y 表示，车行 $Y=1$，车停 $Y=0$。列出该函数的真值表如表 1-16 所示。

表 1-16 交通灯真值表

A	B	C	Y
0	0	0	×
0	0	1	0
0	1	0	1
0	1	1	×
1	0	0	×
1	0	1	×
1	1	0	×
1	1	1	×

结论：由此例可见，实际逻辑问题中往往有些情况不会出现。此时，逻辑函数 Y 既不为 1，也不为 0，而用"×"来表示。

1）约束项、任意项和无关项

在分析某些具体的逻辑问题时，有些变量的取值组合是不可能出现的，这些取值组合对应的最小项称为约束项。例如，在上面的交通灯实例中，有 5 个最小项是不会出现的，如 $\overline{AB}\overline{C}$（3 个灯都不亮）、$AB\overline{C}$（红灯、绿灯同时亮）等。因为一个正常的交通灯系统不可能出现这些情况，是受到约束的。因此，这 5 种组合对应的最小项称为约束项。而在有的情况下，逻辑函数在某些变量取值组合出现时，对逻辑函数值并没有影响，其值可以是 1，也可以是 0，这些变量取值组合对应的最小项称为任意项。约束项和任意项统称为无关项。这里所说的无关是指是否把这些最小项写入逻辑函数式无关紧要，可以写入也可以删除。

带有约束项的逻辑函数的最小项表达式可表示为

$$Y = \sum m(\quad) + \sum d(\quad)$$

如本实例的函数可写成

$$Y = \sum m(2) + \sum d(0,3,5,6,7)$$

2）利用无关项化简逻辑函数

具有无关项的逻辑函数化简的关键是如何利用无关项"×"来进行。

（1）无关项"×"在卡诺图中既可看作 1，也可看作 0。

(2) 为使函数式尽可能地化简,可以把与有关最小项 1 方格相邻的无关项("×"方格)当成 1 处理,画入圈内。圈中必须至少有一个有效的最小项,不能全是无关项。

(3) 未用到的无关项当成 0,不做处理。

【例 1-18】 化简逻辑函数式 $Y = \sum m(3,6,8,9,11,12) + \sum d(0,1,2,13,14,15)$。

解:利用卡诺图化简的结果如图 1-17 所示。

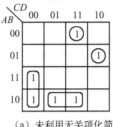
(a) 未利用无关项化简

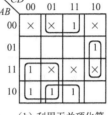
(b) 利用无关项化简

图 1-17 例 1-17 的卡诺图化简

未利用无关项化简时的卡诺图如图 1-17(a)所示,由图可得

$$Y = \overline{A}\overline{B}CD + \overline{A}BC\overline{D} + A\overline{C}\overline{D} + A\overline{B}D$$

利用无关项化简时的卡诺图如图 1-17(b)所示,由图可得

$$Y = A\overline{C} + \overline{B}D + BC\overline{D}$$

结论:由本例可看出,利用无关项化简时所得到的逻辑函数式比未利用无关项时要简单得多。因此,在化简逻辑函数时应充分利用无关项。

【例 1-19】 表 1-17 所示是 8421BCD 码表,其中 1010~1111 六个状态不可能出现,为无关项。要求当十进制数为奇数时,输出 $Y=1$。试求 Y 的最简与或式。

表 1-17 例 1-19 真值表

十进制数	输入变量				输出变量
	A	B	C	D	Y
0	0	0	0	0	0
1	0	0	0	1	1
2	0	0	1	0	0
3	0	0	1	1	1
4	0	1	0	0	0
5	0	1	0	1	1
6	0	1	1	0	0
7	0	1	1	1	1
8	1	0	0	0	0
9	1	0	0	1	1

续表

十进制数	输入变量 A B C D	输出变量 Y
不会出现	1 0 1 0	×
	1 0 1 1	×
	1 1 0 0	×
	1 1 0 1	×
	1 1 1 0	×
	1 1 1 1	×

解：画出 Y 对应的卡诺图，如图 1-18 所示。

（1）若不考虑无关项，化简可得

$$Y = \overline{A}D + \overline{B}C\overline{D} \quad \text{（自行分析）}$$

（2）若考虑无关项，并利用无关项"×"进行化简，如图 1-18 所示，其结果为

$$Y=D$$

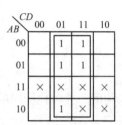

图 1-18　例 1-19 的卡诺图化简

结论：此例说明了利用无关项可将该逻辑问题大大简化，其实质可概括为"$D=1$ 时，$Y=1$。即当 $D=1$ 时，十进制数就为奇数，与其他变量 A、B、C 无关"。

1.1.5　逻辑函数的表示方法及其转换

逻辑函数常用的表示方法有真值表、逻辑函数表达式、卡诺图、逻辑图和波形图等 5 种。

【例 1-20】 在举重比赛中，有甲、乙、丙 3 名裁判（其中甲是主裁判）。当有两名或两名以上裁判（其中必须包括主裁判）认为运动员成绩合格时，才发出合格信号。

要求：试用不同的逻辑函数表示方法描述该逻辑问题。

1）真值表

真值表是由变量的所有可能取值组合及其对应的函数值所构成的表格。本实例的真值表如表 1-18 所示。可见，真值表中的后 3 种情况使函数 $Y=1$。

表 1-18　裁判电路的真值表

A	B	C	Y
0	0	0	0
0	0	1	0
0	1	0	0
0	1	1	0
1	0	0	0
1	0	1	1
1	1	0	1
1	1	1	1

2）逻辑函数表达式

逻辑函数表达式是由逻辑变量和各种逻辑运算符连接起来所构成的式子。本例的标准与或表达式为

$$Y = \bar{A}BC + AB\bar{C} + ABC$$
$$= \sum m(5,6,7)$$

3）卡诺图

卡诺图是逻辑函数的图形表示形式。本例的卡诺图如图 1-19 所示。

4）逻辑图

逻辑图是由逻辑符号连接构成的数字逻辑电路图。经卡诺图化简可得该例的最简与或表达式，进而可以变换为与非-与非表达式，最后可采用与非门实现该电路，本例的逻辑图如图 1-20 所示。

$$Y = AB + AC = \overline{\overline{AB} \cdot \overline{AC}}$$ —— 与非-与非表达式

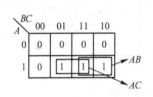

图 1-19　裁判电路的卡诺图

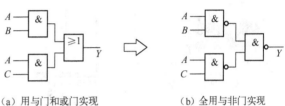

（a）用与门和或门实现　　（b）全用与非门实现

图 1-20　裁判电路的逻辑图

> **注意**：逻辑图是实现逻辑电路的工程文件，它具体表示出了电路的连线关系。

5）波形图

波形图是由输入变量的所有可能取值组合的高、低电平及其对应的输出函数值的高、低电平所构成的图形。本例的波形图如图 1-21 所示。

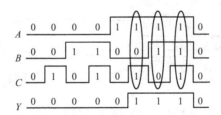

图 1-21　裁判电路的波形图

实际上，上述逻辑函数的 5 种表示方法所描述的是同一个逻辑问题。它们在本质上是相通的，只是形式上不同，且不同的表示方法之间可以相互转换，转换过程如图 1-22 所示。

图 1-22　从真值表到逻辑图的转换

知识拓展 1 用 Multisim 仿真进行逻辑函数的化简与转换

1. 逻辑转换仪及其面板

逻辑转换仪是 Multisim 软件特有的虚拟仪器设备，实验室中并不存在这样的实际仪器。逻辑转换仪的主要功能是方便地完成真值表、逻辑表达式和逻辑电路三者之间的相互转换。逻辑转换仪的图标和面板如图 1-23 所示，如图 1-24 所示是转换方式选择按钮的含义。

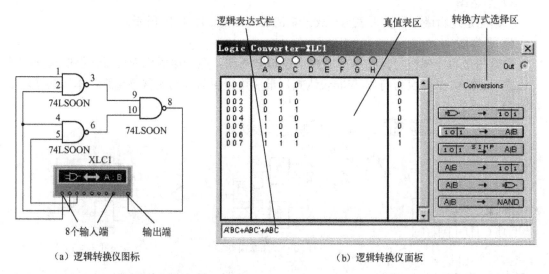

图 1-23 逻辑转换仪的图标和面板

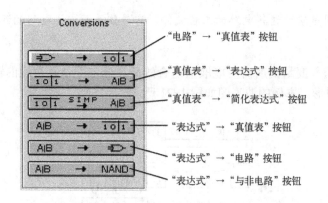

图 1-24 转换方式选择按钮的含义

由电路转换为真值表的方法：首先画出逻辑电路图，将其输入端接至逻辑转换仪的输入端，输出端接至逻辑转换仪的输出端。然后单击"电路"→"真值表"按钮，在真值表区就会出现该电路的真值表。

由真值表转化为逻辑表达式：首先根据输入信号的个数用鼠标单击逻辑转换仪顶部代表输入端的小圆圈（由 A 至 H），选定输入信号，此时在真值表区将自动出现输入变量的所有组合，而右面的输出列的初始值全部为"？"。然后根据所要求的逻辑关系确定真值表的输出值（0、1 或 X），方法是用鼠标多次单击真值表输出列中的输出值。最后单击"真值表"→"表达式"按钮，这时在面板底部逻辑表达式栏会出现相应的逻辑表达式。如果要得到简化的逻辑表达式，单击"真值表"→"简化表达式"按钮即可。注意，表达式中用"'"表示逻辑变量的"非"运算。

此外，还可以直接在逻辑表达式栏中输入表达式（"与-或"式及"或-与"式均可），然后单击"表达式"→"电路"按钮，可得到相应的真值表；单击"表达式"→"电路"按钮可得到相应的逻辑电路；单击"表达式"→"与非电路"按钮，可得到由与非门构成的电路。

> **注意**：如果是逻辑"非"，例如，$\overline{A}$ 则应写成 A'；$\overline{A+B}$ 则应转换为 $\overline{A} \cdot \overline{B}$，输入 $A'B'$。

2. 用逻辑转换仪进行逻辑函数的化简与转换

【例 1-21】 用逻辑转换仪实现一个判断输入 8421BCD 码大于 5 的逻辑电路。

解：（1）设输入变量为 A，B，C，D，根据题意可列出表 1-19 所示的真值表。

表 1-19 判断 8421BCD 码大于 5 的真值表

序号	输入				输出
	A	B	C	D	
0	0	0	0	0	0
1	0	0	0	1	0
2	0	0	1	0	0
3	0	0	1	1	0
4	0	1	0	0	0
5	0	1	0	1	0
6	0	1	1	0	1
7	0	1	1	1	1
8	1	0	0	0	1
9	1	0	0	1	1
10	1	0	1	0	非 8421 BCD 码（无意义）
11	1	0	1	1	
12	1	1	0	0	
13	1	1	0	1	
14	1	1	1	0	
15	1	1	1	1	

（2）在 Multisim 的电路窗口上方出现逻辑转换仪图标，双击该图标，在逻辑转换仪面板上的输入端部分选中 A、B、C、D，这时真值表中列出了一个 16 行的真值表，但其输出的状态全部显示为"？"。

（3）根据表 1-19 所示的真值表，在逻辑转换仪面板中真值表的对应行输出状态处单击鼠标左键，可以看到其显示状态在 0、1、× 这 3 种状态之间切换，将面板中的真值表设置成与表 1-19 所示一致的输出状态。

（4）单击逻辑转换仪面板上的 `101 → AIB` 或 `101 SIMP AIB` 按钮，可以得到最小项表达式和化简的表达式。

（5）单击 [A|B → ▷] 或 [A|B → NAND] 按钮，分别可以得到用与门或用与非门构成的逻辑电路图，可以根据实际需要进行选择。如图 1-25 所示为该例的结果图。

注意：单击 [A|B → ▷] 或 [A|B → NAND] 按钮，得到的电路取决于当前表达式的形式，如果是化简的表达式，则电路较简单；如果是最小项表达式，则电路较复杂。

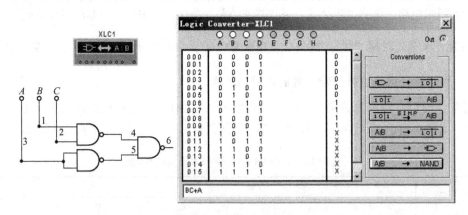

图 1-25 逻辑转换仪实现由真值表到电路的转换

任务 1.2 认识逻辑门电路

任务目标

1. 了解半导体开关特性及分立门电路的原理。
2. 学习 TTL 型集成门电路的结构、原理及其特性。
3. 了解 CMOS 型集成门电路的结构、原理及其特性。
4. 熟悉数字集成电路的器件型号、查找方法及其应用。

1.2.1 认识分立元器件门电路

用以实现逻辑关系的电路一般称为门电路，构成门电路的主要元器件为半导体晶体管。

1. 晶体管的开关特性

1）二极管的开关特性

半导体二极管具有单向导电性，故相当于一个受外加电压极性控制的开关。二极管的伏安特性曲线如图 1-26（a）所示。由图可知，外加正向电压导通时，导通压降 U_D，硅管约为 0.7 V，锗管约为 0.3 V。正向导通电阻 R_D 约为几欧姆至几十欧姆。所以外加正向电压时，相当于开关闭合。其等效电路如图 1-26（b）所示。

二极管加反向电压时截止，由于反向饱和电流极小、反向电阻很大（约几十兆欧姆），相当于开关断开，其等效电路如图 1-26（c）所示。

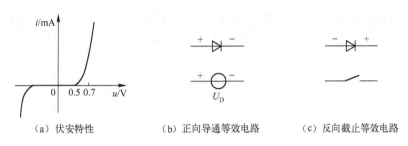

图 1-26 二极管的伏安特性曲线及等效电路

二极管从截止变为导通和从导通变为截止都需要一定的时间,两者相比,通常后者所需的时间长得多,一般为纳秒数量级。

知识链接

理想开关状态

数字电路中的晶体管一般工作于开关状态。理想的开关闭合时,不管流过多大的电流,它两端的电压总是为 0;断开时它两端的电压不论多大,流过的电流也总是为 0;而且开关状态的转换可以在瞬间完成。实际中并不存在这样的理想开关,但为了简化分析,往往作这样的近似等效。

2)三极管的开关特性

在数字电路中,三极管作为开关元器件,主要工作在饱和状态(也称"开"态)和截止状态(也称"关"态)这两种开关状态,放大区只是极短暂的过渡状态。如图 1-27 所示。

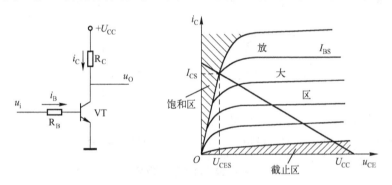

图 1-27 三极管的三种工作状态

(1)截止条件。当输入信号电压为低电平 $u_I=U_{IL}=0.3$ V 时,三极管基极-发射极间电压 U_{BE} 小于其门限电压,即 $U_{BE}<0.5$ V,三极管处于截止状态。三极管的集电极 C 和发射极 E 之间近似开路,相当于开关断开一样,此时,输出电压为高电平 $u_O=U_{OH}=U_{CC}$。三极管的截止条件为 $U_{BE}<0.5$ V,可靠截止条件为 $U_{BE}≤0$ V。三极管截止时的等效电路如图 1-28(a)所示。

(2)饱和条件。当输入信号电压为高电平 $u_I=U_{IH}=3.6$ V 时,只要参数安排适当,使三极管工作于临界饱和状态,此时三极管的集电极-发射极间的电压称为临界饱和集电极电压 U_{CES},其值约为 0.1~0.3 V。当三极管进入饱和状态时,i_C 不随 i_B 的增加而增加,即

$I_C \neq \beta I_B$,且集电极电流 I_C 相当大,集电极-发射极间电阻 r_{ce} 相当小,此时,输出电压为低电平 $u_O = U_{OL} = U_{CES}$。三极管饱和时的等效电路如图 1-28(b)所示。

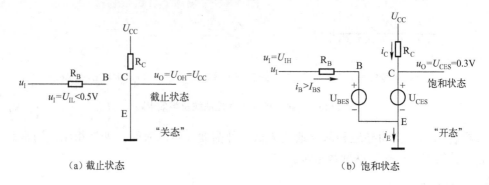

图 1-28 三极管的等效电路

知识链接

肖特基三极管

图 1-29(a)所示为抗饱和三极管的电路结构,它是在三极管基极和集电极之间并接一个肖特基势垒二极管(Schottky Barrier Diode,SBD)构成的。肖特基二极管的正向压降小,约为 0.4 V,容易导通,可分流三极管的一部分基极电流,使三极管工作在浅饱和状态,从而大大缩短三极管的开关时间,提高工作速度。在集成电路中肖特基二极管和三极管制作在一起。其符号如图 1-29(b)所示。

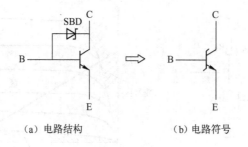

图 1-29 肖特基三极管

3) MOS 管的开关特性

在数字电路中,MOS 管也可作为开关器件来使用。一般采用增强型 MOS 管组成开关电路,并由栅源电压 u_{GS} 控制 MOS 管的截止和导通。如图 1-30(a)所示为由 NMOS 组成的开关电路,NMOS 的开启电压为 $U_{GS(th)}$,其开关特性如下。

当 $u_{GS} < U_{GS(th)}$ 时,NMOS 管截止,漏极电流 $i_D = 0$,输出 $u_O = U_{DD}$,此时,NMOS 管相当于开关断开,等效电路如图 1-30(b)所示。

当 $u_{GS} > U_{GS(th)}$ 时,NMOS 管导通,其导通电阻为 R_{ON}。若 $R_D \gg R_{ON}$,则输出 $u_O \approx$ 0 V。此时,NMOS 管相当于开关接通,等效电路如图 1-30(c)所示。

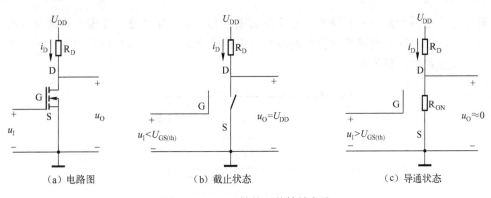

图 1-30　MOS 管的开关等效电路

2. 分立器件门电路

1）二极管与门

与门是实现与逻辑关系的电路,由两个二极管构成的二输入与门如图 1-31 所示。

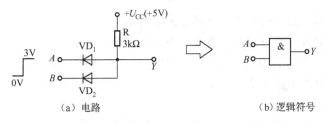

图 1-31　二极管与门

当两个输入 u_A、u_B 均为低电平 0 V 时,二极管 VD_1、VD_2 均导通,输出端 u_Y 钳位在低电平 0.7 V;当有一个输入为低电平 0 V 时,二极管 VD_1、VD_2 中有一个导通,一个截止,输出仍为低电平 0.7 V;当两个输入均为高电平 3 V 时,二极管 VD_1、VD_2 也均导通,输出为高电平 3.7 V。其电平关系如表 1-20 所示,转变成真值表如表 1-21 所示。

表 1-20　与门电平关系表

u_A	u_B	u_Y	VD_1	VD_2
0V	0V	0.7V	导通	导通
0V	3V	0.7V	导通	截止
3V	0V	0.7V	截止	导通
3V	3V	3.7V	导通	导通

表 1-21　与门真值表

A	B	Y
0	0	0
0	1	0
1	0	0
1	1	1

由真值表可见,该电路符合"与"逻辑运算关系,即 $Y = A \cdot B$。

知识链接

逻辑电平与逻辑约定

(1) 逻辑电平。在研究逻辑电路时,高、低电平可以不再是精确的某一个数值,而是可在一定范围内取值的逻辑电平,只要能确定高、低电平就可以确定逻辑状态。例如,TTL

门电路的电平范围如图 1-32 所示。由于逻辑电平允许有一定的变化范围（不同类型的器件不太相同），因此数字电路在元器件的精度、电路的稳定性及可靠性等方面均比模拟电路要求低，这也是数字电路的特点。

图 1-32　高、低电平示意图

（2）逻辑约定（正、负逻辑）。逻辑关系中的逻辑变量和函数的取值有 0 和 1 两种状态，这在逻辑电路中通常是用带有高、低电平的电压信号来表示的。根据情况的不同，有如下两种表示形式。

正逻辑：用逻辑 1 表示高电平，逻辑 0 表示低电平。
负逻辑：用逻辑 0 表示高电平，逻辑 1 表示低电平。

采用哪一种表示形式，称为逻辑约定，这在研究具体逻辑电路之前应首先要确定。通常在没有特殊说明时均采用正逻辑约定。

2）二极管或门

或门是实现或逻辑关系的电路，二极管或门如图 1-33 所示。

要求：自行分析该电路的工作过程，分别列出其电平关系表和真值表。

3）三极管非门

非门是实现非逻辑关系的电路，由三极管构成的非门如图 1-34 所示，又称为反相器。

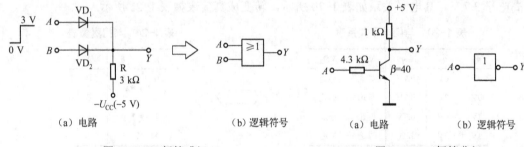

图 1-33　二极管或门　　　　　　　图 1-34　三极管非门

（1）$u_A=0$ V 时，三极管截止，$i_B=0$，$i_C=0$，输出电压 $u_Y=U_{CC}=5$ V。

（2）$u_A=5$ V 时，三极管导通。基极电流为

$$i_B = \frac{u_A - U_{BE}}{R_B} = \frac{5-0.7}{4.3} \text{mA} = 1 \text{ mA}$$

三极管临界饱和时的基极电流为

$$I_{BS} = \frac{U_{CC} - U_{CES}}{\beta R_C} = \frac{5-0.3}{40 \times 1} \text{mm} = 0.12 \text{ mA}$$

因为 $i_B > I_{BS}$，三极管工作在饱和状态。故输出电压为
$$u_Y = U_{CES} = 0.3\text{ V}$$

可见，Y 端与 A 端的逻辑状态相反。即：A 为 1 态时，Y 为 0 态；A 为 0 态时，Y 为 1 态，符合非逻辑关系 $Y = \overline{A}$。

1.2.2 认识 TTL 集成门电路

目前广泛应用的是集成门电路，基本上都是单片集成芯片，主要有两大类：TTL 集成门电路和 CMOS 集成门电路。其中集成与非门最为常用。

1. 电路组成

图 1-35 所示是国产 TTL（74 系列）集成与非门的典型电路，主要由输入级、中间倒相级、输出级 3 部分组成。

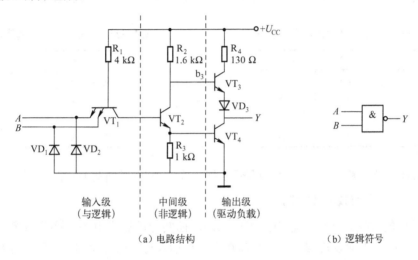

(a) 电路结构　　　　　　(b) 逻辑符号

图 1-35　标准系列与非门

由图 1-35 可以看出，该电路的输入端和输出端都是由晶体管组成，即为晶体管-晶体管逻辑门电路（Transistor Transistor Logic），简称 TTL 型集成门电路（这正是 TTL 名称的由来）。TTL 集成电路具有体积小、功耗低、价格廉等优点，同时产品性能稳定、工作可靠，因此应用比较普遍。

2. 原理分析

TTL 与非门的主要工作过程可概括为：输入级 VT_1 管为多射级晶体管可等效为一个与门，从而实现与逻辑功能；输入级 VT_2 管相当于一个反相器，实现非逻辑功能，至此已经完成了"与非"逻辑运算；最后的输出级为推挽式放大电路，主要目的是为了增强驱动门电路的驱动负载的能力。

具体工作原理分析如下。

（1）当输入端有低电平（0.3 V）时，VT_1 管发射结导通，将 U_{B1} 钳位于 1 V。此电压不足以使 VT_1 的集电结、VT_2 的发射结和 VT_4 的发射结导通，所以 VT_2、VT_4 截止，输出为高电平。即

$$U_Y = U_{OH} = U_{C2} - U_{BE3} - U_{VD3} = (5 - 0.7 - 0.7)\text{V} = 3.6\text{ V}$$

（2）当输入端全部接高电平（3.6 V），即 A，B 全为 1 时，U_{CC} 通过 R_1 对 VT_1 的集电结、VT_2 的发射结和 VT_4 的发射结提供足够大的电流，使 VT_2 和 VT_4 处于饱和状态，输出为低电平。即

$$U_Y = U_{OL} = U_{CES4} = 0.3\text{ V}$$

$$U_{B3} = U_{C2} = U_{CE2} + U_{BE4} = (0.3 + 0.7)\text{V} = 1\text{ V}$$

故 VT_3、VD_3 处于截止状态。对于 VT_1 管来说，其基极电位为

$$U_{B1} = U_{BC1} + U_{BE2} + U_{BE4} = 2.1\text{ V}$$

由于低于输入电平，而高电平为 3.6 V，故 VT_1 管各发射结均处于反偏截止（倒置）状态。

通过以上分析可得出 TTL 与非门的电平关系如表 1-22 所示，真值表如表 1-23 所示。

表 1-22　TTL 与非门的电平关系表

U_A/V	U_B/V	U_Y/V
0.3	0.3	3.6
0.3	3.6	3.6
3.6	0.3	3.6
3.6	3.6	0.3

表 1-23　TTL 与非门的真值表

A	B	Y
0	0	1
0	1	1
1	0	1
1	1	0

综上所述，此电路满足 $Y = \overline{AB}$ 的逻辑功能，为一个与非逻辑门电路。

3．TTL 与非门集成器件实例

上面讨论的仅仅是一个与非门的工作原理，而实际的集成电路往往是将多个门电路集成在一个芯片中，下面以较常见的 74LS00（四-2 输入与非门）为例来说明实际集成门电路的情况，如图 1-36 所示。74LS00 的互换型号有 7400、74HC00、CT7400、SN5400 等。

（a）器件实物

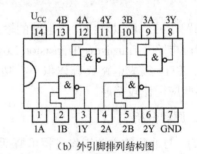
（b）外引脚排列结构图

图 1-36　74LS00 集成电路

⚠ 注意：集成电路内部的各个单元门电路是互相独立的，可以单独使用，但电源 U_{CC} 和地 GND 是公共的。

下面再来看一下 74LS20（双-4 输入与门）的情况，其外引脚排列图如图 1-37 所示。74LS20 的互换型号有 7420、74HC20、CT7420、MC7420、SN5420 等。74LS20 的逻辑表达式为

$$Y = \overline{ABCD}$$

⚠ **注意**：有时集成电路的个别引脚没有使用（为空脚），用 NC 表示。如图 1-37 所示的 74LS20 中的 3、11 脚。

集成门电路型号种类繁多，不可能一一列举，可参考本教材的附录 A 或查阅有关技术手册。

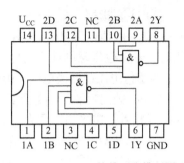

图 1-37　74LS20 的外引脚排列图

4．TTL 门电路的主要特性与指标

为了保证数字电路很好地工作，必须充分了解它们的实际性能指标。这里虽然仅以 TTL 与非门为例进行讨论，但多数参数指标具有一定的普遍性。

1）电压传输特性

电压传输特性是门电路输出电压 U_O 随输入电压 U_I 变化的特性曲线，如图 1-38 所示。

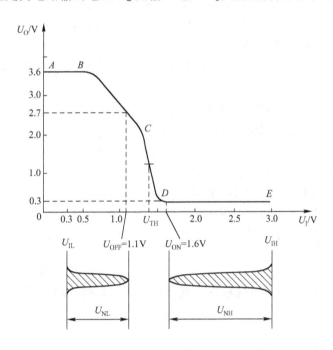

图 1-38　TTL 与非门的电压传输特性

AB 段：当输入电压为 $U_I < 0.6$ V 时，U_O 为高电平 3.6 V，此时与非门处于截止（关门）状态。

BC 段：当输入电压为 $0.6\text{ V} \leqslant U_I < 1.3$ V 时，从而使输出电压 U_O 随输入电压 U_I 的增加而线性下降，故称 *BC* 段为线性区。

CD 段：当输入电压为 $1.3\text{ V} < U_I < 1.4$ V 时，输出电压 U_O 随输入电压 U_I 的增加而迅速下降，并很快达到低电平 U_{OL}，即 $U_O = 0.3$ V，所以 *CD* 段称为转折区。

DE 段：当输入电压为 $U_I > 1.4$ V 时，U_O 为低电平 0.3 V，此时与非门处于导通（开门）状态。

2）主要指标

（1）阈值电压 U_{TH}。U_{TH} 是输出高电平和低电平的分界线。当输入电压在 U_{TH} 附近变化时，输出电压急剧地由高电平向低电平，或从低电平向高电平转变，因此经常形象地称 U_{TH} 为阈值电压或门槛电压。由图 1-38 可知，TTL 与非门的典型值 $U_{TH} \approx 1.4$ V。

（2）关门电平 U_{OFF}。要保证与非门可靠地截止，输出为高电平，则必须满足 $U_I < U_{OFF}$。U_{OFF} 是输入低电平的上限值。由图 1-38 可知，$U_{OFF} \approx 1.1$ V。

（3）开门电平 U_{ON}。要保证与非门可靠地饱和，输出为低电平，则必须满足 $U_I > U_{ON}$。U_{ON} 是输入高电平的下限值。由图 1-38 可知，$U_{ON} \approx 1.6$ V。

（4）噪声容限 U_N。噪声容限又称抗干扰能力，它表示门电路在输入信号电压上允许叠加多大的噪声电压下仍能正常工作。可分为低电平噪声容限 U_{NL} 和高电平噪声容限 U_{NH}。由图 1-38 可得：

$$U_{NL} = U_{OFF} - U_{IL} = (1.1 - 0.3) \text{ V} = 0.8 \text{ V}$$

$$U_{NH} = U_{IH} - U_{ON} = (3 - 1.6) \text{ V} = 1.4 \text{ V}$$

（5）扇出系数 N_O。N_O 是指一个与非门能带同类门的最大数目，它表示与非门的带负载能力。对 TTL 与非门，典型值 $N_O \geq 8$。

（6）工作速度 t_{pd}。衡量门电路工作速度（开关速度）高低的参数是平均传输延迟时间 t_{pd}。

图 1-39 所示，从输入波形 U_I 上升沿 $0.5U_{Im}$ 处到输出波形 U_O 下降沿 $0.5U_{Om}$ 处之间的时间称为导通延迟时间，用 t_{PHL} 表示。从输入波形 U_I 下降沿 $0.5U_{Im}$ 处到输出波形 U_O 上升沿 $0.5U_{Om}$ 处之间的时间称为截止延迟时间，用 t_{PLH} 表示。平均传输延迟时间 t_{pd} 为 t_{PHL} 和 t_{PLH} 的平均值，即

$$t_{pd} = \frac{t_{PHL} + t_{PLH}}{2}$$

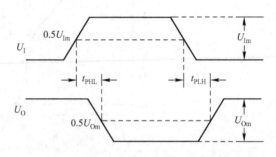

图 1-39　TTL 与非门的传输延迟时间

t_{pd} 越小，与非门的开关速度越高，其工作频率也越高。对 TTL 与非门，t_{pd} 典型值为 6ns。

知识链接

TTL 与非门的改进——肖特基系列

为进一步提高 TTL 门的工作速度，又研制出了肖特基系列与非门，即 74S 系列门电路。

前面介绍的普通 74 系列与非门，由于与非门中的三极管工作在深度饱和导通状态，致使工作速度还不够高。如果能使三极管导通时避免进入深度饱和状态，则可以提高其开关速度。为此，在 74S 肖特基系列与非门电路中采用了肖特基三极管（抗饱和三极管）和有源泄放电路。电路如图 1-40（a）所示。

肖特基三极管的特点是，在静态时始终处于浅饱和状态。因此，与 74 系列与非门相

比，肖特基系列具有如下优点。

（1）采用了抗饱和三极管。由于在 74S 系列中 VT_4 工作时不进入饱和状态，所以不需采用抗饱和三极管，其余各管均采用了抗饱和三极管，从而提高了三极管的开关速度。

（2）采用有源泄放电路。在 74S 系列中，有源泄放电路由 VT_6、R_B、R_C 组成。有源泄放回路改善了电路的电压传输特性，输出电压很快下降为低电平，而不用经过 BC（虚线）线性段，如图 1-40（b）所示，从而提高了工作速度。肖特基系列与非门的 t_{pd} 约为 3 ns/门。

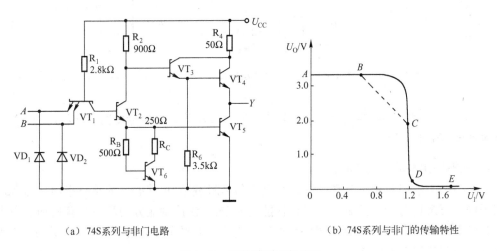

(a) 74S系列与非门电路　　　　　　(b) 74S系列与非门的传输特性

图 1-40　肖特基系列与非门

5．其他类型的 TTL 门电路

1）集电极开路与非门（OC 门）

图 1-41 所示为集电极开路与非门，它与普通 TTL 与非门的主要区别是 VT_5 的集电极开路，并作为电路的输出端。工作时，需要在输出端 Y 和 U_{CC} 之间外接一个负载电阻 R_L，也称上拉电阻。只要 R_L 的阻值选择合适，电路不仅能实现与非功能，而且输出端能实现"线与"功能，不致产生过大电流而损坏器件。

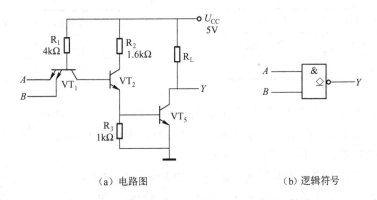

(a) 电路图　　　　　　　　(b) 逻辑符号

图 1-41　集电极开路与非门的电路图及逻辑符号

集电极开路与非门的主要应用是可以实现"线与",如图 1-42 所示。此外,还可以驱动(LED)显示和实现电平转换,分别如图 1-43 和图 1-44 所示。

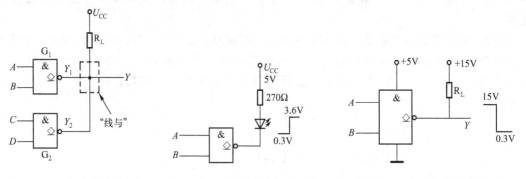

图 1-42 OC 门实现"线与"　　图 1-43 OC 门驱动发光二极管　　图 1-44 OC 门的电平转换

> **注意**:集电极开路与非门与 TTL 与非门不同之处是,它的输出高电平不是 3.6 V,而是电源电压 U_{CC}(5 V)。

2)三态输出与非门(TSL 门)

三态输出与非门的输出有高电平、低电平和高阻态 3 种状态,简称三态门。与普通与非门不同,三态门有一个控制端(又称使能端)EN,该控制端分为高电平有效和低电平有效,其逻辑符号如图 1-45 所示。表 1-24 为控制端高电平有效的三态功能表,表 1-25 为控制端低电平有效的三态功能表。

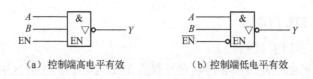

(a)控制端高电平有效　　　　　(b)控制端低电平有效

图 1-45 三态输出与非门的逻辑符号

表 1-24 高电平有效的三态功能表

EN(控制端)	Y(输出端)
EN=1	$Y = \overline{AB}$(正常)
EN=0	Y 呈高阻(禁止)

表 1-25 低电平有效的三态功能表

EN(控制端)	Y(输出端)
$\overline{EN} = 0$	$Y = \overline{AB}$(正常)
$\overline{EN} = 1$	Y 呈高阻(禁止)

三态门的主要应用是可以实现计算机总线上的分时传输数据,如图 1-46 所示。在同一时刻,只有一个三态输出门处于工作状态,其余三态门输出都为高阻,则各个三态门输出的数据便轮流送到总线上,不会产生相互干扰。

三态门还可以实现双向数据总线,如图 1-47 所示。当 EN=1 时,G_1 工作,G_2 输出为高阻状态,数据 D_0 经 G_1 反相后送到总线上;当 EN=0 时,G_2 工作,G_1 输出为高阻状态,总线上的数据 D_1 经 G_2 反相后输出 $\overline{D_1}$,从而实现了数据的双向传输。

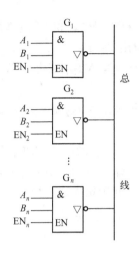
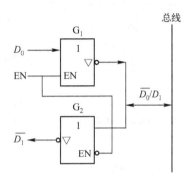

图 1-46 用三态门构成单向数据总线　　图 1-47 用三态门构成双向数据总线

实用技能

用万用表检测 TTL 系列门电路

（1）将万用表拨到 R×1 k 挡，黑表笔接被测电路的地端，红表笔依次测量其他各端。正常情况下，各端对地的直流电阻约为 5 kΩ（其中电源对地的电阻约为 3 kΩ）。若测得某一端电阻小于 1 kΩ，则被测电路已损坏；若测得某一端电阻大于 12 kΩ，则表明电路功能下降，不能再用了，需要更换。

（2）将表笔对换依次测量各端的反向电阻，多数应大于 40 kΩ（其中电源对地的反向电阻为 3~10 kΩ）。若阻值近乎为零，则电路内部已经短路；若阻值几乎为无穷大，则电路内部已经断路。

（3）少数 TTL 电路有空脚（如 74LS20 的 3、11 脚），测量时应注意查阅电路型号及其引线排列，以免误判。

1.2.3　认识 CMOS 集成门电路

CMOS 门电路是由 N 沟道增强型 MOS 场效应晶体管和 P 沟道增强型 MOS 场效应晶体管构成的一种互补对称型场效应晶体管集成门电路。同 TTL 门电路相比，CMOS 门电路具有集成度高、微功耗和抗干扰能力强等优点，因此，近年来发展迅速，广泛应用于中、大规模数字集成电路中。

1. CMOS 与非门

1）电路组成

图 1-48 所示为 CMOS 与非门电路。它由两个增强型 NMOS 管 VT_{N1} 和 VT_{N2} 串联，作为驱动管；两个增强型 PMOS 管 VT_{P1} 和 VT_{P2} 并联，作为负载管。VT_{N1} 和 VT_{P1} 的栅极连接在一起作为输入端 A，VT_{N2} 和 VT_{P2} 的栅极连接在一起作为输入端 B。

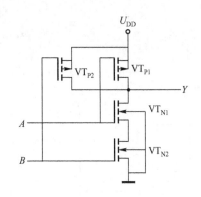

图 1-48 CMOS 与非门

2）工作原理

当输入 $A=0$、$B=0$ 时，VT_{N1} 和 VT_{N2} 都截止，VT_{P1} 和 VT_{P2} 同时导通，输出 $Y=1$。

当输入 $A=0$、$B=1$ 时，VT_{N1} 截止，VT_{P1} 导通，输出 $Y=1$。

当输入 $A=1$、$B=0$ 时，VT_{N2} 截止，VT_{P2} 导通，输出 $Y=1$。

当输入 $A=1$、$B=1$ 时，VT_{N1} 和 VT_{N2} 同时导通，VT_{P1} 和 VT_{P2} 均截止，输出 $Y=0$。由上分析可知，电路实现了与非逻辑功能，其逻辑表达式为

$$Y = \overline{A \cdot B}$$

2. 常用 CMOS 集成门

（1）CMOS 与非门。CC4011 是一种常用的四-2 输入与非门，采用 14 引脚双列直插塑料封装，其引脚排列如图 1-49 所示，可互换型号有 CD4011、CT4011 等。

（2）CMOS 反相器。CC40106 是一种常用的六反相器，其引脚排列如图 1-50 所示。

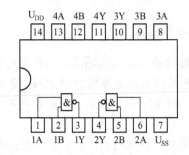

图 1-49 CC4011（四-2 输入与非门）

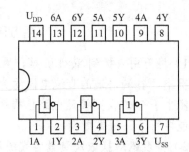

图 1-50 CC40106（六反相器）

（3）CMOS 传输门。CC4016 是 4 双向模拟开关传输门，其引脚排列如图 1-51 所示，互换型号有 CD4016B、MC14016B 等，其逻辑符号如图 1-52 所示。真值表如表 1-26 所示。

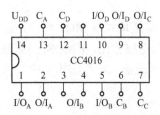

图 1-51 CC4016 引脚排列图

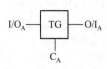

图 1-52 CC4016 逻辑符号

表 1-26 CMOS 传输门真值表

控制端	开关通道
C_A	$I/O_A \sim O/I_A$
1	导通
0	截止

3. CMOS 集成门的主要特点

（1）静态功耗低。CMOS 门电路工作时，几乎不取静态电流，所以功耗极低。

（2）电源电压范围宽。CMOS 门电路的工作电源电压范围很宽（3～18 V），与严格限

制电源的 TTL 门电路相比要方便得多,便于和其他电路接口。

(3) 抗干扰能力强。CMOS 门电路输出高、低电平的差值大,因此具有较强的抗干扰能力,工作稳定性好。

(4) 制作工艺简单,集成度高,易于实现大规模集成。

(5) CMOS 门电路的缺点是工作速度比 74LS 系列低。

CMOS 门电路和 TTL 门电路在逻辑功能上是相同的,而且当 CMOS 电路的电源电压 U_{DD}=+5V 时,它可以与 74LS 系列直接兼容。

实用技能

常见数字集成电路的查找及其型号

1. 数字集成电路技术参数的获得途径

1) 来自数字集成电路手册

市面上各种各样的数字集成电路手册十分丰富,既有比较权威的综合性手册,如电子工业出版社出版的《中外集成电路简明速查手册》和国防工业出版社出版的《中国集成电路大全》等,也有各生产厂家提供的产品手册。

2) 来自互联网

在互联网的搜索引擎上输入所要查找的集成电路的型号,如"74LS138",即可查到该电路的有关资料和信息。

2. 数字集成电路的型号

数字集成电路的型号一般由 5 部分组成。

第 1 部分(字母):前缀,中国国家标准为字母"C"+器件类型,国外多为厂商代码。

第 2 部分(数字):系列代码,常见的数字集成电路系列有"74"、"54"、"40"、"45"、"140"等。

第 3 部分(字母):子系列代码,表示器件的工艺类型。无此部分时表示普通类型。

第 4 部分(数字):功能代码,表示器件的功能(这部分最重要)。

第 5 部分(字母):中国国家标准为"工作温度范围"和"封装形式",国外不同厂商的产品有不同的含义。

数字集成电路型号举例。

知识拓展 2　TTL 与 CMOS 集成电路使用的注意事项

1. TTL 集成电路使用常识

1) TTL 系列电路

为满足提高工作速度及低功耗等需要,TTL 电路有多种标准化产品,尤其以 54/74 系列应用最为广泛。其中 54 系列为军品，工作温度为–55℃～+125℃，工作电压为 5（1±10%）V；74 系列为民品，工作温度为 0℃～70℃，工作电压为（5±5%）V，它们同一型号的逻辑功能、外引线排列均相同。

TTL 集成电路主要有以下 5 种不同的系列。

（1）74 系列。标准 TTL 系列，为早期产品，与国产 CT1000 系列对应。该系列功耗 P_C=10 mW，平均传输延迟时间 t_{pd}=9 ns。

（2）74L 系列。低功耗 TTL 系列，没有相应的国产系列与之对应。它是借助增大电阻元件阻值把功耗 P_C 降到 1 mW 以下，但是 t_{pd} 却增大为 33 ns。

（3）74H 系列。高速 TTL 系列，与国产 CT2000 系列对应。与 74 系列比，它作了两方面的改进，一是减少电阻值，二是采用达林顿管，从而提高了工作速度，把 t_{pd} 减小到 6 ns，不过却将 P_C 上升到 22 mW。

（4）74S 系列。肖特基 TTL 系列，与国产 CT3000 系列对应。它采用了正向压降只有 0.3 V 的肖特基势垒二极管，有效地减轻三极管的饱和深度，使 t_{pd} 减少到 3 ns，在各种 TTL 系列中其 t_{pd} 最小，其 P_C 为 19 mW。

（5）74LS 系列。低功耗肖特基 TTL 系列，与国产 CT4000 系列对应。它除采用肖特基二极管来提高工作速度外，还通过增大电阻阻值来减小功耗。因此，获得了良好的综合效果，应用最为广泛。该系列 t_{pd}=9 ns（与 74 系列相同），P_C=2 mW，仅为 74 系列的 1/5。

一个性能优越的门电路应具有功耗低、开关速度高的特点，然而这两者是矛盾的。为了衡量一个门电路品质的优劣，常用功耗 P_C 和平均传输延迟时间 t_{pd} 的乘积（简称功耗-延迟积）M 进行评价，即

$$M=P_C \cdot t_{pd}$$

M 也称品质因数，其值越小，说明电路的性能越优越。

2）闲置输入端的处理

对于闲置输入端的处理以不改变电路逻辑状态及工作稳定性为原则，常用的方法有以下几种。

（1）对于与非门的闲置输入端可直接接电源电压 U_{CC} 或通过 1～10 kΩ 的电阻接电源 U_{CC} 如图 1-53（a）和图 1-53（b）所示。

（2）如前级驱动能力允许，可将闲置输入端与有用输入端并联使用，如图 1-53（c）所示。

（3）在外界干扰很小时，与非门的闲置输入端可以剪断或悬空，如图 1-53（d）所示。但不允许接开路长线，以免引入干扰而产生逻辑错误。

（4）或非门不使用的闲置输入端应接地，对与或非门中不使用的与门至少有一个输入端接地，如图 1-53（e）和图 1-53（f）所示。

3）电路安装接线和焊接应注意的问题

（1）连线要尽量短，最好用绞合线。整体接地要好，地线要粗而短。

（2）焊接用的电烙铁不大于 25 W，焊接时间要短。使用中性焊剂，如松香酒精溶液，不可使用焊油。

（3）印制电路板焊接完毕后，不得浸泡在有机溶液中清洗，只能用少量酒精擦去外引线焊接点上的焊剂和污垢。

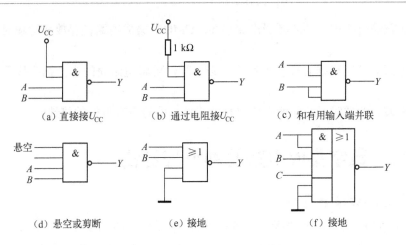

图 1-53　与非门和或非门闲置输入端的处理

2．CMOS 集成逻辑门的使用注意事项

1）使用时的工作条件

对于各种集成电路，在技术手册中都会给出各主要参数的工作条件和极限值，使用时一定要在推荐的工作条件范围内。

2）电源电压

（1）CMOS 电路的电源电压极性不可接反，否则。可能会造成电路永久性失效。

（2）CC4000 系列的电源电压可在 3～15 V 的范围内选择，最大不允许超过极限值 18 V。电源电压选择得越高，抗干扰能力也越强。

（3）高速 CMOS 电路，HC 系列的电源电压可在 2～6 V 的范围内选用，HCT 系列的电源电压在 4.5～5.5 V 的范围内选用，最大不允许超过极限值 7 V。

（4）在进行 CMOS 电路试验，或对 CMOS 数字系统进行调试、测量时，应先接入直流电源，后接信号源；使用结束时，应先撤掉信号源，然后关掉直流电源。

3）闲置输入端的处理

（1）闲置输入端不允许悬空。对于与门和与非门，闲置输入端应接正电源或高电平；对于或门和或非门，闲置输入端应接地或低电平。

（2）闲置输入端不宜与使用输入端并联使用，因为这样会增大输入电容，从而使电路的工作速度下降。只有在工作速度很低的情况下，才允许输入端并联使用。

4）输出端的连接

（1）输出端不允许直接与电源 U_{DD} 或与地相连。因为电路的输出级通常由 CMOS 反相器结构，这会使输出级的 NMOS 管或 PMOS 管可能因电流过大而损坏。

（2）为提高电路的驱动能力，可将同一芯片上相同门电路的输入端、输出端并联使用。

（3）当 CMOS 电路输出端接大容量的负载电容时，流过管子的电流很大，有可能使管子损坏。因此，需在输出端和电容之间串接一个限流电阻，以保证流过管子的电流不超过允许值。

5）其他注意事项

（1）注意静电防护，预防栅极击穿损坏。CMOS 集成电路在存放和运输时，应放在金属容器内。

（2）焊接时，电烙铁必须接地良好；必要时，可将电烙铁的电源插头拔下，利用余热焊接。

（3）组装、调试时，应使所有的仪表、工作台面等具有良好的接地。

阅读材料　数字集成电路的种类与封装

1. 数字集成电路的种类

目前中小规模数字集成电路最常用的是 TTL 系列和 CMOS 系列，它们又主要可以细分为 74×× 系列、74LS×× 系列、COMS×× 系列、HCOMS×× 系列等，如表 1-27 所示。

表 1-27　数字集成电路按工艺类型的分类

系列	子系列	代号	名　称	时间/ns	工作电压/V	功　耗
TTL	TTL	74	普通 TTL 系列	10	74 系列：4.75～5.25 54 系列：4.5～5.5	10 mW
	HTTL	74H	高速 TTL 系列	6		22 mW
	LTTL	74L	低功耗 TTL 系列	33		1 mW
	STTL	74S	肖特基势垒 TTL 系列	3		19 mW
	ASTTL	74AS	先进肖特基势垒 TTL 系列	3		8 mW
	LSTTL	74LS	低功耗肖特基势垒 TTL 系列	9.5		2 mW
	ALSTTL	74ALS	先进低功耗肖特基势垒 TTL 系列	3.5		1 mW
	FTTL	74F	快速 TTL 系列	3.4		4 mW
CMOS	CMOS	40/45	互补型场效应晶体管系列	125	3～18	1.25 μW
	HCMOS	74HC	高速 CMOS 系列	8	2～6	2.5 μW
	HCTMOS	74HCT	与 TTL 兼容型 HCMOS 系列	8	4.5～5.5	2.5 μW
	ACMOS	74AC	先进 CMOS 系列	5.5	2～5.5	2.5 μW
	ACTMOS	74ACT	与 TTL 兼容型 ACMOS 系列	4.75	4.5～5.5	2.5 μW

2. 常见数字集成电路的封装

集成电路的外形大小、形状、外部连接线的引出方式和尺寸标准统称为封装形式，同一型号的集成电路可以有不同的封装形式。在使用集成电路之前一定要搞清楚它的封装形式，特别是在设计印制电路板时，缺乏经验者往往在印制板做完后，组装器件时才发现不符合所要装器件的封装形式，从而造成印制板的报废。

集成电路的种类众多，常见的封装形式有 DIP、PLCC、QFP、SOJ、BGA、PGA 等系列，集成电路外形如图 1-54 所示（从图中分辨不出 BGA 与 PGA 的区别，它们的区别是 BGA 的引脚是一个球形，PGA 的引脚是一个针形细圆柱）。随着科技的发展集成电路必将会出现更多种类的封装形式。

(a) DIP双列直插封装　　　(b) SOJ小尺寸J形引脚封装　　　(c) QFP四边引出扁平封装

  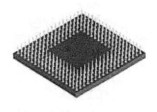

(d) PLCC塑料有引线芯片载体　　(e) BGA球栅阵列封装　　　(f) PGA针栅阵列矩阵

图 1-54　常见的集成电路封装

技能训练　TTL 与非门的功能测试与转换

1．实训目的

（1）验证 TTL 与非门的功能及外特性测试。
（2）了解常用 74 系列门电路的引脚排列。
（3）掌握门电路的功能转换方法。

2．实训器材

数字电路实验箱 1 台；示波器 1 台；万用表 1 块；集成电路 74LS00 1 块及导线若干。

3．实训原理及操作

1) 电压传输特性测试

在 74LS00 中任选一门，按图 1-55 所示接线，将一个输入端接到电位器 R_P 的可调端，其余无用的闲置端与之相连（也可悬空），输出端空载。调节 R_P，使输入电压 U_I 在 0～5 V 内逐渐增大，用万用表测量 U_I 和对应的 U_O 值，记入表 1-28 中，并绘制出电压传输特性曲线。

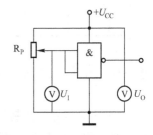

图 1-55　传输特性测试电路

表 1-28　TTL 与非门的电压传输特性

U_I/V	0.3	0.8	1.2	1.4	2.0	3.0
U_O/V						

2）TTL 与非门功能测试

测试与非门逻辑功能的接线方法如图 1-56 所示，将结果记录在表 1-29 中，判断是否满足 $Y = \overline{AB}$。

3）TTL 与非门功能的转换

可以将与非门可以转换成其他功能的门电路。

（1）组成或门。根据 $Y = A + B = \overline{\overline{A} \cdot \overline{B}}$，可用 74LS00 构成或门电路，如图 1-57 所示，并将测试结果记录在表 1-29 中。

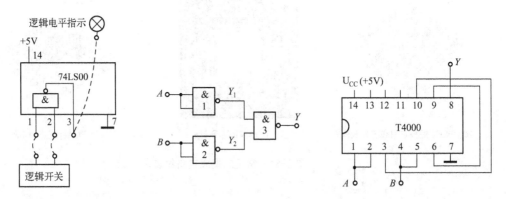

图 1-56　与非门逻辑功能测试接线图　　　　图 1-57　用与非门构成或门电路

（2）组成与门。提示：$Y = AB = \overline{\overline{AB}}$。自行分析接线图，并将结果记录在表 1-29 中。

（3）组成非门。提示：$Y = \overline{A} = \overline{A \cdot 1}$。自行分析接线图，并将结果记录在表 1-29 中。

表 1-29　与非门功能测试及转换表

输　入		输　出			
		与非门	与门	或门	非门
A	B	$Y=\overline{AB}$	$Y=AB$	$Y=A+B$	$Y=\overline{A}$
0	0				
0	1				
1	0				
1	1				

想一想：如何用 74LS00 实现异或逻辑门电路？需要几块 74LS00？画出接线图。

4）门电路对信号的控制作用

将与非门的 1 脚输入 1 kHz 的脉冲信号，2 脚接逻辑电平开关，输出端 3 脚接示波器。当逻辑电平开关为 0 或 1 时，用示波器观察输出 Y 的波形，如图 1-58 所示。

4．实训总结

（1）整理测试表格，写出实训报告。

（2）查资料说明 TTL 与非门的高、低电平的范围是多少？

（3）测试注意：门电路的输出端不许直接接地（或电源），也不许接逻辑电平开关。

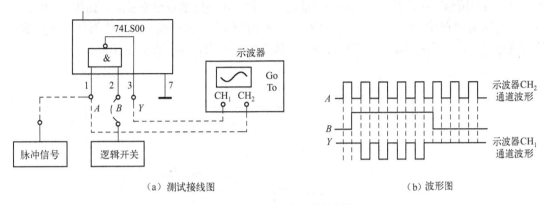

(a) 测试接线图　　　　　　　　　　(b) 波形图

图 1-58　与非门对信号的控制作用

项目制作　裁判电路的组装与制作

1. 项目制作目的

（1）掌握简单数字电路的设计、组装及调试技能。

（2）通过对裁判电路的安装和调试，训练学生运用电子技术知识的工程实践能力。

2. 项目要求

1）制作要求

（1）画出实际设计电路的原理图和装配图（手工绘制）。

（2）列出元器件及参数清单。

（3）元器件的检测与预处理。

（4）元器件焊接与电路装配。

（5）在制作过程中及时发现故障并进行处理。

2）能力要求

（1）能独立进行电路工作原理的分析。

（2）掌握电路有关现象的测试方法并对其进行调试。

3. 认识电路及其工作工程

举重裁判电路的原理分析详见本项目任务 1 的 1.1.5 小节，它的电路原理图和装配示意图为图 1-59。

工作工程：当主裁判同意（按下按钮 S_1），副裁判有一个同意（S_2、S_3 有一个按下）或者两个副裁判均同意（S_2、S_3 均按下），即 A 端为高电平，B、C 端至少有一个为高电平时，电路输出为高电平。经过 OC 门 ULN2003（采用 OC 门，输出电流大，故可直接驱动继电器等控制器件，也可直接驱动低压灯泡）整形后输出低电平，使发光二极管正向导通而发光。

4. 电路装配焊接

（1）查阅集成电路手册（或上网搜索），了解 ULN2003 的引脚排列及其工作性能。按

图 1-59（a）所示，在实验板（或电子万能板）上设计出电路的连线安装图，如图 1-59（b）所示。可以两面布线，但应以焊点一面为主，图中的焊点、连接线、元器件都是实际安装时的布局位置（虚线表示元器件一面的连线），连接线要平直，同一面要避免交叉。

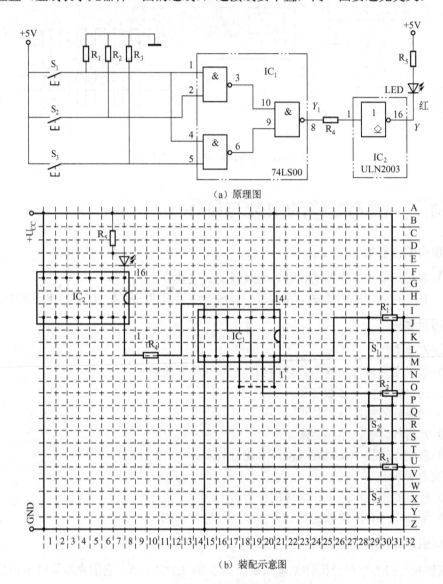

图 1-59 举重裁判电路

（2）元器件选择。对照原理图，确定元器件清单如表 1-30 所示。

表 1-30 裁判电路元器件明细表

代 号	名 称	规格型号	数 量
IC_1	四-2 输入与非门	74LS00	1
IC_2	OC 门	ULN2003AN	1
$R_1 \sim R_3$	电阻器	47kΩ	3

续表

代　号	名　　称	规格型号	数　量
R_4	电阻器	27 kΩ	1
R_5	电阻器	2.7 kΩ	1
$S_1 \sim S_3$	按钮		3
LED	红发光二极管		1
	集成电路插座	14 脚	1
	集成电路插座	16 脚	1
	实验板（万能板）		1

（3）电路装配。集成电路应安装在对应的 IC 插座上，应避免插反或引脚未完全插靠等现象。LED 占用两个焊盘，其引脚高度不能超过集成电路插座的高度。

（4）焊接。参照图 1-59（b）焊接电路，可以焊接在自制的 PCB（印制电路板）上，也可以焊接在万能板上，或通过实验板（面包板）插接。焊接时所有连接线拐弯处均采用直角焊，焊后应剪去剩余的引脚。

5．电路调试与检测

（1）电路安装连接完毕后，对照原理图和装配图，仔细检查连接关系是否安装正确及发光二极管的极性是否正确。

（2）用万用表检测电源是否有短路、断路现象。若存在问题，应查找原因，及时排除故障点。

（3）确认无误后，按集成电路标记口的方向在 IC 插座中插好集成电路，然后通电测试。

具体测试要求：设 S_1、S_2、S_3 按下为"1"，未按下为"0"，按表 1-31 的要求分别设置 S_1、S_2、S_3 的不同状态，用万用表分别测量 A、B、C、Y_1、Y 点的电位，将测量结果填入表 1-31 中，并观察记录 LED 的状态。

表 1-31　测试数据记录表

S_1	S_2	S_3	U_A	U_B	U_C	U_{Y1}	U_Y	LED 的状态
0	0	0						
0	0	1						
0	1	0						
0	1	1						
1	0	0						
1	0	1						
1	1	0						
1	1	1						

（4）按要求完成测试，做好记录，并分析测试结果。

注意：测试完毕后，应先断开电源开关，再拆除电源及其他连接导线，否则可能损伤元器件或造成逻辑混乱。

项目小结

1. 二进制是数字电路中最常用的计数体制，0和1还可用来表示电平的高与低、开关的闭合与断开、事件的是与非等。二进制还可进行许多形式的编码。

2. 基本的逻辑关系有与、或、非3种，与其对应的逻辑运算是逻辑乘、逻辑加和逻辑非。任何复杂的逻辑关系都由基本的逻辑关系组合而成的。

3. 逻辑代数是分析和设计逻辑电路的工具，逻辑代数中的基本定律及基本公式是逻辑代数运算的基础，熟练掌握这些定律及公式可提高运算速度。

4. 逻辑函数可用真值表、逻辑函数表达式、逻辑图和卡诺图表示，它们之间可以随意互换。

5. 逻辑函数的化简法有卡诺图法及公式法两种。由于公式化简法无固定的规律可循，因此必须在实际练习中逐渐掌握应用各种公式进行化简的方法及技巧。

6. 卡诺图化简法有固定的规律和步骤，而且直观、简单。只要按已给步骤进行，即可较快地寻找到化简的规律。卡诺图化简法对4变量以下的逻辑函数化简非常方便。

7. 逻辑门电路是数字电路的基本单元电路。本项目以分立元器件基本逻辑门入手，重点介绍了集成逻辑门电路。数字电路中，半导体器件都工作在开关状态，电路的高、低电平如何对应逻辑关系，即电路采用何种逻辑约定（正、负逻辑）是非常重要的。

8. 分立元器件基本逻辑门电路结构简单，但现已基本被淘汰。这部分主要通过它来理解基本逻辑门电路的基础，对于此部分要掌握它的定性分析和定量计算。

9. TTL集成逻辑门电路产生较早，至今仍广泛使用。它工作速度快，带负载能力强，种类齐全。学习此部分时，要了解电路的内部结构，掌握逻辑功能及外特性，并会熟练使用。

10. CMOS集成逻辑门功耗低、集成度高、电源适应性强，随着近年来发展的高速硅栅HC系列和HCT系列CMOS电路，CMOS集成逻辑门目前被广泛应用。学习这部分内容时，同样要注意电路的外特性和使用。

自测题1

1-1 填空题

（1）数字电路中，输入信号和输出信号之间的关系是_____关系，所以数字电路也称为_____电路。数字电路中，最基本的关系是_____、_____和_____。

（2）$B + \overline{B}CD =$ _____。

（3）TTL与非门多余输入端的处理方法有_____。

（4）CMOS门电路的输出端不允许_____，否则将损坏器件。

（5）74系列和54系列的区别是_____。

1-2 选择题

（1）三态门的主要功能是_____。

　　A. 高阻状态　　　B. 总线应用　　　C. 实现"线与"

（2）在与门（与非门）的输入信号中，起封锁作用的是_____。

　　A. 低电平　　　　B. 高电平　　　　C. 二者均可

(3) 在实际工程中，最常使用的是_____。

A. 异或门　　　　　B. 或非门　　　　　C. 与非门

(4) 输入全为"0"时，输出也为"0"，这是_____逻辑关系。

A. 与　　　　　　　B. 或　　　　　　　C. 或非

1-3 完成下列数制的转换。

(1) $(10010)_2 = ($　　　$)_{10} = ($　　　$)_{16}$

(2) $(42)_{10} = ($　　　$)_2 = ($　　　$)_{16}$

(3) $(1024)_{10} = ($　　　　　$)_2 = ($　　　　$)_{16}$

(4) $(255)_{10} = ($　　　　　$)_2 = ($　　　$)_{16}$

1-4 利用基本定律和常用公式证明下列等式。

(1) $AB + BCD + \overline{A}C + \overline{B}C = AB + C$

(2) $\overline{A \oplus B} = AB + \overline{A} \cdot \overline{B}$

(3) $A \oplus \overline{A} = 1$

1-5 用公式法化简下列函数。

(1) $Y = \overline{A}B + A\overline{B} + B$

(2) $Y = AC + ACD + \overline{AB} + BCD$

(3) $Y = (A \oplus B)\overline{\overline{A} \cdot \overline{B} + AB} + AB$

1-6 用卡诺图将下列逻辑函数化简为最简与-或式。

(1) $Y = ABD + \overline{A} \cdot \overline{C} \cdot \overline{D} + \overline{AB} + \overline{A}CD + A\overline{B}\overline{D}$

(2) $Y = \overline{\overline{AB} + BC} + A\overline{C}$

(3) $Y = \sum m(0,2,3,4,6)$

(4) $Y = \sum m(0,1,2,3,4,6,8,9,10,11,12,14)$

(5) $Y = \sum m(2,3,4,5,9) + \sum d(10,11,12,13)$

(6) $Y = \sum m(0,1,5,7,8,11,14) + \sum d(3,9,15)$

1-7 指出在图 1-60 所示电路中，能实现 $Y = \overline{AB + CD}$ 的电路。

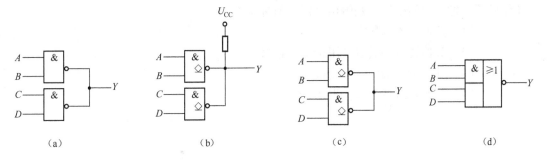

图 1-60　题 1-7 图

1-8 如图 1-61 (a) 所示三态输出门电路中，输入如图 1-61 (b) 所示的波形，试画出 Y_1 和 Y_2 的波形，并写出 Y_1 和 Y_2 的逻辑表达式。

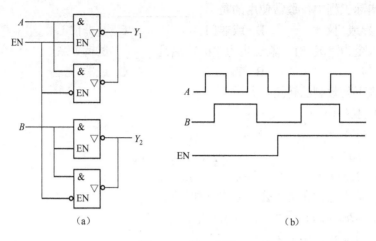

图 1-61 题 1-8 图

1-9 试画出如图 1-62（a）所示所示与非门输出 Y 的波形，其输入信号 A、B 的波形如图 1-61（b）所示。

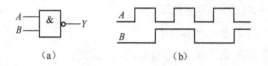

图 1-62 题 1-9 图

1-10 如图 1-63 所示，u_A、u_B 是两输入端门的输入波形，试分别画出对应下列门的输出波形。

(1) 与门。
(2) 或门。
(3) 与非门。
(4) 异或门。

1-11 若与非门有一个输入端接 5 V 电源，其他输入端作以下 4 种不同的处理，则输出分别为何种状态？

(1) 其他输入端悬空。
(2) 其他输入端通过电阻接电源正极。
(3) 其他输入端中有一个接地。
(4) 其他输入端全部接地。

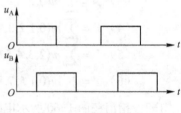

图 1-63 题 1-10 图

项目 2　译码显示电路的制作

项目剖析

在数字系统当中，为了便于信号的处理，常常需要将十进制数进行 BCD 编码，处理完再进行译码，最后显示成人们熟悉的十进制数。十进制编码、译码显示电路原理框图见图 2-1。

这个电路中的编码器和译码显示器采用什么型号的集成芯片？如何使用这些芯片？怎样进行电路的设计及制作？通过以下任务的学习，相信读者能找到答案，同时还会有更大的收获。本项目要完成以下 4 个学习任务：

任务 1　认识编码器和译码器；
任务 2　数据选择器及其应用；
任务 3　认识加法器；
任务 4　组合逻辑电路的分析与设计方法。

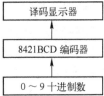

图 2-1　译码显示电路原理框图

学习目标

数字电路中根据逻辑功能的不同，可将其分为两大类：一类是组合逻辑电路，另一类是时序逻辑电路。组合逻辑电路在逻辑功能上的特点是：任意时刻的输出状态仅取决于该时刻的输入状态（现态），与电路原来的状态无关。在电路结构上的特点是：它是由各种门电路组成的，而且只有从输入到输出的通路，没有从输出到输入的反馈回路。组合逻辑电路是一种无记忆功能的电路。由此可知前面介绍的各种门电路都属于组合逻辑电路。

通过本项目的学习，应达到以下目标：
1. 掌握典型中规模集成逻辑部件的使用方法；
2. 掌握组合逻辑电路的分析方法；
3. 掌握小规模组合逻辑电路的设计方法；
4. 了解组合逻辑电路的竞争和冒险问题；
5. 学会制作一位十进制编码、译码显示电路。

任务 2.1　认识编码器和译码器

任务目标

1. 理解编码和译码的定义。
2. 掌握编码器和译码器的使用方法。

3. 熟练掌握采用 3 线–8 线译码器实现逻辑函数的方法。

2.1.1 编码器

所谓编码就是将具有特定含义的信息（如数字、文字、符号等）用二进制代码来表示的过程。能实现编码功能的电路称为编码器。在二值逻辑电路中，信号都是以高、低电平形式给出的。因此，编码器的逻辑功能就是把输入的每一个高、低电平信号编成一个对应的二进制代码。

1. 二进制编码器

用 n 位二进制代码对 2^n 个信息进行编码的电路称为二进制编码器。如图 2-2 所示的电路是由或门组成的三位二进制编码器。它有 7 个编码输入端 $I_1 \sim I_7$，有 3 个二进制代码输出端 $Y_0 \sim Y_2$。

由图 2-2 可写出编码器输出端的逻辑函数表达式为

$$Y_2 = I_4 + I_5 + I_6 + I_7$$
$$Y_1 = I_2 + I_3 + I_6 + I_7$$
$$Y_0 = I_1 + I_3 + I_5 + I_7$$

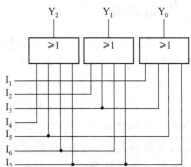

图 2-2 三位二进制编码器

由上式可列出该编码器的真值表，如表 2-1 所示。

表 2-1 三位二进制编码器真值表

输入								输出		
I_0	I_1	I_2	I_3	I_4	I_5	I_6	I_7	Y_2	Y_1	Y_0
0	0	0	0	0	0	0	1	1	1	1
0	0	0	0	0	0	1	0	1	1	0
0	0	0	0	0	1	0	0	1	0	1
0	0	0	0	1	0	0	0	1	0	0
0	0	0	1	0	0	0	0	0	1	1
0	0	1	0	0	0	0	0	0	1	0
0	1	0	0	0	0	0	0	0	0	1
1	0	0	0	0	0	0	0	0	0	0

三位二进制编码器的逻辑功能说明如下。

1) $I_1 \sim I_7$ 为 7 个输入端，输入高电平有效

高电平有效即输入信号为高电平时表示有编码请求；输入信号为低电平时，表示无编码请求。当 $I_1 \sim I_7$ 全为低电平，即 $I_1 \sim I_7$ 无编码请求时，输出 $Y_2 \sim Y_0$ 全为低电平，此时相当于对 I_0 进行编码（即在电路中无需有 I_0，对 I_0 的编码是隐含的），所以该编码器能为 8 个输入信号进行编码。

2) $Y_2 \sim Y_0$ 为三位二进制代码输出端，输出高电平有效

三位二进制代码从高位到低位的顺序为 Y_2、Y_1、Y_0，输出为二进制原码。

3) 任何时刻只允许有一个输入信号请求编码

此编码器任何时刻都不允许有两个或两个以上输入信号同时请求编码，否则输出将发

生混乱,因此这种编码器的输入信号是相互排斥的。

【例 2-1】 设计一个 4 线-2 线编码器。

解: 设输入为 I_0、I_1、I_2、I_3 四个信号,输出为 Y_1、Y_0,高电平表示请求编码,并依此按 I_i 下角标的值与 Y_1、Y_0 二进制代码的值相对应进行编码,真值表如表 2-2 所示。

根据真值表得逻辑表达式为

$$Y_1 = I_2 + I_3$$
$$Y_0 = I_1 + I_3$$

4 线-2 线编码器逻辑电路如图 2-3 所示。

表 2-2　4 线-2 线编码器真值表

输　　入				输　出	
I_0	I_1	I_2	I_3	Y_1	Y_0
1	0	0	0	0	0
0	1	0	0	0	1
0	0	1	0	1	0
0	0	0	1	1	1

图 2-3　4 线-2 线编码器逻辑电路图

注意: 当 $I_1 \sim I_3$ 全为低电平,即 $I_1 \sim I_3$ 无编码请求时,输出 Y_1、Y_0 全为低电平,此时相当于对 I_0 进行隐含编码。

2. 优先编码器

优先编码器克服了二进制编码器输入信号相互排斥的问题,它允许同时输入两个或两个以上编码信号,而电路只对其中优先级别最高的输入信号进行编码。常用的集成优先编码器有 74LS148、74LS147 等。

1)二进制优先编码器

图 2-4 为三位二进制优先编码器 74LS148 的符号图和外引线排列图。由于它有 8 个编码信号输入端 $\overline{I}_7 \sim \overline{I}_0$,3 位二进制代码输出端 $\overline{Y}_2 \sim \overline{Y}_0$,为此又把它叫做 8 线-3 线优先编码器。

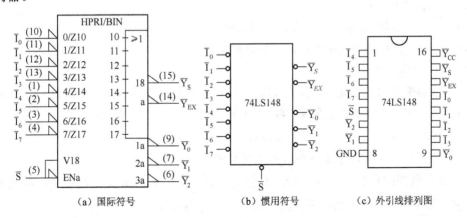

图 2-4　74LS148 优先编码器

表 2-3 为 74LS148 优先编码器的真值表。

表 2-3　74LS148 优先编码器的真值表

输入									输出				
$\overline{S}$	$\overline{I_0}$	$\overline{I_1}$	$\overline{I_2}$	$\overline{I_3}$	$\overline{I_4}$	$\overline{I_5}$	$\overline{I_6}$	$\overline{I_7}$	$\overline{Y_2}$	$\overline{Y_1}$	$\overline{Y_0}$	$\overline{Y_{EX}}$	$\overline{Y_S}$
1	×	×	×	×	×	×	×	×	1	1	1	1	1
0	1	1	1	1	1	1	1	1	1	1	1	1	0
0	×	×	×	×	×	×	×	0	0	0	0	0	1
0	×	×	×	×	×	×	0	1	0	0	1	0	1
0	×	×	×	×	×	0	1	1	0	1	0	0	1
0	×	×	×	×	0	1	1	1	0	1	1	0	1
0	×	×	×	0	1	1	1	1	1	0	0	0	1
0	×	×	0	1	1	1	1	1	1	0	1	0	1
0	×	0	1	1	1	1	1	1	1	1	0	0	1
0	0	1	1	1	1	1	1	1	1	1	1	0	1

下面根据 74LS148 的真值表对其逻辑功能说明如下。

（1）$\overline{I_7} \sim \overline{I_0}$ 为 8 个编码输入端，低电平有效。$\overline{I_7}$ 优先级别最高，依次降低，$\overline{I_0}$ 优先级别最低。

（2）$\overline{Y_2} \sim \overline{Y_0}$ 为 3 位二进制代码输出端，低电平有效，即采用反码形式输出。

（3）$\overline{S}$ 为选通输入端，低电平有效。

当 $\overline{S}=1$ 时，禁止编码器工作。此时不管编码输入端有无编码请求，输出 $\overline{Y_2}\,\overline{Y_1}\,\overline{Y_0}$ =111、$\overline{Y_S}$ =1、$\overline{Y_{EX}}$ =1。

当 $\overline{S}=0$ 时，允许编码器工作。当输入端无编码请求时，输出 $\overline{Y_2}\,\overline{Y_1}\,\overline{Y_0}$ =111，此时 $\overline{Y_S}$ =0、$\overline{Y_{EX}}$ =1。当编码输入端有编码请求时，编码器按优先级别为优先权高的输入信号进行编码，此时 $\overline{Y_S}$ =1、$\overline{Y_{EX}}$ =0。

（4）$\overline{Y_S}$ 为选通输出端、$\overline{Y_{EX}}$ 为扩展输出端。

应用 $\overline{Y_S}$ 和 $\overline{Y_{EX}}$ 端，可以实现编码器的功能扩展。

2）二-十进制优先编码器

二-十进制编码器也就是 BCD 编码器，是对输入的十进制数 0~9 进行二进制编码。图 2-5 是集成 8421BCD 优先编码器 74LS147 的符号图和外引线排列图。

下面根据 74LS147 的真值表对其逻辑功能说明如下。

（1）$\overline{I_1} \sim \overline{I_9}$ 为 9 个编码输入端，低电平有效。

优先级别最高的是 $\overline{I_9}$，依次降低，$\overline{I_1}$ 优先权最低。当 $\overline{I_9} \sim \overline{I_1}$ 全为高电平，即无编码请求时，输出端 $\overline{Y_3} \sim \overline{Y_0}$ 全为高电平，此时相当于对 $\overline{I_0}$ 进行编码。

（2）$\overline{Y_3} \sim \overline{Y_0}$ 为四位 BCD 码的输出端，低电平有效，即输出为 8421BCD 的反码。

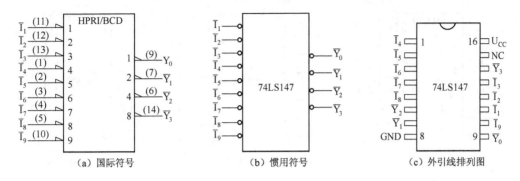

图 2-5　8421BCD 优先编码器 74LS147

表 2-4 为 8421BCD 优先编码器 74LS147 的真值表。

表 2-4　8421BCD 优先编码器 74LS147 的真值表

输　入									输　出			
$\overline{I_9}$	$\overline{I_8}$	$\overline{I_7}$	$\overline{I_6}$	$\overline{I_5}$	$\overline{I_4}$	$\overline{I_3}$	$\overline{I_2}$	$\overline{I_1}$	$\overline{Y_3}$	$\overline{Y_2}$	$\overline{Y_1}$	$\overline{Y_0}$
1	1	1	1	1	1	1	1	1	1	1	1	1
0	×	×	×	×	×	×	×	×	0	1	1	0
1	0	×	×	×	×	×	×	×	0	1	1	1
1	1	0	×	×	×	×	×	×	1	0	0	0
1	1	1	0	×	×	×	×	×	1	0	0	1
1	1	1	1	0	×	×	×	×	1	0	1	0
1	1	1	1	1	0	×	×	×	1	0	1	1
1	1	1	1	1	1	0	×	×	1	1	0	0
1	1	1	1	1	1	1	0	×	1	1	0	1
1	1	1	1	1	1	1	1	0	1	1	1	0

2.1.2　译码器与显示器

译码是编码的逆过程，是将输入的二进制代码译成对应的输出高、低电平信号。能实现译码功能的电路为译码器。常用的译码器有二进制译码器、二-十进制译码器和显示译码器 3 种。

1. 二进制译码器

二进制译码器的输入是一组二进制代码，输出是一组与输入代码对应的高、低电平信号。常见的译码器有 2 输入-4 输出译码器（简称 2 线-4 线译码器）、3 线-8 线译码器、4 线-16 线译码器等。

图 2-6 为二进制译码器 74LS138 的符号及外引线排列图。

表 2-5 为二进制译码器 74LS138 的真值表。

根据 74LS138 的真值表对其逻辑功能说明如下。

（1）A_2、A_1、A_0 为 3 位二进制代码输入端，输入的是三位二进制原码。

（2）$\overline{Y_7} \sim \overline{Y_0}$ 为 8 个输出端，低电平有效。

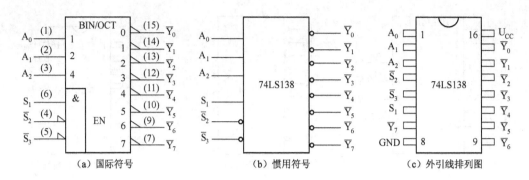

图 2-6 二进制译码器 74LS138

表 2-5 二进制译码器 74LS138 的真值表

输入					输出							
S_1	$\overline{S}_2+\overline{S}_3$	A_2	A_1	A_0	$\overline{Y}_0$	$\overline{Y}_1$	$\overline{Y}_2$	$\overline{Y}_3$	$\overline{Y}_4$	$\overline{Y}_5$	$\overline{Y}_6$	$\overline{Y}_7$
×	1	×	×	×	1	1	1	1	1	1	1	1
0	×	×	×	×	1	1	1	1	1	1	1	1
1	0	0	0	0	0	1	1	1	1	1	1	1
1	0	0	0	1	1	0	1	1	1	1	1	1
1	0	0	1	0	1	1	0	1	1	1	1	1
1	0	0	1	1	1	1	1	0	1	1	1	1
1	0	1	0	0	1	1	1	1	0	1	1	1
1	0	1	0	1	1	1	1	1	1	0	1	1
1	0	1	1	0	1	1	1	1	1	1	0	1
1	0	1	1	1	1	1	1	1	1	1	1	0

由其真值表可写出各输出端的逻辑函数表达式为

$\overline{Y}_0 = \overline{\overline{A}_2 \overline{A}_1 \overline{A}_0} = \overline{m_0}$ $\overline{Y}_4 = \overline{A_2 \overline{A}_1 \overline{A}_0} = \overline{m_4}$

$\overline{Y}_1 = \overline{\overline{A}_2 \overline{A}_1 A_0} = \overline{m_1}$ $\overline{Y}_5 = \overline{A_2 \overline{A}_1 A_0} = \overline{m_5}$

$\overline{Y}_2 = \overline{\overline{A}_2 A_1 \overline{A}_0} = \overline{m_2}$ $\overline{Y}_6 = \overline{A_2 A_1 \overline{A}_0} = \overline{m_6}$

$\overline{Y}_3 = \overline{\overline{A}_2 A_1 A_0} = \overline{m_3}$ $\overline{Y}_7 = \overline{A_2 A_1 A_0} = \overline{m_7}$

（3）S_1、$\overline{S}_2$、$\overline{S}_3$ 为三个输入控制端，其中 S_1 高电平有效，$\overline{S}_2$、$\overline{S}_3$ 为低电平有效。

当 $S_1=0$ 或 $\overline{S}_2+\overline{S}_3=1$ 时，译码器不工作，$\overline{Y}_7 \sim \overline{Y}_0$ 均为高电平；当 $S_1=1$ 且 $\overline{S}_2+\overline{S}_3=0$ 时，译码器工作。

利用 S_1、$\overline{S}_2$、$\overline{S}_3$ 三端可以扩展译码器的功能，例如，用两片 3 线-8 线译码器可以扩展为一个 4 线-16 线译码器，逻辑电路如图 2-7 所示。

2．二-十进制译码器 74LS42

二-十进制译码器是将输入的 8421BCD 码译成对应的十进制数的电路，也称这种译码器为 4 线-10 线译码器。图 2-8 为二-十进制译码器 74LS42 的符号及外引线排列图。

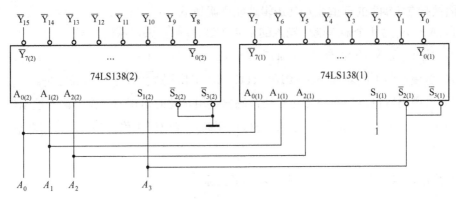

图 2-7 两片 3 线-8 线译码器扩展成 4 线-16 线译码器

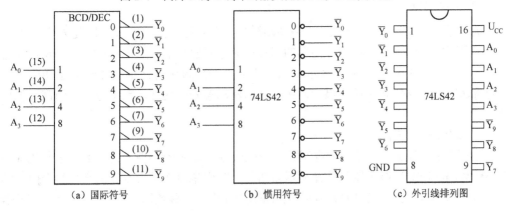

(a) 国际符号　　　　　(b) 惯用符号　　　　　(c) 外引线排列图

图 2-8 二-十进制译码器 74LS42

表 2-6 为二-十进制译码器 74LS42 的真值表。

表 2-6 二-十进制译码器 74LS42 的真值表

十进制数	输入				输出									
	A_3	A_2	A_1	A_0	$\overline{Y}_0$	$\overline{Y}_1$	$\overline{Y}_2$	$\overline{Y}_3$	$\overline{Y}_4$	$\overline{Y}_5$	$\overline{Y}_6$	$\overline{Y}_7$	$\overline{Y}_8$	$\overline{Y}_9$
0	0	0	0	0	0	1	1	1	1	1	1	1	1	1
1	0	0	0	1	1	0	1	1	1	1	1	1	1	1
2	0	0	1	0	1	1	0	1	1	1	1	1	1	1
3	0	0	1	1	1	1	1	0	1	1	1	1	1	1
4	0	1	0	0	1	1	1	1	0	1	1	1	1	1
5	0	1	0	1	1	1	1	1	1	0	1	1	1	1
6	0	1	1	0	1	1	1	1	1	1	0	1	1	1
7	0	1	1	1	1	1	1	1	1	1	1	0	1	1
8	1	0	0	0	1	1	1	1	1	1	1	1	0	1
9	1	0	0	1	1	1	1	1	1	1	1	1	1	0
无效码	1	0	1	0	1	1	1	1	1	1	1	1	1	1
	1	0	1	1	1	1	1	1	1	1	1	1	1	1
	1	1	0	0	1	1	1	1	1	1	1	1	1	1
	1	1	0	1	1	1	1	1	1	1	1	1	1	1
	1	1	1	0	1	1	1	1	1	1	1	1	1	1
	1	1	1	1	1	1	1	1	1	1	1	1	1	1

下面根据 74LS42 的真值表对其逻辑功能说明如下。

（1）$A_3 \sim A_0$ 为 4 个输入端，输入的是 8421BCD 码，采用原码形式。

（2）$\overline{Y_0} \sim \overline{Y_9}$ 为 10 个输出端，低电平有效。

（3）当输入伪码，即代码为 1010～1111 时，输出端 $\overline{Y_0} \sim \overline{Y_9}$ 全为高电平。

（4）该译码器也可当作 3 线-8 线译码器使用。此时可用 A_3 作为输入控制端，$\overline{Y_0} \sim \overline{Y_7}$ 作为输出端，$\overline{Y_8}$、$\overline{Y_9}$ 闲置。当 A_3 为低电平时，译码器工作；当 A_3 为高电平时，禁止译码器工作。

想一想：编码和译码的定义及它们之间的关系？

3．显示译码器

在数字系统中常常需要将数字、字母或符号等直观地显示出来，以便人们观测、查看。能够显示数字、字母或符号等图形的器件称为显示器。需要显示的数字、字母或符号等先要以一定的二进制代码的形式表示出来，所以在送到显示器之前要先经显示译码器的译码，即将这些二进制代码转换成显示器所需要的驱动信号。这些驱动信号是一组高、低电平信号。

1）7 段数码显示器

7 段数码显示器是用来显示十进制数 0～9 这 10 个数码的器件。常见的 7 段数码显示器有半导体数码（LED）显示器和液晶显示器两种，它们是由 7 段可发光的字段组合而成的。

（1）7 段半导体数码（LED）显示器。LED 显示器（又称数码管）是由 7 段发光二极管组成的，如图 2-9（a）所示。7 段的不同组合能显示出 10 个阿拉伯数字，如图 2-9（b）所示。

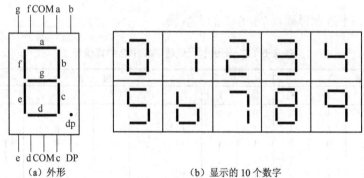

（a）外形　　　　　　　　　　（b）显示的 10 个数字

图 2-9　LED 显示器

LED 显示器的内部接法有两种，分别为共阳极接法和共阴极接法，如图 2-10 所示。

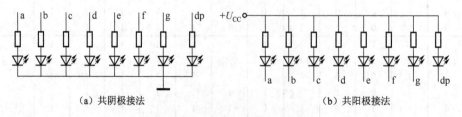

（a）共阴极接法　　　　　　　　　　（b）共阳极接法

图 2-10　LED 显示器的内部接法

LED 显示器的主要优点是清晰悦目、工作电压低（1.5～3 V）、体积小、寿命长（一般大于 1000 h）、可靠性高、响应时间短（1～100 ns）；缺点是工作电流大。LED 数码管是目前最常用的数字显示器件，常见的共阴极显示器的型号有 BS201、BS202、BS207 及 LC5011-11 等；共阳极显示器的型号有 BS204、BS206 及 LA5011-11 等。

（2）液晶显示器（LCD）。液晶是既有液体的流动性，又有某些光学特性的有机化合物，它的透明度和颜色受外电场的控制。利用这一特点，可做成电场控制的 7 段液晶数码显示器，其字形与 7 段半导体数码显示器相同。这种显示器在没有外加电场时，液晶分子排列整齐，入射的光线大部分被反射回来，液晶为透明状态，显示器呈白色。当在相应字段的电极上加上电压后，液晶中的分子因电离产生正离子，这些正离子在电场作用下运动，并不断撞击其他液晶分子，从而破坏了液晶分子的整齐排列，原来透明的液晶变成了暗灰色，显示出相应的数字。当外加电压撤掉时，液晶分子又恢复到整齐排列的状态，显示的数字也随之消失。

液晶显示器的主要优点是功耗极小，工作电压低；缺点是亮度较差，响应速度较慢。

2）BCD 7 段显示译码器

LED 显示器若要显示十进制数字，需要在其输入端加驱动信号。BCD 7 段显示译码器就是一种能将 BCD 代码转换成 LED 显示器所需要的驱动信号的逻辑电路。它输入的是 8421BCD 码，输出的是与 LED 显示器相对应的七位二进制代码。BCD 7 段显示译码器按其输出有效电平不同，即使灯"点亮"的驱动电平不同，可分为输出低电平有效和输出高电平有效两大类。图 2-11 为 BCD 7 段显示译码器 74LS48 的符号及外引线图。它输出高电平有效，因此可与共阴极 LED 显示器配合使用。

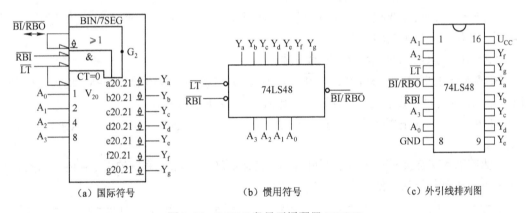

图 2-11　BCD 7 段显示译码器 74LS48

表 2-7 为 BCD 7 段显示译码器 74LS48 的真值表。

表 2-7　BCD 7 段显示译码器 74LS48 的真值表

输入						输出							显示字形
$\overline{LT}$	$\overline{RBI}$	A_3	A_2	A_1	A_0	a	b	c	d	e	f	g	
0	×	×	×	×	×	1	1	1	1	1	1	1	8
1	1	0	0	0	0	1	1	1	1	1	1	0	0
1	×	0	0	0	1	0	1	1	0	0	0	0	1
1	×	0	0	1	0	1	1	0	1	1	0	1	2

续表

输入						输出							显示字形
$\overline{LT}$	$\overline{RBI}$	A_3	A_2	A_1	A_0	a	b	c	d	e	f	g	
1	×	0	0	1	1	1	1	1	1	0	0	1	３
1	×	0	1	0	0	0	1	1	0	0	1	1	４
1	×	0	1	0	1	1	0	1	1	0	1	1	５
1	×	0	1	1	0	0	0	1	1	1	1	1	６
1	×	0	1	1	1	1	1	1	0	0	0	0	７
1	×	1	0	0	0	1	1	1	1	1	1	1	８
1	×	1	0	0	1	1	1	1	0	0	1	1	９

根据 74LS48 的真值表，对其逻辑功能说明如下。

（1）$A_3 \sim A_0$ 为 4 个数码输入端，输入的是 8421BCD 码。

（2）$Y_a \sim Y_g$ 为 7 个输出端，输出的是 7 位二进制代码，高电平有效。

输出代码中的"1"对应的 LED 显示器的线段亮，"0"对应的 7 段显示器的线段不亮。

（3）$\overline{LT}$ 为试灯输入端，低电平有效。

当 $\overline{LT}$=0 时，无论输入端 $A_3 \sim A_0$ 为何状态，输出端 $Y_a \sim Y_g$ 全为高电平，可使 LED 显示器的 7 段同时点亮，由此可判断 LED 显示器的各段能否正常发光。此时 $\overline{BI}/\overline{RBO}$ 作为输出端，输出高电平。7 段显示译码器工作时，需置 $\overline{LT}$=1。

（4）$\overline{RBI}$ 为灭零输入端，低电平有效。

当 $\overline{LT}$=1、$A_3 \sim A_0$=0000 时，LED 显示器应显示数字 0。此时，若使 $\overline{RBI}$=0 便可使这个零熄灭。其作用是将多余的 0 熄灭。

（5）$\overline{BI}/\overline{RBO}$ 为灭灯输入/灭零输出端。

$\overline{BI}$ 输入低电平时，无论 $\overline{LT}$、$\overline{RBI}$、$A_3 \sim A_0$ 为何状态，输出端 $Y_a \sim Y_g$ 均为低电平，LED 显示器各段同时被熄灭。当译码器工作时，$\overline{BI}$ 应置高电平。

$\overline{BI}/\overline{RBO}$ 作为输出端使用时，只有当 $\overline{LT}$=1、$A_3 \sim A_0$=0000、$\overline{RBI}$=0 时，$\overline{RBO}$ 才会输出低电平。

将灭零输入端与灭零输出端配合使用，即可实现多位数码显示系统的灭零控制。如图 2-12 所示为灭零控制的连接方法。

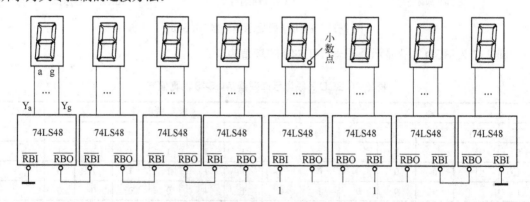

图 2-12 有灭零控制的 8 位数码显示系统

知识链接

显示译码器与数码管的配接

显示译码器按输出电平不同可分为高电平有效和低电平有效两种。输出高电平有效的显示译码器（例如，74LS48、74LS248、CC4511等）只能配接共阴极数码管；输出低电平有效的显示译码器（例如，74LS47、74LS247等）只能配接共阳极数码管。

4．译码器实现组合逻辑函数

二进制译码器的输出为输入的全部最小项，即每一个输出都对应一个最小项。而任何一个逻辑函数都可变换为最小项之和的标准与或表达式，因此，二进制译码器和门电路配合可实现任何组合逻辑函数。

【例 2-2】 试用 3 线-8 线译码器 74LS138 配合门电路实现逻辑函数：$Y = \overline{A}\,\overline{B}\,\overline{C} + AB\overline{C} + BC$。

解：设输入变量 $A=A_2$、$B=A_1$、$C=A_0$。

先变换逻辑函数表达式为最小项之和的形式：

$$\begin{aligned} Y &= \overline{A}\,\overline{B}\,\overline{C} + AB\overline{C} + BC \\ &= \overline{A}\,\overline{B}\,\overline{C} + AB\overline{C} + BC(A+\overline{A}) \\ &= \overline{A}\,\overline{B}\,\overline{C} + AB\overline{C} + \overline{A}BC + ABC \\ &= m_0 + m_6 + m_7 \end{aligned}$$

然后将最小项表达式变成与非式：

$$\begin{aligned} Y &= \overline{\overline{m_0 \cdot m_3 \cdot m_6 \cdot m_7}} \\ &= \overline{\overline{Y_0} \cdot \overline{Y_3} \cdot \overline{Y_6} \cdot \overline{Y_7}} \end{aligned}$$

根据变换后的逻辑函数式画连线图，保证译码器处于译码工作状态，即 $S_1=1$、$\overline{S_2}=\overline{S_3}=0$，其连线如图 2-13 所示。

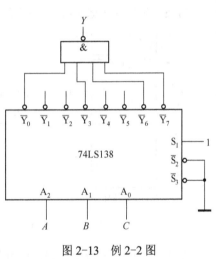

图 2-13 例 2-2 图

任务 2.2 数据选择器及其应用

任务目标

1. 理解数据选择器的定义。
2. 掌握 4 选 1 及 8 选 1 数据选择器的使用。
3. 熟练掌握采用数据选择器实现组合逻辑函数的方法。

2.2.1 认识数据选择器

数据选择器又称多路选择器或多路开关，它是从多路输入数据中选择一路数据输出。其功能相当于如图 2-14 所示的受控单刀多掷开关，是一个多输入、单输出的组合逻辑电路。

从图 2-14 中可以看出，$D_0 \sim D_{N-1}$ 为 N 个数据输入端，Y 为数据输出端。某一时刻，在输入端 N 个数据输入信号中，只允许有一个输入信号被选择作为输出信号。$A_{n-1} \sim A_0$ 为 n 个数据选择输入端，也称地址输入端。输入信号的选择是通过数据选择端（地址端）的二进制代码来控制的（其中 $N=2^n$）。常用的数据选择器有 4 选 1、8 选 1、16 选 1 等。

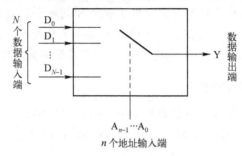

图 2-14　数据选择器示意图

1. 4 选 1 数据选择器

74LS153 是双 4 选 1 数据选择器，符号和外引线排列如图 2-15 所示。

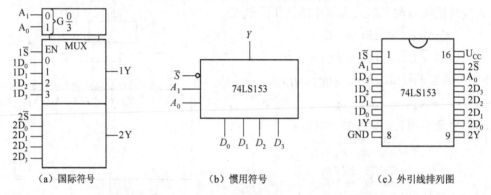

(a) 国际符号　　　　　(b) 惯用符号　　　　　(c) 外引线排列图

图 2-15　4 选 1 数据选择器 74LS153

表 2-8 为 4 选 1 数据选择器的真值表。

表 2-8　4 选 1 数据选择器 74LS153 的真值表

			输		入		输	出
$\overline{S}$	A_1	A_0	D_3	D_2	D_1	D_0		Y
1	×	×	×	×	×	×		0
0	0	0	×	×	×	0		0
0	0	0	×	×	×	1		1
0	0	1	×	×	0	×		0
0	0	1	×	×	1	×		1
0	1	0	×	0	×	×		0
0	1	0	×	1	×	×		1
0	1	1	0	×	×	×		0
0	1	1	1	×	×	×		1

根据其外引线排列和真值表,对 74LS153 的功能说明如下。

(1) 1D$_0$~1D$_3$、2D$_0$~2D$_3$ 分别为两个数据选择器的数据输入端。

(2) 1Y、2Y 分别为两个数据选择器的输出端。

输出信号选择输入信号中的哪一路,是由地址输入端决定的。例如,地址输入端 A_1A_0=00 时,Y=D_0;若 A_1A_0=10,则 Y=D_2。

(3) A_1、A_0 为地址输入端,两个数据选择器共用。

(4) $1\overline{S}$、$2\overline{S}$ 分别为两个数据选择器的选通输入端,低电平有效。$\overline{S}$=1 时数据选择器不工作,输出 Y 保持低电平;$\overline{S}$=0 时数据选择器工作。

根据其真值表得 4 选 1 数据选择器输出逻辑函数表达式:

$$Y = \overline{A_1}\,\overline{A_0}D_0 + \overline{A_1}A_0D_1 + A_1\overline{A_0}D_2 + A_1A_0D_3 = m_0D_0 + m_1D_1 + m_2D_2 + m_3D_3$$

想一想:8 选 1 数据选择器如何使用,它有几个地址输入端?能否写出 8 选 1 数据选择器的输出逻辑表达式?

2. 8 选 1 数据选择器

图 2-16 为 8 选 1 数据选择器 74LS151 的符号和外引线图。表 2-9 为 8 选 1 数据选择器 74LS151 的真值表。

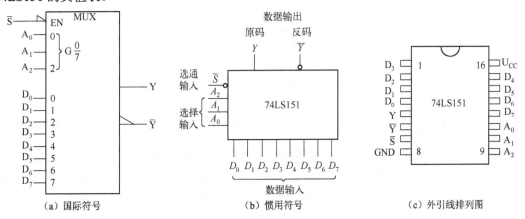

图 2-16 8 选 1 数据选择器 74LS151

表 2-9 8 选 1 数据选择器 74LS151 的真值表

输入				输出	
$\overline{S}$	A_2	A_1	A_0	Y	$\overline{Y}$
1	×	×	×	0	1
0	0	0	0	D_0	$\overline{D_0}$
0	0	0	1	D_1	$\overline{D_1}$
0	0	1	0	D_2	$\overline{D_2}$
0	0	1	1	D_3	$\overline{D_3}$
0	1	0	0	D_4	$\overline{D_4}$
0	1	0	1	D_5	$\overline{D_5}$
0	1	1	0	D_6	$\overline{D_6}$
0	1	1	1	D_7	$\overline{D_7}$

根据真值表得 8 选 1 数据选择器的输出逻辑函数表达式：

$$Y = \overline{A}_2\overline{A}_1\overline{A}_0 D_0 + \overline{A}_2\overline{A}_1 A_0 D_1 + \overline{A}_2 A_1 \overline{A}_0 D_2 + \overline{A}_2 A_1 A_0 D_3 + A_2 \overline{A}_1 \overline{A}_0 D_4 +$$
$$A_2\overline{A}_1 A_0 D_5 + A_2 A_1 \overline{A}_0 D_6 + A_2 A_1 A_0 D_7$$
$$= m_0 D_0 + m_1 D_1 + m_2 D_2 + m_3 D_3 + m_4 D_4 + m_5 D_5 + m_6 D_6 + m_7 D_7$$

2.2.2 数据选择器的应用

1. 数据选择器的扩展

用一片 74LS153 可以实现 8 选 1 数据选择器的功能，电路连接如图 2-17 所示。

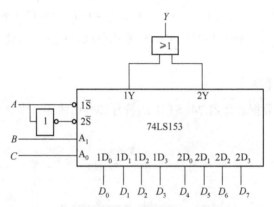

图 2-17 一片 74LS153 实现 8 选 1 数据选择器

想一想：在图 2-17 中，输出为什么采用或门实现？如果将或门改成与门，输出状态如何？

通过分析图 2-17 可知，在某一时刻其中一个数据选择器被选通，另一个被禁止工作。也就是说 1Y 和 2Y 中一个为数据的输出，另一个为低电平"0"，所以总的输出采用或门来实现。如果将或门改成与门，则总的输出始终维持低电平"0"。

想一想：如何采用两片 74LS151 实现 16 选 1 数据选择器的功能？

2. 实现组合逻辑函数

当数据选择器处于工作状态，即 $\overline{S}=0$，而且输入的全部数据为 1 时，输出函数 Y 的表达式便是地址变量的全体最小项之和。而任何一个逻辑函数都可以写成最小项之和的形式，所以用数据选择器可以很方便地实现组合逻辑函数。其方法是若在数据选择器的输出函数表达式中包含逻辑函数中的最小项时，则相应的输入数据取 1，而对于不包含在逻辑函数中的最小项，则相应输入数据取 0。

【例 2-3】 试用下列两种方法实现逻辑函数 $Y' = A\overline{B}C + \overline{A}B + \overline{A}\,\overline{C}$
（1）一片 8 选 1 数据选择器实现。
（2）一片 4 选 1 数据选择器实现。

解：
（1）一片 8 选 1 数据选择器实现。

① 写出逻辑函数的最小项表达式为

$$Y' = A\overline{B}C + \overline{A}B(\overline{C}+C) + \overline{A}\,\overline{C}(\overline{B}+B)$$
$$= A\overline{B}C + \overline{A}B\overline{C} + \overline{A}BC + \overline{A}\,\overline{B}\,\overline{C} + \overline{A}B\overline{C}$$
$$= m_5 + m_2 + m_3 + m_0 + m_2$$
$$= m_0 + m_2 + m_3 + m_5$$

② 将转换后的逻辑函数表达式与 8 选 1 数据选择器的输出函数表达式比较。
8 选 1 数据选择器输出函数表达式为

$$Y = \overline{A_2}\,\overline{A_1}\,\overline{A_0}D_0 + \overline{A_2}\,\overline{A_1}A_0D_1 + \overline{A_2}A_1\overline{A_0}D_2 + \overline{A_2}A_1A_0D_3 + A_2\overline{A_1}\,\overline{A_0}D_4 +$$
$$A_2\overline{A_1}A_0D_5 + A_2A_1\overline{A_0}D_6 + A_2A_1A_0D_7$$
$$= m_0D_0 + m_1D_1 + m_2D_2 + m_3D_3 + m_4D_4 + m_5D_5 + m_6D_6 + m_7D_7$$

令 $A_2=A$, $A_1=B$, $A_0=C$。当 $D_0=D_2=D_3=D_5=1$、$D_1=D_4=D_6=D_7=0$ 时，则 $Y=Y'$。

③ 根据上述结论画连线图，如图 2-18 所示。

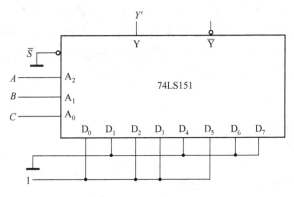

图 2-18 例 2-3 74LS151 的实现

（2）一片 4 选 1 数据选择器实现。

① 分离变量及变换逻辑函数表达式。因为所求逻辑函数的输入变量为 3 个，而 4 选 1 数据选择器的地址变量为两个，所以需要将多余的一个输入变量分离出去，再将剩余的变量组合变换成最小项形式。

$$Y' = A\overline{B}C + \overline{A}B + \overline{A}\,\overline{C}$$
$$= A\overline{B}(C) + \overline{A}B + \overline{A}(\overline{C})$$
$$= A\overline{B}(C) + \overline{A}B + \overline{A}\,\overline{B}(\overline{C}) + \overline{A}B(\overline{C})$$
$$= A\overline{B}(C) + \overline{A}B + \overline{A}\,\overline{B}(\overline{C})$$
$$= m_2(C) + m_1 + m_0(\overline{C})$$
$$= m_0(\overline{C}) + m_1 \cdot 1 + m_2(C)$$

② 将转换后的逻辑函数表达式与 4 选 1 数据选择器的输出函数表达式比较。4 选 1 数据选择器输出函数表达式为

$$Y = \overline{A_1}\,\overline{A_0}D_0 + \overline{A_1}A_0D_1 + A_1\overline{A_0}D_2 + A_1A_0D_3$$
$$= m_0D_0 + m_1D_1 + m_2D_2 + m_3D_3$$

令 $A_1=A$、$A_0=B$，当 $D_0=\overline{C}$、$D_1=1$、$D_2=C$、$D_3=0$ 时，则 $Y=Y'$。

③ 根据上述结论画连线图，如图 2-19 所示。

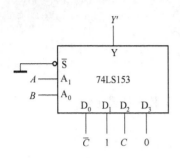

图 2-19 例 2-3 74LS153

想一想：任意 4 变量的组合逻辑函数采用一片 8 选 1 数据选择器可以实现吗？

根据例题 2-3 可以得出以下结论：

（1）逻辑函数的变量个数与地址输入端的个数相同时，可直接用数据选择器来实现。

（2）逻辑函数的变量个数多于地址输入端的个数时，应分离多余的变量，将余下的变量分别有序地加到数据选择器的地址输入端上。

知识拓展 1　数据分配器的使用

在数字系统尤其是计算机数字系统中，为了减少传输线，经常采用总线技术，即在同一条线上对多路数据进行接收或传送。用来实现这种逻辑功能的数字电路就是数据选择器和数据分配器，如图 2-20 所示。数据选择器和数据分配器的作用相当于单刀多掷开关。数据选择器是多输入，单输出；数据分配器是单输入，多输出。

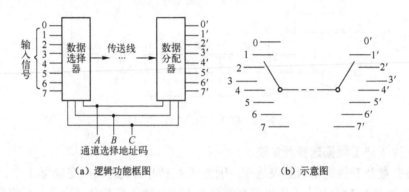

(a) 逻辑功能框图　　　　(b) 示意图

图 2-20 在一条总线上接收与传送 8 路数据

数据分配器是数据选择器的逆过程。数据分配器有一根输入线，n 根选择控制线和 2^n 根输出线。根据 n 个选择变量的不同代码组合来选择输入数据从哪个输出通道输出。

在集成电路系列器件中并没有专门的数据分配器，一般说来，凡具有使能控制输入的译码器都能作为数据分配器使用。只要将译码器使能控制输入端作为数据输入端，将二进制代码输入端作为地址控制端即可。

图 2-21 所示为由 3 线-8 线译码器 74LS138 构成的 8 路数据分配器。图中 $\overline{S}_2$ 作为数据输入端 D，$A_2 \sim A_0$ 为地址信号输入端，$\overline{Y}_0 \sim \overline{Y}_7$ 为数据输出端。

在许多通信应用中通信线路是成本较高的资源，为

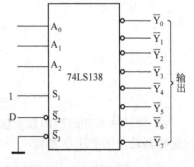

图 2-21 8 路数据分配器

了有效利用线路资源，经常采用分时复用线路的方法。多个发送设备（如 X_0，X_1，$X_2\cdots$）与多个接收设备（如 Y_0，Y_1，$Y_2\cdots$）间只使用一条线路连接，如图 2-22 所示。

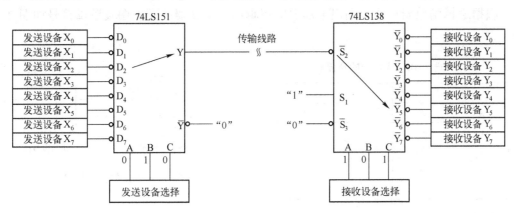

图 2-22　传输线路的分时复用法

当发送设备 X_2 需要向接收设备 Y_5 发送数据时，发送设备选择电路输出"010"，数据选择器将 X_2 的输出接到线路上。而接收设备选择电路输出"101"，数据分配器将线路上的数据分配到接收设备 Y_5 的接收端，实现了信息传送。这种方法称为分时复用技术。

当然在 X_2 向 Y_5 传送数据时其他设备就不能传送数据，打电话时听到的"占线"或者"线路忙"就是这样一种情况。

任务 2.3　认识加法器

任务目标

1. 了解半加器的的使用。
2. 掌握全加器的设计。
3. 会采用多个全加器构成多位加法器。
4. 掌握集成加法器的使用。

在数字系统中两个二进制数经常要进行加、减、乘、除等算术运算。加法运算是算术运算中最基本的运算，其他的运算都可以转化成加法运算来实现。能实现加法运算的电路称为加法器。加法器按加数位数不同可分为：一位加法器和多位加法器。

2.3.1　一位二进制加法器

1. 半加器

两个一位二进制数相加，而不考虑来自低位进位数的运算称为半加，能实现半加运算的电路称为半加器。

设 A 和 B 为两个加数，S 为本位和，C 为向高位的进位。表 2-10 为半加器的真值表。

由真值表可写出半加器的逻辑函数表达式为

$$S = \overline{A}B + A\overline{B} = A \oplus B$$
$$C = AB$$

根据逻辑函数表达式，画出半加器的逻辑图。半加器的逻辑图及逻辑符号如图 2-23 所示。

表 2-10 半加器的真值表

输 入		输 出	
A	B	S	C
0	0	0	0
0	1	1	0
1	0	1	0
1	1	0	1

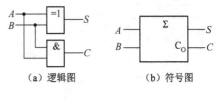

图 2-23 半加器

2．全加器

两个一位二进制数相加，而且还要考虑与来自低位进位数加的运算称为全加。能实现全加运算的电路称为全加器。例如，在两个二进制数进行全加运算时，不仅要考虑第 i 位上的加数 A_i 和 B_i，还要考虑来自低位的进位数 C_{i-1}，进而得到本位的和 S_i 和向高位的进位数 C_i。根据二进制加法的运算规则，可列出全加器的真值表，见表 2-11。

表 2-11 全加器的真值表

输 入			输 出	
A_i	B_i	C_{i-1}	S_i	C_i
0	0	0	0	0
0	0	1	1	0
0	1	0	1	0
0	1	1	0	1
1	0	0	1	0
1	0	1	0	1
1	1	0	0	1
1	1	1	1	1

由真值表得最小表达式，然后进行变换

$$S_i = \overline{A}_i\overline{B}_iC_{i-1} + \overline{A}_iB_i\overline{C}_{i-1} + A_i\overline{B}_i\overline{C}_{i-1} + A_iB_iC_{i-1}$$
$$= (\overline{A_i \oplus B_i})C_{i-1} + (A_i \oplus B_i)\overline{C}_{i-1}$$
$$= A_i \oplus B_i \oplus C_{i-1}$$
$$C_i = \overline{A}_iB_iC_{i-1} + A_i\overline{B}_iC_{i-1} + A_iB_i\overline{C}_{i-1} + A_iB_iC_{i-1}$$
$$= (A_i \oplus B_i)C_{i-1} + A_iB_i$$

由上述函数表达式可画出全加器的逻辑图，如图 2-24 所示为全加器的逻辑图和逻辑符号。

想一想：怎样采用多个全加器构成多位加法器？

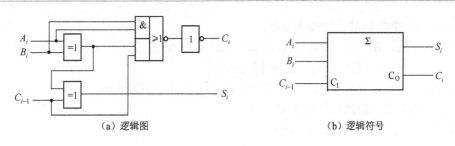

(a) 逻辑图　　　　　　　　　　　　(b) 逻辑符号

图 2-24　全加器

2.3.2　多位二进制加法器

能实现多位二进制加法运算的电路，称多位二进制加法器。多个一位二进制全加器级联就可以实现多位二进制加法运算。根据级联的方式不同，多位加法器可分为串行进位加法器和超前进位加法器两种。

图 2-25 所示是由 4 个全加器组成的四位二进制串行进位加法器。

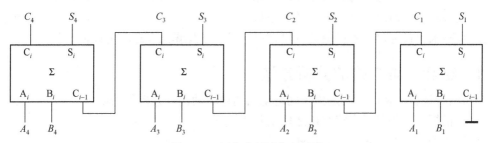

图 2-25　四位串行进位加法器

串行进位加法器的特点是低位全加器输出的进位信号 C_i 依次加到相邻的高位全加器的进位输入端 C_{i-1}，最低位的进位输入端 C_{i-1} 接地。显然每一位的相加结果必须等到低一位的进位信号产生后才能建立起来。因此串行加法器的运算速度比较慢，这是它的主要缺点，但它的电路结构比较简单。当要求运算速度较高时，可采用超前进位加法器。它是根据加到第 i 位的进位输入信号 C_{i-1} 是由 A_{i+1}、B_{i+1} 这两个加数之前各位加数 A_i、A_{i-1}、…、A_1 和 B_i、B_{i-1}、…、B_1 决定的原理，通过逻辑电路事先得出每一位全加器的进位输入信号。而无需再从最低位开始向高位逐位传递进位信号了，因而有效地提高了运算速度。

74LS283 就是一个四位二进制超前进位加法器，可进行四位二进制的加法运算。图 2-26 给出了它的逻辑符合和外引线排列图。

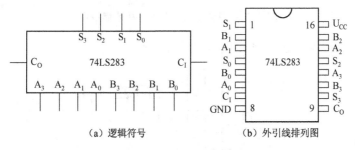

(a) 逻辑符号　　　　　　　　　(b) 外引线排列图

图 2-26　四位二进制超前位加法器 74LS283

下面对 74LS283 的功能做如下说明。

（1）$A_3 \sim A_0$、$B_3 \sim B_0$ 为 8 个数据输入端，可输入两组四位二进制数。A_3、B_3 分别为两组四位二进制数的最高位，A_0、B_0 分别为最低位。

（2）$S_3 \sim S_0$ 为 4 个数据输出端，可输出两组四位二进制数的和。

（3）C_I 为来自低位的进位输入端。

（4）C_O 为向高位进位的输出端。

想一想：怎样采用两片 74LS283 构成一个八位二进制加法器？

任务 2.4　组合逻辑电路的分析与设计方法

任务目标

1. 掌握组合逻辑电路的分析与设计步骤。
2. 能够对一般的组合逻辑电路进行分析。
3. 能够采用门电路及中规模集成组合电路进行小规模组合逻辑电路的设计。

2.4.1　组合逻辑电路的分析方法

分析组合逻辑电路的目的是为了确定电路的逻辑功能，分析步骤如下。

（1）根据给定的逻辑电路写出逻辑函数表达式。

（2）化简、变换逻辑函数表达式。

（3）列出真值表。

（4）确定组合逻辑电路的逻辑功能。

对于典型的组合逻辑电路可直接说出其功能，对于非典型的组合逻辑电路，应根据真值表中逻辑变量或逻辑函数的取值规律来说明，即指出输入为哪些状态时，输出为 1 或 0。

注意：上述分析步骤中的第（3）步列真值表是根据需要而定，从化简和变换后的逻辑函数表达式中，若不能立刻看出这个电路的逻辑功能，则需列出与之对应的真值表。

组合逻辑电路的分析步骤框图如图 2-27 所示。

图 2-27　组合逻辑电路的分析步骤框图

【例 2-4】　分析如图 2-28 所示电路的逻辑功能。

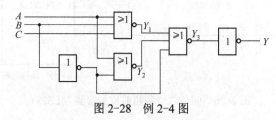

图 2-28　例 2-4 图

解：

第 1 步：写逻辑表达式。

$$\left.\begin{array}{l}Y_1 = \overline{A+B+C} \\ Y_2 = \overline{A+\overline{B}} \\ Y_3 = \overline{Y_1 + Y_2 + \overline{B}}\end{array}\right\} \Longrightarrow Y = \overline{Y_3} = \overline{\overline{Y_1 + Y_2 + \overline{B}}} = Y_1 + Y_2 + \overline{B} = \overline{A+B+C} + \overline{A+\overline{B}} + \overline{B}$$

第 2 步：化简及变换。

$$Y = \overline{A}\,\overline{B}\,\overline{C} + \overline{A}B + \overline{B} = \overline{A}B + \overline{B} = \overline{A} + \overline{B} = \overline{A \cdot B}$$

第 3 步：逻辑功能描述。

电路的输出 Y 只与输入 A、B 有关，而与输入 C 无关。Y 和 A、B 的逻辑关系是与非的关系：当 A、B 输入全为 1 时，输出 Y 为 "0"；否则，输出 Y 为 "1"。

> **注意：** 由例题 2-4 可以看出，通过设定中间变量可以准确地写出逻辑表达式。在设计的初级阶段及电路较复杂时，建议采用这种方法。

2.4.2 组合逻辑电路的设计方法

组合逻辑电路的设计就是根据给定的实际逻辑问题求出实现这一逻辑功能的最简逻辑电路。所谓"最简"，就是指电路所用的器件数最少、器件种类最少、器件间的连线也最少。电路设计为分析的逆过程。

组合逻辑电路的设计步骤如下所述。

1. 进行逻辑抽象

将给定的实际逻辑问题通过抽象用一个逻辑函数表达式来描述。其具体方法如下。

（1）分析事件的因果关系，确定输入、输出变量，并对输入、输出变量进行逻辑赋值。用逻辑 0、逻辑 1 分别代表输入变量和输出变量的两种不同状态。

（2）根据给定的实际逻辑问题中的因果关系列出真值表。

（3）根据真值表写出逻辑函数表达式。

2．选择器件种类

根据对电路的具体要求和器件资源情况决定采用哪一种类型的器件。

3．将逻辑函数表达式进行化简或进行适当的形式变换

可采用代数化简或卡诺图化简法对逻辑函数进行化简；若对所用器件的种类有所限制，需将逻辑函数表达式变换成与器件相适应的形式。

4．根据化简或变换后的逻辑函数表达式画逻辑图

组合逻辑电路的设计步骤框图如图 2-29 所示。

图 2-29 组合逻辑电路的设计步骤框图

【例 2-5】 设计一个 3 人表决电路。当 3 个人中多数表示同意，则表决通过，否则表决不通过。要求采用以下 3 种方法实现：（1）与非门实现；（2）数据选择器实现；（3）译码器实现。

解：1. 与非门实现

（1）逻辑抽象。

① 分析设计要求，确定输入变量、输出变量，并对其进行逻辑赋值。

设 3 个人的表决为输入变量，分别用 A、B、C 表示，且为 1 时表示同意，为 0 时表示不同意。表决的结果为输出变量，用 Y 表示，且为 1 时表示通过，为 0 时表示不通过。

② 根据命题列真值表，见表 2-12。

表 2-12 例 2-5 的真值表

输入			输出
A	B	C	Y
0	0	0	0
0	0	1	0
0	1	0	0
0	1	1	1
1	0	0	0
1	0	1	1
1	1	0	1
1	1	1	1

③ 根据真值表写出逻辑函数表达式为

$$Y = \overline{A}BC + A\overline{B}C + AB\overline{C} + ABC$$

（2）选定逻辑器件。采用与非门 74LS00 实现。

（3）化简、变换逻辑函数为（可用代数法和卡诺图法化简）

$$Y = \overline{A}BC + A\overline{B}C + AB\overline{C} + ABC = AB + BC + AC$$
$$= \overline{\overline{AB + BC + AC}} = \overline{\overline{AB} \cdot \overline{BC} \cdot \overline{AC}}$$

（4）画逻辑图，如图 2-30 所示。

2. 数据选择器实现

（1）逻辑抽象（同上）。

（2）选定逻辑器件。采用 4 选 1 数据选择器 74LS153 实现。

（3）变换逻辑函数为

$$Y = \overline{A}BC + A\overline{B}C + AB\overline{C} + ABC$$
$$= \overline{A}B(C) + A\overline{B}(C) + AB(\overline{C}) + AB(C)$$
$$= m_1 C + m_2 C + m_3 \overline{C} + m_3 C$$
$$= m_1 C + m_2 C + m_3 \cdot 1$$

（4）画逻辑图，如图 2-31 所示。

令 $A_1=A$，$A_0=B$，取 $D_0=0$、$D_1=C$、$D_2=C$、$D_3=1$。

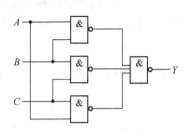

图 2-30 例 2-5 用与非门实现的逻辑图

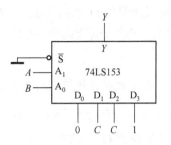

图 2-31 例 2-5 用数据选择器实现的逻辑图

3．译码器实现

（1）逻辑抽象（同上）。

（2）选定逻辑器件。

采用 3 线-8 线译码器 74LS138 实现。

（3）变换逻辑函数为

$$Y = \overline{A}BC + A\overline{B}C + AB\overline{C} + ABC$$
$$= m_3 + m_5 + m_6 + m_7$$
$$= \overline{\overline{m_3} \cdot \overline{m_5} \cdot \overline{m_6} \cdot \overline{m_7}}$$

（4）画逻辑图，如图 2-32 所示。

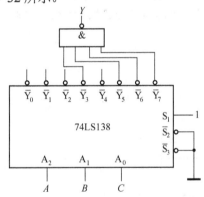

图 2-32 例 2-5 用译码器实现的逻辑图

 想一想：如果例 2-5 采用 8 选 1 数据选择器，如何实现？

知识拓展 2　组合逻辑电路的竞争和冒险问题

1．竞争和冒险现象及产生的原因

前面讨论的组合逻辑电路的分析与设计都是在理想情况下进行的。所谓"理想"情况就是假定信号的变化都是立刻完成的，没有考虑信号通过导线和逻辑门的传输延迟时间。实际上信号通过导线和门电路时，都需要一定的传输延迟时间。

在组合逻辑电路中，同一个门的一组输入信号，由于它们在此前通过不同数目的门或者经过不同长度导线的传输,到达门输入端的时间会有先有后,这种现象称为竞争。在组合逻辑电路中,因输入端的竞争而导致在输出端产生错误,即输出端产生不应有的窄干扰脉冲现象称为冒险。

> **注意**:大多数组合逻辑电路都存在着竞争,但不是所有的竞争都一定会产生冒险。

在如图 2-33(a)所示的电路中,输出 $Y=A+\overline{A}$。理想情况下其工作波形如图 2-33(b)所示。如果考虑到 G_1 门的平均传输延迟时间 $1t_{pd}$ 时,则 G_2 输出端出现了一个不应该有的负向窄脉冲,波形如图 2-33(c)所示,通常称之为"0"冒险。

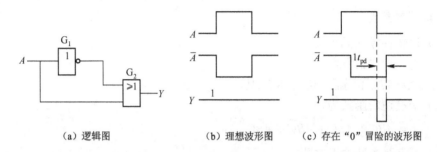

(a)逻辑图　　　　(b)理想波形图　　　　(c)存在"0"冒险的波形图

图 2-33　产生"0"冒险

同理,在图 2-34(a)所示的电路中,如考虑 G_1 门的平均传输延迟时间 $1t_{pd}$ 时,则在 G_2 输出端出现了一个不应有的正向窄脉冲,如图 2-34(b)所示,通常称之为"1"冒险。

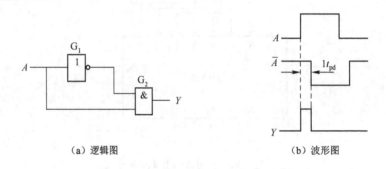

(a)逻辑图　　　　(b)波形图

图 2-34　产生"1"冒险

由上述分析可以看出,在组合逻辑电路中,当一个门电路输入两个同时向相反方向变化的互补信号时,则在输出端可能会产生冒险现象。

2. 判别冒险现象的方法

在组合逻辑电路中是否存在冒险现象可通过逻辑函数式来判别。其方法如下所述。

(1)观察逻辑函数式中是否存在某变量的原变量和反变量,即先判断是否存在竞争,因为只有存在竞争才可能产生冒险。

(2)若存在竞争,则要消去逻辑函数表达式中不存在竞争的变量,仅留下有竞争能力的变量。若得到的表达式为 $Y=A+\overline{A}$ 或 $Y=A\cdot\overline{A}$,则该组合逻辑电路存在"0"冒险或"1"

冒险现象。

【例2-6】 判断逻辑函数式 $Y=AB+\overline{A}C$ 是否存在冒险现象。

解：（1）观察逻辑函数式是否存在竞争。因为表达式中存在原变量 A 及反变量 $\overline{A}$，所以 A 变量存在竞争。

（2）为了判断变量 A 是否存在冒险，则需消去变量 B 和 C。令：

$BC=00$，可得 $Y=0$。

$BC=01$，可得 $Y=\overline{A}$。

$BC=10$，可得 $Y=A$。

$BC=11$，可得 $Y=A+\overline{A}$。

由上述结论可知，当取 $B=1$、$C=1$ 时，$Y=A+\overline{A}$ 时，逻辑函数式 $Y=AB+\overline{A}C$ 存在"0"冒险现象。

【例2-7】 判断逻辑函数式 $Y=(A+B)(\overline{B}+C)$ 是否存在冒险现象。

解：（1）观察逻辑函数式是否存在竞争。表达式中存在原变量 B 及反变量 $\overline{B}$，所以 B 变量存在竞争。

（2）判断变量 B 是否存在冒险，则需消去变量 A、C。令：

$AC=00$，可得 $Y=B\cdot\overline{B}$。

$AC=01$，可得 $Y=B$。

$AC=10$，可得 $Y=\overline{B}$。

$AC=11$，可得 $Y=1$。

由上述结论可知，当取 $A=0$、$C=0$ 时，$Y=B\cdot\overline{B}$ 时，逻辑函数式 $Y=(A+B)(\overline{B}+C)$ 存在"1"冒险现象。

3. 消除冒险现象的方法

1）接入滤波电容器

由于冒险现象产生的干扰脉冲的宽度一般都很窄，在可能产生冒险的门电路输出端与地之间接入一个容量为几十皮法的滤波电容器，利用电容器两端的电压不能突变的特性，使输出波形上升沿（由0变到1）和下降沿（由1变到0）都变得比较缓慢，从而起到消除冒险现象的作用。

2）加选通脉冲

在电路中增加一个选通脉冲，接到可能产生冒险的门电路的输入端。只有在输入信号转换完成并稳定后，才引入选通脉冲将门打开。这样，输出就不会出现冒险现象。

3）修改逻辑设计

在例2-6中逻辑函数式 $Y=AB+\overline{A}C$，当 $B=1$、$C=1$ 时存在冒险现象。若变换逻辑函数表达式，可消除冒险现象。

$$Y=AB+\overline{A}C=AB+\overline{A}C+BC$$

发现增加冗余项 BC 后，在 $B=1$、$C=1$ 时，$Y=1$，不会出现 $Y=A+\overline{A}$ 的情况，即消除了冒险现象。

实用资料 常见的集成译码器与编码器

集成译码器和编码器种类较多，图 2-35 中列出了一些常见译码器和编码器的类型及其功能，以供参考。

1. 双 2 线-4 线译码器

74LS139

数据输入：A_0、A_1 高有效
译码输出：$\overline{Y}_0 \sim \overline{Y}_3$ 低有效
使能端：$\overline{S}$ 低有效

74LS155/6

公共数据输入端
数据输入：A_0、A_1 高有效
译码输出：$\overline{Y}_0 \sim \overline{Y}_3$ 低有效
使能端：1#1S 低有效
        1A_2 高有效
        2#2S 低有效
        2A_2 低有效
74LS156 为 OC 输出

CD4555

CD4556

数据输入：A、B 高有效
译码输出：$Q_0 \sim Q_3$
         CD4555 为高有效
         CD4556 为低有效
使能端：$\overline{E}$ 低有效

2. 2 线-8 线译码器

74LS138

数据输入：A、B、C 高有效
译码输出：$\overline{Y}_0 \sim \overline{Y}_7$ 低有效
使能端：$\overline{G}_{2A}$、$\overline{G}_{2B}$ 低有效
        G_1 高有效

3. 4 线-16 线译码器

74LS154/9

数据输入：A、B、C、D 高有效
译码输出：$\overline{Y}_0 \sim \overline{Y}_{15}$ 低有效
使能端：$\overline{S}_A$、$\overline{S}_B$ 低有效
74LS159 为 OC 输出

CD4514

CD4515

4 线-16 线译码器带锁存
数据输入：A、B、C、D 高有效
译码输出：$Y_0 \sim Y_{15}$
         CD4514 高有效
         CD4515 低有效
使能端：$\overline{INH}$ 低有效
锁存端：$\overline{ST}$ =0 时锁存输入数据

4. 4 线-10 线译码器

7442/74145

数据输入：A、B、C、D 高有效为 BCD 码
译码输出：$\overline{Y}_0 \sim \overline{Y}_9$ 低有效
使能端：无
74145   OC 输出

CD4028

数据输入：A、B、C、D 高有效为 BCD 码
译码输出：$Y_0 \sim Y_9$ 高有效

7443/4

数据输入：A、B、C、D 高有效
7443 余 3 码输入
7444 余 3 格雷码输入
译码输出：$\overline{Y}_0 \sim \overline{Y}_9$ 低有效

5. 7 段译码器

7446/7
74246/7

数据输入：A、B、C、D 高有效
译码输出：$\overline{a}$、$\overline{b}$、$\overline{c}$、$\overline{d}$、$\overline{e}$、$\overline{f}$、$\overline{g}$ 低有效

OC 输出（接共阳极 LED 数码管）

辅助端：$\overline{LT}$ 试灯端，低有效

$\overline{RBI}$ 灭零输入端，低有效

$\overline{BI}/\overline{RBO}$ 灭灯端/灭零输出端负载电压：7446 30V　7447 15V

7446 与 74246　7447 与 74247 仅"6"与"9"的字形不同

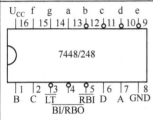

与 7446 的区别：

OC 门，含上拉电阻，高有效输出，可直接驱动共阴极 LED 数码管，不需限流电阻

7448 与 74248 仅"6"与"9"的字形不同

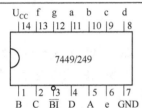

数据输入：A、B、C、D 高有效

译码输出：a、b、c、d、e、f、g 高有效 OC 输出

辅助端：$\overline{BI}$ 灭灯端低有效

7449 与 74249 仅"6"与"9"的字形不同

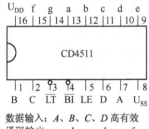

数据输入：A、B、C、D 高有效

译码输出：a、b、c、d、e、f、g 高有效

接共阴极 LED 数码管

辅助端：$\overline{BI}$ 灭灯端低有效

$\overline{LT}$ 试灯端低有效

LE 锁存端高有效

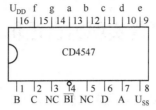

数据输入：A、B、C、D 高有效

译码输出：a、b、c、d、e、f、g 高有效

接共阴极 LED 数码管

辅助端：$\overline{BI}$ 灭灯端低有效

6. 10 线-4 线优先编码器

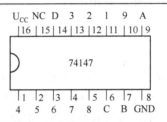

数据输入：$1 \sim 9$ 低有效

编码输出：$D \sim A$ 低有效

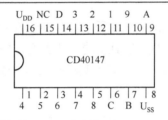

数据输入：$1 \sim 9$ 高有效

编码输出：$D \sim A$ 高有效

7. 8 线-3 线优先编码器

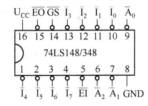

数据输入：$\overline{I_0} \sim \overline{I_7}$ 低有效

编码输出：$\overline{A_2} \sim \overline{A_0}$ 低有效

使能端：$\overline{EI}$ 低有效

辅助端：$\overline{EO}$（输出）无输入，低有效

$\overline{GS}$（输出）有输出，低有效

74348 为三态输出，输出无效时为高阻态

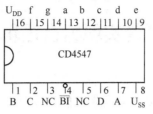

数据输入：$D_0 \sim D_7$ 高有效

编码输出：$Q_2 \sim Q_0$ 高有效

使能端：EI 高有效

辅助端：EO（输出）无输入，高有效

GS（输出）有输出，高有效

图 2-35　常见译码器和编码器

技能训练　用数据选择器实现组合逻辑电路

1. 实训目的

（1）掌握数据选择器的工作原理与逻辑功能。
（2）掌握数据选择器的使用方法与应用。
（3）通过报警电路的设计与制作，熟练掌握采用数据选择器实现组合逻辑电路的方法。

2. 实训器材

74LS153 集成电路 1 块；数字电路实验箱 1 台。

3. 实训原理及操作

1）74LS153 芯片介绍

74LS153 是双 4 选 1 数据选择器，外引线排列如图 2-36 所示。$1D_0 \sim 1D_3$、$2D_0 \sim 2D_3$ 分别为两个数据选择器的数据输入端；1Y、2Y 分别为两个数据选择器的输出端；A_1、A_0 为地址输入端，两个数据选择器共用；$1\overline{S}$、$2\overline{S}$ 分别为两个数据选择器的选通输入端，低电平有效。$\overline{S}=1$ 时，数据选择器不工作，$\overline{S}=0$ 时，数据选择器工作。

2）74LS153 逻辑功能测试

74LS153 逻辑功能测试电路如图 2-36 所示。在实验箱上连接电路，用开关 $S_1 \sim S_7$ 分别控制 $1\overline{S}$、A_1、A_0、$1D_0$、$1D_1$、$1D_2$ 及 $1D_3$ 端，状态变化按表 2-13 所列的状态进行，用 LED 指示灯检测输出端 1Y 的状态，将记录的测试结果填入表 2-13 中。

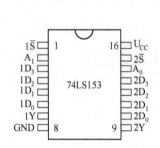

图 2-36　74LS153 外引线排列图

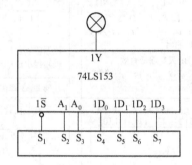

图 2-37　74LS153 逻辑功能测试图

表 2-13　74LS153 逻辑功能测试表

输入							输出
$\overline{S}$	A_1	A_0	D_0	D_1	D_2	D_3	Y
1	×	×	×	×	×	×	
0	0	0	0	×	×	×	
0	0	0	1	×	×	×	
0	0	1	×	0	×	×	
0	0	1	×	1	×	×	

续表

输入							输出
$\overline{S}$	A_1	A_0	D_0	D_1	D_2	D_3	Y
0	1	0	×	×	0	×	
0	1	0	×	×	1	×	
0	1	1	×	×	×	0	
0	1	1	×	×	×	1	

3）故障报警电路的设计

（1）设计题目。某工厂用红、黄两盏灯指示 3 台设备的工作情况，当一台设备出故障时黄灯亮，当两台设备出故障时红灯亮，当 3 台设备都出故障时两盏灯都亮。

（2）设计过程。设 3 台设备工作情况为输入变量，分别用 A、B、C 表示，且为 1 时表示设备出故障，为 0 时表示设备工作正常。两盏灯为输出变量，用 R 表示红灯，用 Y 表示黄灯，且为 1 时表示灯亮，为 0 时表示灯灭。根据命题列真值表，见表 2-14。

表 2-14 报警电路的真值表

输入			输出	
A	B	C	R	Y
0	0	0	0	0
0	0	1	0	1
0	1	0	0	1
0	1	1	1	0
1	0	0	0	1
1	0	1	1	0
1	1	0	1	0
1	1	1	1	1

根据真值表写出逻辑函数表达式，同时进行相应的变换。

$$R = \overline{A}BC + A\overline{B}C + AB\overline{C} + ABC$$
$$= \overline{A}B(C) + A\overline{B}(C) + AB(\overline{C}) + AB(C)$$
$$= m_1 C + m_2 C + m_3 \overline{C} + m_3 C$$
$$= m_1 C + m_2 C + m_3 \cdot 1$$

$$Y = \overline{A}\,\overline{B}C + \overline{A}B\overline{C} + A\overline{B}\,\overline{C} + ABC$$
$$= \overline{A}\,\overline{B}(C) + \overline{A}B(\overline{C}) + A\overline{B}(\overline{C}) + AB(C)$$
$$= m_0 C + m_1 \overline{C} + m_2 \overline{C} + m_3 C$$

令 $A_1=A$、$A_0=B$、$1\overline{S}=2\overline{S}=0$。当 $1D_0=0$、$1D_1=1D_2=C$、$1D_3=1$ 时，$1Y=R$（接红灯）；当 $2D_0=C$、$2D_1=2D_2=\overline{C}$、$2D_3=C$ 时，$2Y=Y$（接黄灯）。

设计故障报警电路如图 2-38 所示。

（3）电路连接及测试。按照图 2-38 所示的电路图在实验箱上连接电路。用逻辑开关 S_1、S_2、S_3 控制输入信号 A、B、C，用红、黄两盏指示灯测试出输出 R、Y 的状态，记录测试结果，与表 2-14 对应比较。

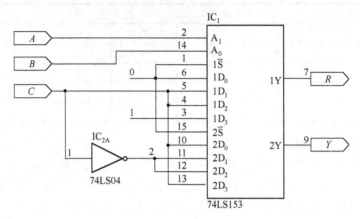

图 2-38 故障报警电路

想一想：如果此故障报警电路采用 74LS151 时，应如何设计？

4．实训总结

1）整理测量数据，分析实训结果，写出实训报告。

2）在实验中若出现故障，说明故障现象和解决方法。

项目制作　一位十进制编码、译码显示电路的制作

1．项目制作目的

（1）掌握编码、译码显示电路的功能，并熟悉其应用。

（2）掌握编码、译码显示电路的安装和测试技巧。

2．项目要求

1）制作要求

（1）画出实际设计电路的原理图和装配图（手工绘制）。

（2）列出元器件及参数清单。

（3）元器件的检测与预处理。

（4）元器件焊接与电路装配。

（5）在制作过程中及时发现故障并进行处理。

2）能力要求

（1）能独立进行电路的设计和工作原理的分析。

（2）掌握电路有关现象的测试方法并对其进行调试。

3．认识电路及其工作工程

图 2-39 为一位十进制编码、译码显示电路的原理图。该电路的印制电路板如图 2-40 所示。

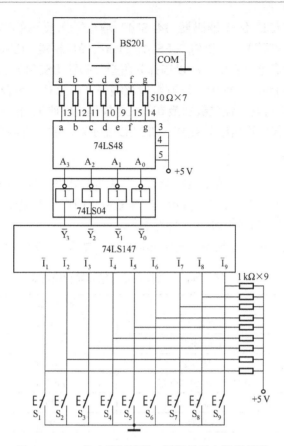

图 2-39 一位十进制编码、译码显示电路原理图

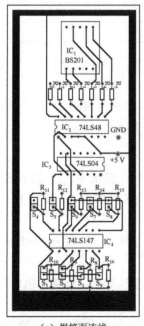 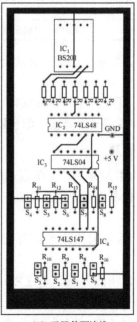

（a）焊接面连线　　　　　　（b）元器件面连线

图 2-40 一位十进制编码、译码显示电路的印制电路板图

工作过程：8421BCD 优先编码器 74LS147 输出采用反码的形式，而 BCD 译码器 74LS48 输入采用原码的形式，所以将 74LS147 的输出经反相器 74LS04 后再接到 74LS48 的输入端。74LS48 输出高电平有效，所以选择共阴极数码管 BS201。当 $S_1 \sim S_9$ 某一个或某几个开关闭合时，则按钮对应下标的十进制数请求编码（当无开关闭合时，十进制数"0"请求编码），而 74LS147 对其中优先级别最高的进行编码，编码输出经反相器送给 74LS48 译成 LED 所需要的 7 段代码输出给 BS201，则 LED 显示对应的十进制数。

4．电路装配焊接

（1）查阅集成电路手册（或上网搜索），了解 74LS147、74LS48、74LS04、BS201 的引脚排列及其工作性能。按图 2-39 所示，在实验板（或电子万能板）上设计出电路的连线安装图，可以两面布线，但应以焊点一面为主。

（2）元器件选择。对照原理图，确定元器件清单如表 2-15 所示。

表 2-15　编码、译码显示电路元器件明细表

代　号	名　称	规　格　型　号	数　量
IC_1	LED 数码管	BS201	1
IC_2	显示译码器	74LS48	1
IC_3	六反相器	74LS04	1
IC_4	8421BCD 优先编码器	74LS147	1
$R_1 \sim R_7$	电阻器	510Ω	7
$R_8 \sim R_{16}$	电阻器	1kΩ	9
$S_1 \sim S_9$	按钮		9
	集成电路插座	14 脚	1
	集成电路插座	16 脚	2
	实验板（万能板）		1

（3）电路装配。集成电路应安装在对应的 IC 插座上，应避免插反或引脚未完全插靠等现象。

（4）焊接。参照图 2-40 焊接电路，可以焊接在自制的 PCB（印制电路板）上，也可以焊接在万能板上，或通过实验板（面包板）插接。

5．电路调试与检测

（1）电路安装连接完毕后，对照原理图和印制电路板图，仔细检查连接关系是否正确。

（2）用万用表检测电源是否有短路、断路现象。若存在问题，应查找原因，及时排除故障点。

（3）确认无误后，按集成电路标记口的方向在 IC 插座中插好集成电路，然后通电测试。

（4）常见故障及检测方法。当 LED 数码管不亮时，检测 LED 数码管的两个公共端是否接地，各个集成芯片的电源和地是否连接好。当 LED 显示不正常时，利用 74LS48 的灯测输入端 $\overline{LT}$，测试 LED 数码管各段是否损坏；检测 74LS48 的输出与 LED 数码管的输入 a~g 是否对应连接；检测 74LS147 的输出 $\overline{Y}_3 \sim \overline{Y}_0$ 通过反相器与 74LS48 输入 $A_3 \sim A_0$

对应是否正确。

（5）按要求完成测试，排除故障，做好记录，并分析测试结果。

 项目小结

1. 组合逻辑电路在逻辑功能上的特点是任意时刻的输出仅取决于该时刻的输入，而与电路原来的状态无关；在电路结构上的特点是由各种门电路组成的，无记忆功能。

2. 由于中规模集成组合逻辑器件可靠性高、使用简单、灵活，得到了比较广泛的应用。其中编码器、译码器、数据选择器和加法器是最常用的集成组合逻辑器件。

3. 组合电路的分析是通过逻辑电路图写出逻辑函数表达式，将其化简、变换，列真值表，经过一系列的步骤分析出该电路的逻辑功能。

4. 组合逻辑电路的设计是通过分析设计要求，然后进行逻辑抽象、器件选定，最终画出逻辑电路图。采用门电路及中规模集成组合逻辑器件是设计组合逻辑电路的两种方法。

5. 在组合逻辑电路中存在竞争与冒险现象。若组合逻辑电路有冒险现象，输出端会出现很窄的负向干扰脉冲或正向干扰脉冲，分别称为"0"冒险和"1"冒险。在组合逻辑电路中是否存在冒险现象可通过逻辑函数式来判别。消除冒险的方法通常有接滤波电容器、加选通脉冲、修改逻辑设计 3 种方法。

自测题 2

2-1 填空题

（1）一个班级有 36 名学生，现采用二进制编码器对每位学生进行编码，则编码器的输出至少应为_____位二进制码才能满足要求。

（2）组合逻辑电路的输出只取决于输入信号的_____，无_____功能。

（3）74LS48 只能驱动_____数码管，74LS47 只能驱动_____数码管。

2-2 选择题

（1）下列各型号中属于优先编码器的是_____。
    A. 74LS85　　B. 74LS148　　C. 74LS138　　D. 74LS48

（2）4 输入译码器，其输出端最多为_____。
    A. 4 个　　B. 8 个　　C. 10 个　　D. 16 个

（3）7 段显示数码管 BS207 是_____。
    A. 共阳极 LED 管　　　　　　B. 共阴极 LED 管
    C. 共阳极 LCD 管　　　　　　D. 共阴极 LCD 管

（4）8 选 1 数据选择器 74LS151 最多能实现_____逻辑函数问题。
    A. 2 变量　　B. 3 变量　　C. 4 变量　　D. 5 变量

（5）用中规模集成电路（译码器、数据选择器）实现函数时，须将原函数_____。
    A. 公式法化简　　B. 卡诺图化简　　C. 变成最小项表达式

2-3 分别写出如图 2-41 所示各电路输出端 Y 的逻辑函数表达式。

2-4 采用 3 线-8 线译码器 74LS138 配合与非门实现下列函数。
（1）$Y = \overline{A}\,\overline{B}C + BC + A\overline{C}$
（2）$Y = \overline{A}\,\overline{B} + A\overline{C}$

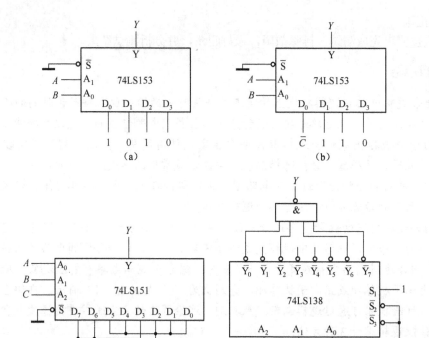

图 2-41 题 2-3 图

2-5 采用数据选择器配合非门实现下列函数。

(1) $Y = \overline{AB}\overline{C} + \overline{A}BC + B\overline{C}$

(2) $Y = B\overline{C} + \overline{A}BC + (A+\overline{B})C$

2-6 分析如图 2-42 所示组合逻辑电路的逻辑功能。

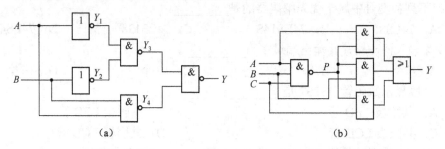

图 2-42 题 2-6 图

2-7 如图 2-43 所示组合逻辑电路。要求:(1)分析此电路的逻辑功能;(2)能否用更简单的电路实现这一功能?如果能,画出相应的逻辑图。

2-8 采用下列两种方法设计一个一位全加器。

(1) 一片 74LS138 译码器配合与非门实现。

(2) 一片 74LS153 配合非门实现。

2-9 采用两片 74LS283 设计一个 8 位二进制加法器。

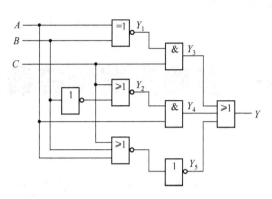

图 2-43 题 2-7 图

2-10 试采用与非门设计一个 3 位奇偶校验电路。当输入变量中 1 的个数为偶数时，输出为 1；否则，输出为 0。

2-11 有一水箱由大、小两台水泵 M_L 和 M_S 供水，如图 2-44 所示。水箱中设置了 3 个水位检测元件 A、B、C。要求当水位超过 C 点时水泵停止工作；水位低于 C 点而高于 B 点时，M_S 单独工作；水位低于 B 点而高于 A 点时，M_L 单独工作；水位低于 A 点时，M_L 和 M_S 同时工作。设计一个控制两台水泵的逻辑电路，要求采用以下 3 种方法实现：（1）采用与非门实现；（2）采用一片 3 线-8 线译码器配合与非门实现；（3）采用一片 4 选 1 数据选择器配合非门实现。

（提示：设水位标志 C、B、A 为输入变量，M_S、M_L 为输出变量。当水位低于 C、B、A 某点时，用 1 表示；否则用 0 表示。水泵工作用 1 表示，否则用 0 表示。这是个具有无关项的逻辑电路的设计。）

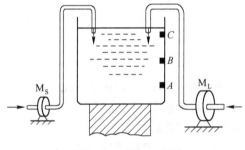

图 2-44 题 2-11 图

项目 3　多路竞赛抢答器的制作

项目剖析

在知识竞赛等活动中，当主持人宣布开始抢答，多名参赛选手中哪一个准备充分，同时反应迅速快，才能够抢得先机，获得抢答优先权。多路竞赛抢答器原理框图如图 3-1 所示。

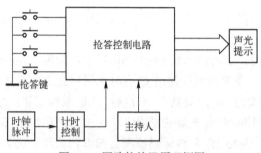

图 3-1　四路抢答器原理框图

抢答器的控制核心是什么元器件？如何实现抢答功能并设计制作出来？通过以下任务的学习，读者会对数字电路产生新的认识与提高。本项目由以下 3 个学习任务组成：

任务 1　学习触发器；
任务 2　认识数据锁存器；
任务 3　学习移位寄存器。

学习目标

触发器具有记忆功能，是数字电路的基本存储单元。它在某个时刻的输出不仅取决于该时刻的输入，而且还和它本身的状态有关。

通过本项目的学习，应达到以下目标：
1. 掌握 RS、JK、D、T 及 T′ 触发器的逻辑功能及转换；
2. 掌握集成触发器的使用；
3. 学会数据锁存器和移位寄存器的使用；
4. 学会采用触发器制作一些实用的电子电路。

任务 3.1　学习触发器

任务目标

1. 了解基本 RS 触发器的电路结构及工作原理。

2. 掌握基本 RS 触发器、同步触发器和边沿触发器的优缺点。
3. 掌握 RS、JK、D、T 及 T′ 触发器的逻辑功能及转换。
4. 掌握集成触发器的使用。

3.1.1 认识基本 RS 触发器

基本 RS 触发器是构成其他各种触发器最基本的单元，下面以与非门组成的基本 RS 触发器为例，介绍它的电路结构及工作原理。

1. 电路结构

图 3-2 所示是由与非门组成的基本 RS 触发器的逻辑图和逻辑符号，它是由两个与非门交叉耦合而成，Q 和 $\bar{Q}$ 为两个互补输出端。当 Q=1、$\bar{Q}$=0 时称为触发器的"1"态；当 Q=0、$\bar{Q}$=1 时称为触发器的"0"态。触发器的这两种状态相对稳定，只有在一定的外加触发信号作用下，才可能从一种稳态转变到另一种稳态。$\bar{S}$ 和 $\bar{R}$ 为两个输入端，输入低电平有效，其中 $\bar{S}$ 称为置 1 端（置位端），$\bar{R}$ 称为置 0 端（复位端）。

2. 工作原理

触发器在接收触发信号之前的稳定状态称为原态（初态），用 Q^n 表示；触发器在接收触发信号之后新建立的稳定状态叫做次态，用 Q^{n+1} 表示。触发器的次态 Q^{n+1} 是由输入信号和触发器的原态 Q^n 共同决定的。

在分析电路之前，先回顾一下与非门的特点。二输入与非门一端为信号 A 的输入端，另一端为控制端。当控制端输入为 1 时，门打开，信号顺利通过，输出为 $\bar{A}$；当控制端输入为 0 时，门被封锁，信号通不过，输出保持高电平 1，如图 3-3 所示。了解与非门的特点后，再来分析由与非门组成的基本 RS 触发器的逻辑功能就容易多了。

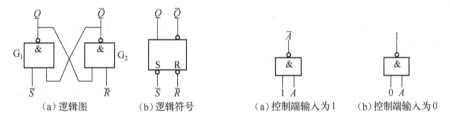

图 3-2 基本 RS 触发器　　　　　图 3-3 二输入与非门

1）置 1 功能

当 $\bar{S}$=0、$\bar{R}$=1 时，由于 $\bar{S}$=0，G_1 门被封锁，其输出 Q^{n+1}=1，此时 G_2 门的两个输入端全为 1，则 G_2 门的输出 $\overline{Q^{n+1}}$=0。可见，当给置 1 端 $\bar{S}$ 加入有效低电平时，无论触发器原态是"1"态还是"0"态，次态一定是"1"态，这就是触发器的置 1 功能。

2）置 0 功能

当 $\bar{S}$=1、$\bar{R}$=0 时，由于 $\bar{R}$=0，G_2 门被封锁，其输出 $\overline{Q^{n+1}}$=1，此时 G_1 门的两个输入端全为 1，则 G_1 门的输出 Q^{n+1}=0。可见，当给置 0 端 $\bar{R}$ 加入有效低电平时，无论触发器原态是"1"态还是"0"态，次态一定是"0"态，这就是触发器的置 0 功能。

3）保持功能

当 $\overline{S}=1$、$\overline{R}=1$ 时，若原态为"1"状态，即 $Q^n=1$、$\overline{Q^n}=0$，则加入输入信号后，G_1 门因其有一个输入端为 0，其输出 $Q^{n+1}=1$，而 G_2 门的两个输入均为 1，其输出 $\overline{Q^{n+1}}=0$；若原态为"0"状态，则加入信号后 G_1 门的两个输入均为 1，其输出 $Q^{n+1}=0$，而 G_2 门因有一个输入端为 0，则其输出为 $\overline{Q^{n+1}}=1$。可见，当置 1 端 $\overline{S}$ 和置 0 端 $\overline{R}$ 为无效高电平时，触发器维持原状态不变，这就是触发器的保持功能，即记忆功能。

4）不定状态

当 $\overline{S}=0$、$\overline{R}=0$ 时，在这种情况下，触发器两个输出端都为 1，这对于触发器来说是不允许的，它违反了触发器两输出端互补的规定，而且一旦输入端 $\overline{S}$、$\overline{R}$ 的低电平信号同时消失，因两个门的翻转速度快慢不定，而导致触发器的输出状态不能确定。

3．功能描述

1）特性表

特性表是用表格的形式描述触发器在输入信号作用下，触发器的次态与触发器的原态及输入信号之间的关系。表 3-1 所示为基本 RS 触发器的特性表。

2）特性方程

特性方程是以逻辑函数表达式的形式来描述触发器次态 Q^{n+1} 与原态 Q^n 及输入信号之间的关系。根据上述特性表，画出如图 3-4 所示的卡诺图并进行化简，可写出特性方程为

$$\begin{cases} Q^{n+1} = S + \overline{R} \cdot Q^n \\ \overline{R} + \overline{S} = 1（约束条件） \end{cases}$$

表 3-1 基本 RS 触发器的特性表

$\overline{R}$ $\overline{S}$	Q^n	Q^{n+1}	说明
0 0	0	不定态	不允许
	1		
0 1	0	0	置0
	1	0	
1 0	0	1	置1
	1	1	
1 1	0	0	保持
	1	1	

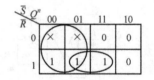

图 3-4 基本 RS 触发器的卡诺图

> 注意：卡诺图中的"×"表示约束项。特性方程中的约束条件还可以表示为：$R \cdot S=0$。

3）状态图

状态图是以图形的方式描述触发器的状态变化对输入信号的要求。如图 3-5 所示是基本 RS 触发器的状态图。图中两个圆圈代表触发器的两个状态；箭头表示在触发器的输入信号作用下状态转移的方向；箭头线上标注的触发器的取值表示状态转移的条件；"×"表示取 0 取 1 都可以。

4）时序图

时序图是用输出波形来描述触发器的逻辑功能。画图时，对应一个时刻，时刻以前为 Q^n，时刻以后为 Q^{n+1}，故时序图上只标 Q 和 $\overline{Q}$。图 3-6 为基本 RS 触发器的时序图，设触发器的初态为 0 态。

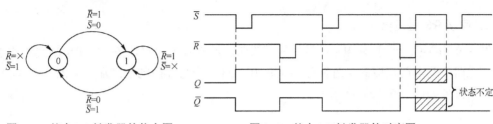

图 3-5 基本 RS 触发器的状态图　　　　图 3-6 基本 RS 触发器的时序图

 想一想：基本 RS 触发器在输入什么情况下才会使输出状态无法确定？

4．应用实例——去抖动开关

运用基本 RS 触发器可以消除机械开关抖动引起的干扰（毛刺）。机械开关在接通时由于触点接触会产生机械抖动，如图 3-7 所示。尽管抖动时间很短，但是会产生与之对应的多个脉冲，在电子电路中一般不允许出现这种现象，因为这种干扰信号可能会导致电路工作故障。

图 3-8（a）所示是利用基本 RS 触发器的记忆功能实现的去抖动电路。设单刀双掷开关原来与 B 点接通，这时触发器的状态为 0 态。当开关由 B 拨向 A 时，其中有一短暂的浮空时间，这时触发器的 $\bar{R}$、$\bar{S}$ 均为 1，Q 仍为 0。开关与 A 接触时，A 点的电位由于抖动而产生"毛刺"。但是，首先是 B 点已经成为高电平，A 点一旦出现低电平，触发器的状态翻转为 1，即使 A 点再出现高电平，也不会再改变触发器的状态，所以 Q 端的电压波形不会出现抖动产生的"毛刺"，如图 3-8（b）所示。

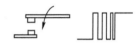

图 3-7 机械开关的抖动现象

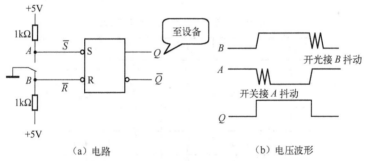

（a）电路　　　　　　　　　　（b）电压波形

图 3-8 利用基本 RS 触发器消除机械开关抖动的影响

综上所述，基本 RS 触发器的主要特点可归纳为以下几点。

（1）电路结构简单，具有置 0、置 1 和保持（记忆）3 种功能。

（2）$\bar{S}$、$\bar{R}$ 之间存在约束，不允许这两个端同时加入有效电平。

（3）存在直接控制问题，即当输入触发信号时，输出立刻就会发生相应的变化。这不仅给触发器的使用带来了不方便，而且导致电路的抗干扰能力下降。

3.1.2　学习同步触发器

在数字系统中，常常需要多个触发器同步工作，为此增设一个时钟控制输入端，这样的触发器称为同步触发器，它的状态改变与时钟脉冲同步。按逻辑功能的不同，同步触发器分为 RS 触发器、JK 触发器、D 触发器、T 触发器和 T′ 触发器。

1. 同步 RS 触发器

图 3-9（a）所示为同步 RS 触发器的逻辑图。不难看出，它是在基本 RS 触发器的基础上再加上两个与非门构成的，时钟脉冲 CP 作为这两个与非门的控制端，如图 3-9（b）所示。逻辑符号如图 3-9（c）所示。

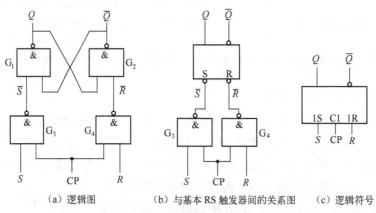

(a) 逻辑图　　(b) 与基本 RS 触发器间的关系图　　(c) 逻辑符号

图 3-9　同步 RS 触发器

当 CP=0 时，G_3、G_4 门被封锁，无论 R、S 输入端的状态如何变化，$\overline{S}$ 和 $\overline{R}$ 始终为高电平，G_1、G_2 门构成的基本 RS 触发器处于禁止状态；当 CP=1 时，G_3、G_4 门被打开，输入信号 R、S 取反后送给基本 RS 触发器（R、S 输入高电平有效）。如表 3-2 所示为同步 RS 触发器的特性表。

表 3-2　同步 RS 触发器的特性表

CP	R	S	Q^n	Q^{n+1}	说　明
0	×	×	0 1	0 1	禁止状态
1	0	0	0 1	0 1	保持
1	0	1	0 1	1 1	置 1
1	1	0	0 1	0 0	置 0
1	1	1	0 1	不定	不允许

通过上面的分析和基本 RS 触发器的特性方程，很容易得出同步 RS 触发器的特性方程为

CP=0 时：$Q^{n+1} = Q^n$　（一般省略不写）

CP=1 时：

$$\begin{cases} Q^{n+1} = S + \overline{R} \cdot Q^n \\ RS = 0 \text{（约束条件）} \end{cases}$$

【例 3-1】　已知同步 RS 触发器输入信号 CP、R、S 的波形，试画出触发器的输出状态 Q 和 $\overline{Q}$ 的波形。CP 为高电平触发方式，设触发器的原态为 0 态。

解：根据同步 RS 触发器的特性功能，可以画出 RS 触发器的时序图，如图 3-10 所示。

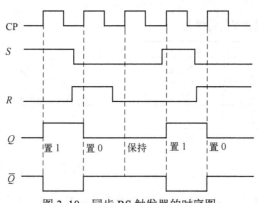

图 3-10 同步 RS 触发器的时序图

 结论：同步 RS 触发器状态的改变由时钟脉冲统一控制。当时钟脉冲高电平期间接收触发信号，时钟脉冲低电平期间触发信号的变化不会影响触发器的状态。但其仍然存在着约束：在 CP=1 时，R、S 不允许同时加入有效电平。

想一想：如何改进同步 RS 触发器，将其约束条件去掉？

2．同步 JK 触发器

图 3-11（a）所示为同步 JK 触发器的逻辑图。同步 JK 触发器是将同步 RS 触发器的输出端 Q 和 $\overline{Q}$ 交叉反馈到时钟控制门的输入端，利用 Q 和 $\overline{Q}$ 互补的逻辑关系形成反馈，从而解决了约束问题。同时将输入端 S 改称为 J，输入端 R 改称为 K，这样就构成了 JK 触发器，如图 3-11（b）所示。

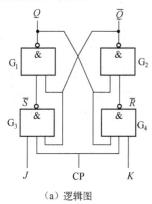 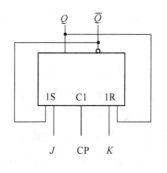 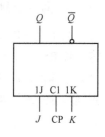

（a）逻辑图　　　　　　　　（b）与同步 RS 触发器的关系图　　　　　（c）逻辑符号

图 3-11　同步 JK 触发器

将 $S = J \cdot \overline{Q^n}$、$R = K \cdot Q^n$ 代入到同步 RS 触发器的特性方程中整理，可得出同步 JK 触发器的特性方程为

$$Q^{n+1} = J\overline{Q^n} + \overline{K}Q^n \quad (\text{CP=1 有效})$$

显然，无论 J、K 取何值，结果都满足约束（RS=0），这样触发器的两个输出端保证了互补，不定状态不存在了。

表 3-3 所示为同步 JK 触发器的特性表。

同步 JK 触发器的状态如图 3-12 所示。

表 3-3 同步 JK 触发器的特性表

CP	J	K	Q^n	Q^{n+1}	说明
0	×	×	0	0	禁止
			1	1	
1	0	0	0	0	保持
			1	1	
1	0	1	0	0	置 0
			1	0	
1	1	0	0	1	置 1
			1	1	
1	1	1	0	1	翻转
			1	0	

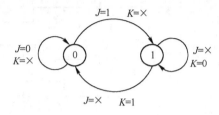

图 3-12 同步 JK 触发器的状态图

> **注意**：同步 JK 触发器中的 J 相当于同步 RS 触发器的 S，K 相当于 R。同步 JK 触发器去掉了约束条件，允许 J、K 同时加入有效电平 1，这时实现的是 RS 触发器所不具备的"翻转"功能。

【**例 3-2**】 已知同步 JK 触发器输入信号 CP、J、K 的波形，试画出触发器的输出状态 Q 和 $\overline{Q}$ 的波形。CP 为高电平触发方式，设触发器的原态为 0 态。

解：根据同步 JK 触发器的特性功能，画出其时序图，如图 3-13 所示。

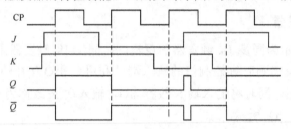

图 3-13 同步 JK 触发器的时序图

3. 同步 D 触发器

为了克服同步 RS 触发器的约束问题，并且有时也需要只有一个输入端的触发器，于是将同步 RS 触发器 G_3 门的输出与 G_4 门输入端 R 相连，并把输入端 S 改为 D，这样就构成了只有单输入端的 D 触发器，它的逻辑图及逻辑符号如图 3-14 所示。将 $S=D$、$R=\overline{D}$ 代入到同步 RS 触发器的特性方程中，便得到 D 触发器特性方程为

$$Q^{n+1} = D + \overline{\overline{D}} \cdot Q^n = D \quad (\text{CP}=1 \text{ 有效})$$

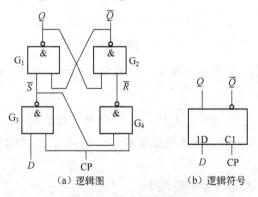

(a) 逻辑图　　　　(b) 逻辑符号

图 3-14 同步 D 触发器

由特性方程可知,在 CP 为高电平期间,D 触发器的次态总是与输入端 D 保持一致,即次态 Q^{n+1} 仅取决于控制输入端 D,而与现态 Q^n 无关。同步 D 触发器的特性表如表 3-4 所示,状态图如图 3-15 所示。

表 3-4 同步 D 触发器特性表

CP	D	Q^n	Q^{n+1}	说　明
0	×	0 1	0 1	禁止
1	0	×	0	置 0
1	1	×	1	置 1

【例 3-3】 已知同步 D 触发器的 CP 及输入信号 D 的波形,试画出触发器的输出状态 Q 的波形,设触发器的原态为 0 态。

解: 根据 D 触发器的特性功能,可以画出 D 触发器的时序图,如图 3-16 所示。

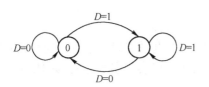

图 3-15 同步 D 触发器的状态图

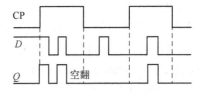

图 3-16 同步 D 触发器的时序图

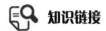

"空翻" 现象

触发器在 CP=1 期间,输出状态仅翻转一次,称为可靠翻转。如果在 CP=1 期间,输入信号多次发生变化,触发器的输出也会发生相应的多次翻转,这种现象称为 "空翻",如图 3-16 所示。由该图可以看出,在 CP=1 期间,输入 D 的状态发生多次翻转时,触发器的输出状态 Q 也随之变化。

由于同步触发器存在 "空翻" 现象,它只能用于数据锁存,而不能用于计数器、移位寄存器和存储器等可靠触发装置中。

4. 同步 T、T′ 触发器

如果将同步 JK 触发器 J 端与 K 端相连作为一个输入信号用 T 来表示,即令 $J=K=T$,则此时的特性方程为

$$Q^{n+1} = T\overline{Q^n} + \overline{T}Q^n = T \oplus Q^n \text{(CP=1 有效)}$$

该触发器实现的是保持和翻转的功能,称为同步 T 触发器。同步 T 触发器的逻辑符号如图 3-17 所示。表 3-5 为同步 T 触发器的特性表。

表 3-5 T 触发器的特性表

CP	T	Q^n	Q^{n+1}	说明
0	×	0 1	0 1	禁止
1	0	0 1	0 1	保持
1	1	0 1	1 0	翻转

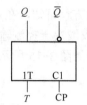

图 3-17 T 触发器的逻辑符号

如果在同步 T 触发器中令 $T=1$，则特性方程为

$$Q^{n+1} = \overline{Q^n} \quad (\text{CP}=1 \text{ 有效})$$

此式表明：每输入一个时钟脉冲，触发器的状态就翻转一次，这种只具有翻转功能的触发器称为同步 T′触发器。同步 T′触发器的时序图如图 3-18 所示。

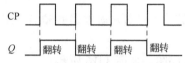

图 3-18 T′触发器的时序图

由图 3-18 可以看出，T′触发器输出 Q 的周期是触发脉冲 CP 周期的 2 倍，即输出 Q 的频率是 CP 频率的 1/2，称之为 2 分频作用。分频作用可以降低频率，因此被广泛应用于实际工程中。

综上所述，同步触发器的主要特点可归纳为以下几点。

（1）触发器由时钟脉冲控制。在时钟脉冲有效高电平期间，触发器的状态随着输入信号的变化而改变，这种触发方式称为电平触发方式。可以实现多个触发器同步工作。

（2）存在"空翻"现象，仍然为较低级的触发器。

3.1.3 学习集成触发器

触发器的"空翻"现象对于实际应用是不允许的。为了避免"空翻"的出现，需要提高触发器的可靠性，因而在电路结构上加以改进而产生了主从触发器和边沿触发器。

为了预先将触发器设置成某一初始状态，在集成触发器电路中设置了异步置位端 $\overline{S}_D$ 和异步复位端 $\overline{R}_D$，用于直接置 1 和直接置 0。它们是独立于时钟脉冲的异步操作，当 $\overline{S}_D$ 或 $\overline{R}_D$ 端加入有效电平时，无论 CP 为何种状态，触发器立即置1或置0。

> **注意**：异步置位端 $\overline{S}_D$ 和异步复位端 $\overline{R}_D$ 不允许同时加入有效低电平，即存在着约束：$\overline{S}_D + \overline{R}_D = 1$。

1. 主从触发器

以主从 JK 触发器为例，该电路由主触发器、从触发器和一个非门组成，如图 3-19 所示。当 CP=1 时，主触发器工作，即主触发器的输出 Q_m 的状态取决于输入信号 J、K 和从触发器原态 Q^n 的状态，而从触发器被封锁，即保持原来状态；当 CP 由 1 变 0 时（即下降沿），主触发器被封锁，即使输入信号 J、K 发生变化，主触发器也不接收，由此克服了"空翻"现象。此时从触发器打开，从触发器输出端 Q 的状态取决于主触发器 Q_m 的状态，即 $Q=Q_m$。

如果将例 3-2 中的同步 JK 触发器换成主从 JK 触发器，其时序图如图 3-20 所示。由此图看出,"空翻"现象不存在了,触发器的状态改变只在时钟脉冲下降沿到来时刻才发生。

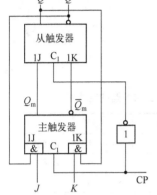

图 3-19 主从 JK 触发器逻辑图　　　图 3-20 主从 JK 触发器的时序图

主从 JK 触发器虽然防止了"空翻"现象,但还存在"一次变化"现象,导致在 CP 的下降沿到来时,J、K 的输入信号不能决定触发器的输出状态,使触发器的输出状态发生一次变化,因而限制了它的使用。

为了保证触发器可靠工作,使用脉冲宽度较小的正向窄脉冲作为时钟脉冲 CP,可提高主从 JK 触发器的抗干扰能力。

由于主从 JK 触发器的工作速度慢且易受噪声干扰,目前的触发器大都采用边沿触发的工作方式。

2. 边沿触发器

边沿触发器只在时钟脉冲的上升沿（或下降沿）的瞬间,触发器根据输入信号的变化进行状态的改变,而在其他时间里输入信号的变化对触发器的状态均无影响。按触发器翻转所对应的时钟脉冲 CP 时刻不同,可把边沿触发器分为 CP 上升沿触发和 CP 下降沿触发。

知识链接

上升沿和下降沿触发

（1）CP 脉冲由低电平上跳到高电平这一时刻称为上升沿,上升沿触发是指触发器只有在 CP 脉冲上升沿可以接收信号,产生状态的变化。

（2）CP 脉冲由高电平下跳到低电平这一时刻称为下降沿,下降沿触发是指触发器只有在 CP 脉冲下降沿可以接收信号,产生状态的变化。

触发器作为时序逻辑电路的基本单元电路,在数字电路中起着非常重要的作用,由于边沿触发器工作可靠性高,集成边沿 D 触发器和边沿 JK 触发器得到了广泛的应用。

1）边沿 D 触发器

目前国内生产的集成 D 触发器主要是维持阻塞型。这种 D 触发器都是在时钟脉冲的上升沿触发翻转。常用的集成电路有 74LS74（双 D 触发器）、74LS175（4 D 触发器）、

74LS174（6 D 触发器）等。74LS74 双 D 触发器的引脚排列和逻辑符号如图 3-21 所示。$\overline{S}_D$、$\overline{R}_D$ 为异步置位端和异步复位端，低电平有效。在逻辑符号图中 CP 引线上端的 "∧" 符号表示上升沿触发，如果 CP 端有小圆圈则表示下降沿触发。表 3-6 为上升沿触发的边沿 D 触发器的特性表。

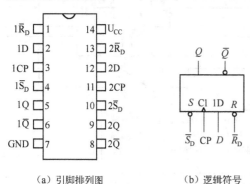

表 3-6 D 触发器的特性表

$\overline{S}_D$	$\overline{R}_D$	CP	D	Q^n	Q^{n+1}	说　明
0	1	×	×	×	1	直接置 1
1	0	×	×	×	0	直接置 0
1	1	↑	0	×	0	置 0
1	1	↑	1	×	1	置 1

图 3-21 双 D 触发器 74LS74

【例 3-4】 已知集成 D 触发器 74LS74 的时钟脉冲 CP 及输入信号波形，画出触发器的输出状态 Q。

解：边沿集成 D 触发器的时序图如图 3-22 所示。

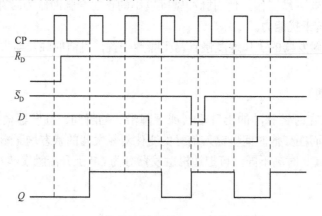

图 3-22 集成 D 触发器 74LS74 的时序图

综上所述，可以归纳出边沿 D 触发器的特点。

（1）CP 边沿触发。在 CP 脉冲上升沿（或下降沿）时刻，触发器按照特性方程 $Q^{n+1}=D$ 的规定转换状态。

（2）抗干扰能力极强。因为是边沿触发，只要在触发沿附近一个极短暂的时间内，加在 D 端的输入信号保持稳定，触发器就能可靠的接收，在其他时间里输入信号对触发器不会有影响。

（3）只具有置 1、置 0 功能。

2）边沿 JK 触发器

常用的集成芯片型号有 74LS112（下降沿触发的双 JK 触发器）、74LS276（4 JK 触发器)。如图 3-23 所示为 74LS112 的引脚排列和逻辑符号图。下降沿触发的边沿 JK 触发器的特性表和时序图见表 3-7 及图 3-24。

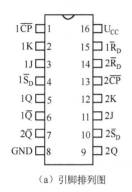

(a) 引脚排列图

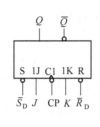

(b) 逻辑符号

图 3-23 双 JK 触发器 74LS112

表 3-7 JK 触发器特性表

$\overline{S}_D$	$\overline{R}_D$	CP	J K	Q^n	Q^{n+1}	说　　明
0	1	×	× ×	×	1	直接置 1
1	0	×	× ×	×	0	直接置 0
1	1	↓	0 0	0 1	0 1	保持
1	1	↓	0 1	0 1	0 0	置 0
1	1	↓	1 0	0 1	1 1	置 1
1	1	↓	1 1	0 1	1 0	翻转

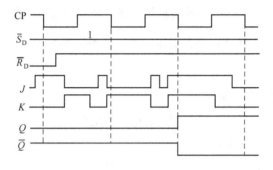

图 3-24 JK 触发器 74LS112 的时序图

综上所述,边沿 JK 触发器具备以下几个特点。

(1) 时钟脉冲边沿控制。

(2) 抗干扰能力极强,工作速度很高。

(3) 功能齐全,使用灵活方便。在 CP 边沿控制下,根据 J、K 取值的不同,具有保持、置 0、置 1、翻转 4 种功能,对于触发器来说,它是一种全功能型的电路。

3.1.4 触发器之间的转换

从逻辑功能来分,触发器包括:RS、JK、D、T 和 T′ 触发器。在数字装置中往往需要各种类型的触发器,而厂家制作和商家销售的触发器多为集成 D 触发器和 JK 触发器,因此这就要求读者必须掌握不同类型触发器之间的转换方法。

触发器间的转换方法一般分为 4 个步骤。

(1) 写出已有触发器和待求触发器的特性方程。

(2) 变换待求触发器的特性方程,使其特性方程与已有触发器的特性方程一致。

(3) 根据方程式,如果变量相同、系数相当则方程一定相等的原则,比较已有和待求触发器的特性方程,求出转换逻辑。

(4) 画出转换逻辑图。

1. JK 触发器转换成 D、T 触发器

1）JK→D

已有 JK 触发器的特性方程为

$$Q^{n+1} = J\overline{Q^n} + \overline{K}Q^n$$

待求 D 触发器的特性方程为

$$Q^{n+1} = D$$

变换 D 触发器的特性方程为

$$Q^{n+1} = D(Q^n + \overline{Q^n}) = D\overline{Q^n} + DQ^n$$

将 JK 触发器和变换后的 D 触发器相比较，可得：

$$\begin{cases} J = D \\ K = \overline{D} \end{cases}$$

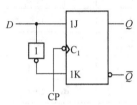

图 3-25 JK 触发器转换为 D 触发器的逻辑图

画转换逻辑图，如图 3-25 所示。

 想一想：如何将图 3-25 中的下降沿触发变成上升沿触发？

2）JK→T

已有 JK 触发器的特性方程为

$$Q^{n+1} = J\overline{Q^n} + \overline{K}Q^n$$

待求 T 触发器的特性方程为

$$Q^{n+1} = T\overline{Q^n} + \overline{T}Q^n$$

直接比较两方程，可得出：

$$\begin{cases} J = T \\ K = T \end{cases}$$

转换逻辑图为图 3-26。

图 3-26 JK 触发器转换为 T 触发器的逻辑图

 想一想：由 JK 触发器如何转换成 T′触发器？

将上图 3-26 中的 T 端始终送入高电平 1（或悬空），就可得到 T′触发器。

2. D 触发器转换成 JK、T 触发器

1）D→JK

已有 D 触发器的特性方程为

$$Q^{n+1} = D$$

待求 JK 触发器的特性方程为

$$Q^{n+1} = J\overline{Q^n} + \overline{K}Q^n$$

比较上面两个方程，不难理解，若令 $D = J\overline{Q^n} + \overline{K}Q^n$，则两式必相等。

转换逻辑图为图 3-27。

2）D→T

D 触发器的特性方程为

$$Q^{n+1} = D$$

T 触发器的特性方程为

$$Q^{n+1} = T\overline{Q^n} + \overline{T}Q^n$$

比较上面两个方程，若令 $D = T\overline{Q^n} + \overline{T}Q^n = T \oplus Q^n$

即可得到 T 触发器，如图 3-28 所示。

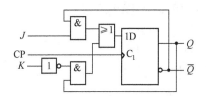 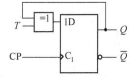

图 3-27　D 触发器转换为 JK 触发器的逻辑图　　图 3-28　D 触发器转换为 T 触发器的逻辑图

想一想：如何将 D 触发器转换成 T′触发器？

T′触发器的特性方程为：$Q^{n+1} = \overline{Q^n}$，则将 D 触发器的输出端 $\overline{Q}$ 作为输入信号送入 D 端，就构成了 T′触发器。

任务 3.2　认识数据锁存器

3.2.1　寄存器的基本概念

在数字系统中，常需要把一些待运算的数码或控制指令等二进制信息暂时存放起来，以便随时调用，这种暂时存放数码和指令的时序逻辑电路称为寄存器。

因为触发器具有记忆功能，所以触发器是构成寄存器的基本单元。而一个触发器只有 0 和 1 两个稳态，即一个触发器只能存放一位二进制数据信息，因此存放 N 位数码的寄存器就需要 N 个触发器构成。

寄存器输入或输出数码的方式有并行和串行两种。所谓并行就是各位数码从寄存器各自对应的端子同时输入或输出；串行就是数码从寄存器对应的端子逐个输入或输出，如图 3-29 所示。寄存器总的输入/输出方式有 4 种：串入-串出、串入-并出、并入-串出、并入-并出。

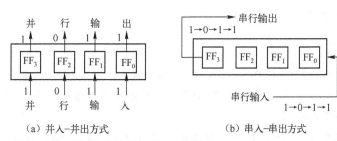

图 3-29　寄存器的两种输入和输出方式

寄存器按功能可分为数码寄存器和移位寄存器两大类，下面分别予以介绍。

3.2.2 数码寄存器

数码寄存器只具有接收数码和清除原数码的功能，常用于暂时存放某些数据。

1. 数码寄存器电路

图 3-30 所示电路是由 4 个上升沿触发的 D 触发器构成的 4 位数码寄存器。CP 为送数脉冲控制端，$\overline{R_D}$ 为异步清零端，D_3、D_2、D_1、D_0 是数据输入端（4 位），$Q_3 \sim Q_0$ 为原码输出端，$\overline{Q_3} \sim \overline{Q_0}$ 为反码输出端。它采用的是并入-并出的输入/输出方式。

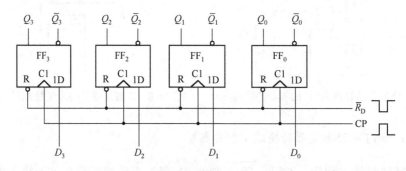

图 3-30　D 触发器构成的 4 位数码寄存器

2. 集成数码寄存器

集成数码寄存器种类较多，常见的有 4 D 触发器（74LS175、CD40175）、6 D 触发器（74LS174、CD40174）、8 D 触发器（74LS273）等。集成 4 位数码寄存器 74LS175 的引脚排列如图 3-31 所示，其逻辑功能如表 3-8 所示。

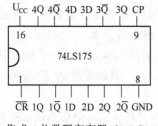

图 3-31　集成 4 位数码寄存器（74LS175）的引脚排列图

表 3-8　74LS175 的逻辑功能表

$\overline{CR}$	CP	1D	2D	3D	4D	1Q	2Q	3Q	4Q	说明
0	×	×	×	×	×	0	0	0	0	清除数据
1	↑	d_0	d_1	d_2	d_3	d_0	d_1	d_2	d_3	接收数据
1	0	×	×	×	×	$1Q^n$	$2Q^n$	$3Q^n$	$4Q^n$	保持

3.2.3 数据锁存器

1. 数据锁存器的概念

锁存器与一般寄存器的主要区别是：锁存器具有一个使能控制端 C。当 C 无效时，输出数据保持原状态不变（锁存），而这个功能是寄存器所不具备的。下面以 74LS373 为例介绍数码锁存器的功能与应用。

74LS373 内部有 8 个 D 锁存器，其输出端具有 3 态（3S）控制功能。74LS373 的逻辑符号及引脚排列如图 3-32 所示。其中，$\overline{OC}$ 是输出控制端（低电平有效），C 是使能端（高电平有效）。74LS373 的逻辑功能如表 3-9 所示。由表 3-9 可知，74LS373 的逻辑功能如下：

（1）$\overline{OC}$ 端为 0，C 端为 1 时，数码锁存功能为 $Q^{n+1}=D$。

（2）$\overline{OC}$、C 均为 0 时，锁存功能，$Q^{n+1}=Q^n$，状态与 D 无关。

（3）$\overline{OC}$ 为 1 时，Q 为高阻状态（Z）。

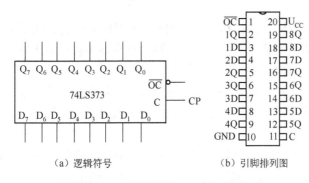

表 3-9　74LS373 的逻辑功能表

输	入		输 出
$\overline{OC}$	C	D	Q^{n+1}
0	1	1	1
0	1	0	0
0	0	×	Q^n
1	×	×	Z

图 3-32　8 D 锁存器（74LS373）

 想一想：锁存器与寄存器的区别是什么？

2．数据锁存器的应用实例

图 3-33 所示为 74LS373 用于单片机数据总线中的多路数据选通电路。在电路中，8 位数据总线（DB）上挂接了 8 个 74LS373，它们的 C 端并接在一起，而各 $\overline{OC}$ 与 3 线-8 线译码器输出相接。先给 C 端加一个正窄脉冲，各组数据都分别被写入各自的锁存器中。但是，如果 $\overline{OC}$ 为高电平，所有输出端 Q 均被强制为高阻状态，数据还不能送到 DB 上。当 3 线-8 线译码器的输出轮流给各锁存器的 $\overline{OC}$ 端一个负脉冲时，$IC_1 \sim IC_8$ 的数据就按顺序送到 8 位 DB 上，由 CPU 读取。可见，用 8 位数据总线可以分时传送 8n（n 为锁存器的个数，n≤8）位数据，大大扩大了单片机的数据传送功能。

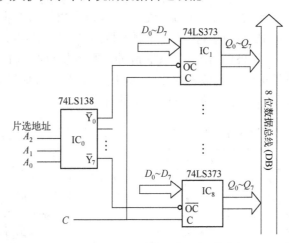

图 3-33　74LS373 用于单片机多路数据选通电路

任务 3.3　学习移位寄存器

3.3.1　移位寄存器

1. 单向移位寄存器

移位寄存器除了具有存储数据功能外，还具有移位的功能。所谓移位功能，就是寄存器中所存的数据能在移位脉冲作用下依次左移或右移，因此，移位寄存器不但可用于存储数据，还可用作数据的串行-并行转换、数据的运算及处理等。

根据数据在寄存器中移动情况的不同，可把移位寄存器划分为单向移位（左移、右移）寄存器和双向移位寄存器。下面重点以单向移位寄存器（左移）为例进行讨论。

1）单向移位寄存器的电路分析

用 D 触发器构成的单向（左移）移位寄存器如图 3-34 所示。图中，CP 是移位脉冲端，$\overline{R_D}$ 是直接清零端，D_{SL} 是左移串行数据输入端，$Q_0 \sim Q_3$ 是并行数据输出端。

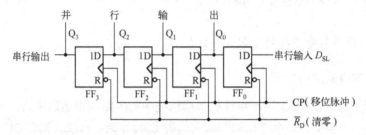

图 3-34　单向移位寄存器（左移）

首先使 $\overline{R_D}=0$，清除原数据，使 $Q_3Q_2Q_1Q_0=0000$，然后撤掉 $\overline{R_D}=0$ 信号。每当移位脉冲 CP 上升沿到来时，输入数据 D_{SL} 便依次移入 FF_0，同时每个触发器的输出状态也依次移给高位触发器，这显然是串行输入。假设输入的数码为 1011，在移位脉冲的作用下，寄存器中数码的移动情况如表 3-10 所示。根据表 3-10 可画出寄存器的时序图，如图 3-35 所示。

由时序图可以看出，经过 4 个 CP 脉冲后，串行输入的 4 位数据 1011 恰好全部移入寄存器中，即 $Q_3Q_2Q_1Q_0=1011$。这时，从 4 个触发器的 Q 端同时并行输出数据 1011，实现了数据的串入-并出转换。如果再加入 4 个 CP 脉冲，则 4 位数据 1011 还可以从图 3-34 的 Q_3 端依次输出，从而又可以实现数据的串入-串出。由于数据从低位依次移向高位（从 $Q_0 \to Q_1 \to Q_2 \to Q_3$），即从右向左移动，所以为左移寄存器。

表 3-10　移位寄存器中数码的移动情况（左移）

移位脉冲 CP	Q_3	Q_2	Q_1	Q_0	输入数据 D_{SL}
初始	0	0	0	0	1
1	0	0	0	1	0
2	0	0	1	0	1
3	0	1	0	1	1
4	1	0	1	1	
并行输出	1	0	1	1	

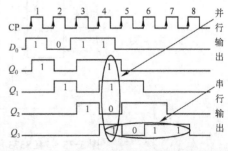

图 3-35　左移位寄存器数码移动过程的时序图

图 3-36 所示是单向（右移）移位寄存器的逻辑图，其结构与工作原理与图 3-34（左移）基本一致，所不同的是其右移串行数据 D_{SR} 直接输入给最高位触发器 FF_3，数据从高位依次移向低位（从 $Q_3 \rightarrow Q_2 \rightarrow Q_1 \rightarrow Q_0$），即从左向右移动，所以为右移寄存器。具体工作过程请读者自行分析。

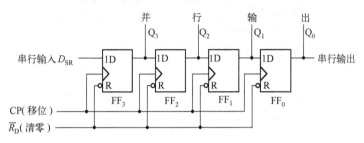

图 3-36 单向移位寄存器（右移）

2）集成单向移位寄存器

74LS164 为串行输入-并行输出的 8 位单向移位寄存器，其逻辑符号及引脚排列如图 3-37 所示。其中 $\overline{R_D}$ 为直接清零端，A、B 为两个可控制的串行数据输入端，$Q_H \sim Q_A$ 为 8 个输出端（Q_H 为最高位，Q_A 为最低位）。

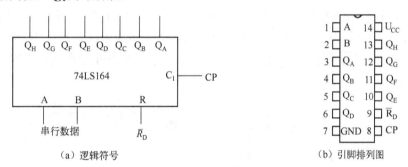

（a）逻辑符号　　　　　　　　　　　　　　　（b）引脚排列图

图 3-37 单向右移位寄存器 74LS164

74LS164 的逻辑功能如表 3-11 所示。由此表可见其功能是：当串行输入数据 A、B 两者中有任意一个为低电平时，则禁止另一串行数据输入，且在时钟 CP 上升沿作用下使 Q_A^{n+1} 为低电平，并依次左移；当串行输入数据 A、B 两者中有一个为高电平时，则允许另一串行数据输入，并在时钟 CP 上升沿作用下决定 Q_A^{n+1} 的状态。如果只需要一个串行数据输入端时，另一个必须接高电平。

表 3-11　74LS164 的逻辑功能表

输入					输出			
$\overline{R_D}$	CP	A	B		Q_A	Q_B	…	Q_H
0	×	×	×		0	0		0
1	0	×	×		Q_{A0}	Q_{B0}		Q_{H0}
1	↑	1	1		1	Q_{An}		Q_{Gn}
1	↑	0	×		0	Q_{An}		Q_{Gn}
1	↑	×	0		0	Q_{An}		Q_{Gn}

74LS164 的时序图如图 3-38 所示。由该时序图可见，74LS164 为单向右移位寄存器，并且为串行输入-并行输出。

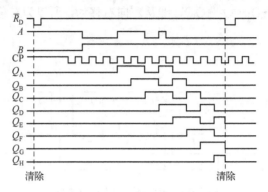

图 3-38　74LS164 的时序图

2．双向移位寄存器

双向移位寄存器就是把左、右移位功能综合一起，在控制端作用下，即可实现左移，又可实现右移。

74LS194 具有双向移位、并行输入、保持数据和清除数据等功能，其逻辑符号和引脚排列如图 3-39 所示。其中 $\overline{CR}$ 为异步清零端，优先级别最高；M_1、M_0 为工作方式控制端；D_{SL}/D_{SR} 为左移/右移数据输入端；D_0、D_1、D_2、D_3 为并行数据输入端；$Q_3 \sim Q_0$ 为 4 位输出端。

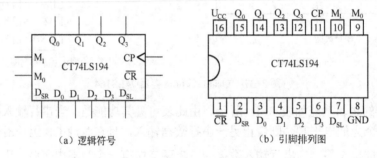

图 3-39　双向移位寄存器 74LS194

74LS194 的逻辑功能如表 3-12 所示，由此表可见，74LS194 具有如下逻辑功能。

（1）异步清零。当 $\overline{CR}=0$ 时，不论其他输入如何，寄存器输出清零。

（2）当 $\overline{CR}=1$ 时，有 4 种工作方式：

① $M_1=M_0=0$，保持功能。$Q_0 \sim Q_3$ 保持不变，且与 CP、D_{SR}、D_{SL} 信号无关。

② $M_1=0$，$M_0=1$（CP↑），右移功能。从 D_{SR} 端先串入数据给 Q_0，然后按 $Q_0 \rightarrow Q_1 \rightarrow Q_2 \rightarrow Q_3$ 依次右移。

③ $M_1=1$，$M_0=0$（CP↑），左移功能。从 D_{SL} 端先串入数据给 Q_3，然后按 $Q_3 \rightarrow Q_2 \rightarrow Q_1 \rightarrow Q_0$ 依次左移。

④ $M_1=M_0=1$（CP↑），并行置数功能。

表 3-12 74LS194 的逻辑功能表

输入										输出				说明
$\overline{CR}$	M_1	M_0	CP	D_{SL}	D_{SR}	D_0	D_1	D_2	D_3	Q_0	Q_1	Q_2	Q_3	
0	×	×	×	×	×	×	×	×	×	0	0	0	0	清零
1	×	×	0	×	×	×	×	×	×	保持				保持
1	1	1	↑	×	×	d_0	d_1	d_2	d_3	d_0	d_1	d_2	d_3	并行置数
1	0	1	↑	×	1	×	×	×	×	1	Q_0	Q_1	Q_2	右移输入1
1	0	1	↑	×	0	×	×	×	×	0	Q_0	Q_1	Q_2	右移输入0
1	1	0	↑	1	×	×	×	×	×	Q_1	Q_2	Q_3	1	左移输入1
1	1	0	↑	0	×	×	×	×	×	Q_1	Q_2	Q_3	0	左移输入0
1	0	0	×	×	×	×	×	×	×	保持				保持

图 3-40 所示为双向移位寄存器 74LS194 的时序图，从时序图中可清楚地看到 74LS194 的整个工作过程。

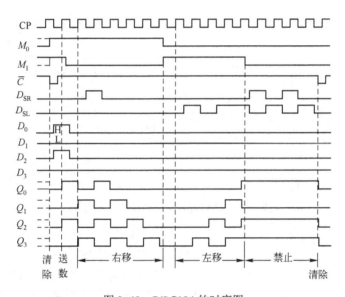

图 3-40 74LS194 的时序图

一片 74LS194 只能寄存 4 位数据，如果超过了 4 位数，这就需要用两片或多片 74LS194 级联成多位寄存器。由于 74LS194 功能齐全，在实际工程中广泛使用，故称为通用型寄存器。

3.3.2 移位寄存器的应用

移位寄存器是计算机及各种数字系统的一个重要部件，其应用范围很广泛。

1. 实现数据的运算处理及传输方式的转换

在计算机的串行运算器中，需用移位寄存器把二进制数逐位依次送入给全加器进行运算，运算结果再逐位依次存入到移位寄存器中；在单片机中，将多位数据左移 n 位，就相当于乘 2^n 运算。又如在有些数字装置中，要将并行传送的数据转换成串行传送（或反之），也需要用移位寄存器来完成。此外，利用移位寄存器还可以构成具有特殊功能的计算器等。

2．顺序脉冲发生器

在计算机和控制系统中，常要求系统的某些操作按时间顺序分时工作，因此需要产生节拍控制脉冲，以协调各部分的工作。这种能产生节拍脉冲的电路叫做节拍脉冲发生器，又叫顺序脉冲发生器（脉冲分配器）。

图 3-41（a）是一个移位寄存器型顺序脉冲发生器电路。它是将图 3-34 所示左移位寄存器的首尾相接（$D_0=Q_3$），形成一个反馈闭环而构成的。在时钟脉冲 CP 的作用下，电路的状态如图 3-41（b）所示。如果取初始状态为 $Q_3Q_2Q_1Q_0$=0001，则电路将按 0001→0010→0100→1000→0001 的次序循环（左移 4 次完成一个周期），即在输出端产生了顺序（节拍）脉冲，其时序图如图 3-42 所示。

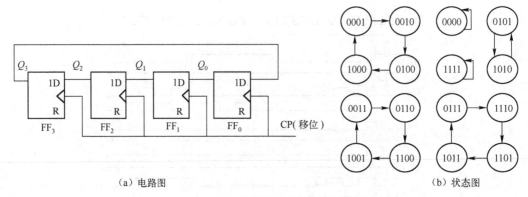

(a) 电路图　　　　　　　　　　　　　　　(b) 状态图

图 3-41　移位寄存器型顺序脉冲发生器

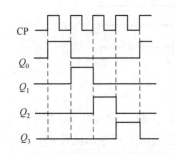

图 3-42　移位寄存器型顺序脉冲发生器的时序图

上述电路若用一个周期的时钟脉冲个数表示计数周期，它又有计数的功能，因此还可以把该类型的计数器称为环形计数器。其中的 0001、0010、0100、1000 四种状态循环称为有效循环，其他几种循环称为无效循环。当由于某种原因进入无效循环时，这种计数器不能自启动，因此在正常工作前，应先通过串行输入或并行输入将电路置成某一有效状态。

知识拓展　集成顺序脉冲发生器（CD4017）

1．CD4017 的逻辑功能

CD4017 为十进制计数/分频器，是一种用途非常广泛的电路，其引脚排列如图 3-43 所示。CD4017 的内部由计数器及译码器两大部分组成，由译码器输出实现对脉冲信号的分配，整个输出时序就是 Y_0，Y_1，Y_2，…，Y_9 依次出现与时钟同步的高电平，脉冲宽度等于时钟周期。

CD4017 有 3 个输入控制端。其中一个是清零端 CR，当在 CR 端上加高电平（或正脉冲）时，计数器中各计数单元输出均为 0。而在译码器输出中，只有对应该时刻的时钟输入，$Y_0 \sim Y_9$ 在同一时刻只有一个为高电平，其余均为低电平。另外两个是时钟输入 CP 和 $\overline{EN}$，如果要上升沿计数，则由 CP 端输入计数脉冲；如果要下降沿计数，则由 $\overline{EN}$ 端输入计数脉冲。设置两个时钟输入端，主要是为了在级联时使用方便。

2. CD4017 的典型应用

1）用 CD4017 构成的循环彩灯控制电路

循环彩灯控制电路如图 3-44 所示，振荡器产生的脉冲送至 CD4017 的脉冲输入端 CP，随着脉冲的输入，CD4017 输出端 $Y_0 \sim Y_9$ 依次循环变为高电平，使相应的发光二极管依次循环点亮，产生一种流动变化效果。彩灯的循环速度由脉冲源频率所决定。

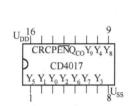

图 3-43　CD4017 引脚排列图

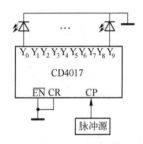

图 3-44　循环彩灯控制电路

2）用 CD4017 构成的多级十进制分频器

多级十进制分频器电路如图 3-45 所示，将各级 CD4017 的清零端连在一起作为公共清零端，$\overline{EN}$ 接地，CP 端输入计数脉冲，低位 CD4017 进位输出端 CO 依次接到相邻高位的时钟输入端 CP。这样计数脉冲 CP 每经过一级 CD4017 门，其频率是原来的 1/10。该电路可用于长时间定时开关电路中。

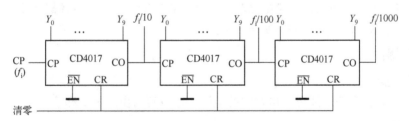

图 3-45　多级十进制分频器

技能训练　循环彩灯的调试

1. 实训目的

（1）了解寄存器 74LS194 的基本功能及其使用方法。
（2）掌握用 74LS194 构成循环彩灯的调试方法。

(3)进一步掌握数字电路逻辑关系的检测方法。

2. 实训器材

数字电路实验箱1台,示波器1台,万用表1块,74LS194集成电路2块,电阻及发光二极管若干。

3. 实训原理

用74LS194构成的循环彩灯电路如图3-46所示。

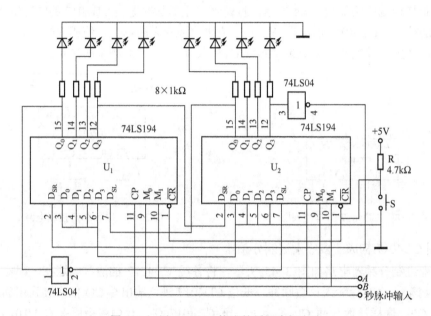

图3-46 用74LS194构成的循环彩灯电路

由图3-46不难分析出,无论电路左移位还是右移位,发光二极管都是按一个方向依次全部点亮,再依次全部熄灭,并不断循环下去。

4. 实训操作

1)连接电路

按图3-46连接电路。注意:电路中的电源、地没有给出,不要漏接。

2)清除数据

触下按键 S,使$\overline{CR}$清零端对地短路,如果电路无故障,输出数据均为 0,所有发光二极管均熄灭。

3)电路功能测试

将控制端 A 接高电平,B 接低电平,再接入秒脉冲输入,可以看到电路中的发光二极管从左到右依次全部点亮,然后又从左到右依次全部熄灭,从而实现了右移位循环。

4)电路逻辑关系检测

控制端 A 接高电平,B 接低电平,将输入脉冲改接为单次脉冲信号(手动)。依次测量第 i(i=0~15)个单脉冲时 U_1、U_2 各引脚的逻辑电平,将结果填入表3-13中(表中已经给出了前 3 个脉冲的数据）。测试完毕，从表格中找出输出数据变化的规律。

表 3-13　循环彩灯测试结果

脉冲数	控　制　端		输　出　端							
	M_1	M_0	$1Q_0$	$1Q_1$	$1Q_2$	$1Q_3$	$2Q_0$	$2Q_1$	$2Q_2$	$2Q_3$
0	0	1	0	0	0	0	0	0	0	0
1	0	1	1	0	0	0	0	0	0	0
2	0	1	1	1	0	0	0	0	0	0
3	0	1	1	1	1	0	0	0	0	0
4										
5										
6										
7										
8										
9										
10										
11										
12										
13										
14										
15										

表注：$1Q_0$ 表示 U_1 的 Q_0；$2Q_0$ 表示 U_2 的 Q_0，其他依此类推。

想一想：上面实现的是右移位循环，如何实现左移位循环？

5．实训总结

（1）详细分析电路图 3-46 的工作原理，整理实训记录表格，写出实训报告。
（2）对实训结果进行分析，说明 M_1、M_0 两端的功能。
（3）总结使用寄存器的体会。

项目制作　四路竞赛抢答器的制作

1．项目制作目的

（1）熟悉集成触发器的逻辑功能。
（2）熟悉由集成触发器构成的抢答器的工作过程。
（3）通过对四路竞赛抢答器的制作，熟练掌握集成触发器的正确使用。

2．项目要求

1）制作要求

（1）画出实际设计电路的原理图和装配图（手工绘制）。
（2）列出元器件及参数清单。
（3）进行电路安装与调试。

2）能力要求

（1）能独立进行电路工作原理的分析。
（2）掌握电路的检测与调试。

3. 认识电路及其工作过程

1）逻辑功能要求

由集成触发器构成的抢答器中，S_1、S_2、S_3、S_4 为抢答操作按钮。任何一个人先将某一按钮按下，则与其对应的发光二极管（指示灯）被点亮，表示此人抢答成功，同时扬声器发声；而紧随其后的其他按钮再被按下，与其对应的发光二极管不亮。

2）项目原理图

图 3-47 所示为四路竞赛抢答器的电路原理图，其中 S_1、S_2、S_3、S_4 为抢答操作按钮，S_5 为主持人复位按钮。

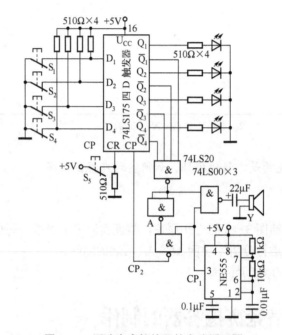

图 3-47　四路竞赛抢答器的电路原理图

3）工作过程

当无人抢答时，$S_1 \sim S_4$ 均未按下，$D_1 \sim D_4$ 均为低电平，在由 555 定时器构成的多谐振荡器产生的时钟脉冲作用下，74LS175 的输出端 $Q_1 \sim Q_4$ 均为低电平，LED 发光二极管不亮，74LS20 输出为低电平，扬声器不发声。当有人抢答时，例如，S_1 先被按下时，D_1 输入端变为高电平，在时钟脉冲的作用下，Q_1 变为高电平，对应的发光二极管发光。同时 $\overline{Q_1}=0$，使 74LS20 输出为 1，扬声器发声。74LS20 输出经 74LS00 反相后变为 0，将 555 定时器的脉冲封锁，此时 74LS175 的输出不再变化，其他抢答者再按下按钮也不起作用，从而实现了抢答。若要清除，则由主持人按 S_5 按钮（清零）完成，并为下一次抢答作准备。

4. 电路装配、焊接及调试

（1）根据电路原理图，确定元器件清单，如表 3-14 所示。查阅集成电路手册，了解各个集成芯片的引脚排列和使用。

表 3-14 抢答器元器件明细表

分 类	名 称	规 格 型 号	数 量
IC$_1$	4 D 触发器	74LS175	1
IC$_2$	2-4 输入与非门	74LS20	1
IC$_3$	4-2 输入与非门	74LS00	1
IC$_4$	555 定时器	NE555	1
LED	发光二极管		4
Y	扬声器	0.25W/8Ω	1
S$_1$~S$_5$	按钮（常闭）		5
R$_1$~R$_9$	电阻器	510Ω	9
R$_{10}$	电阻器	1kΩ	1
R$_{11}$	电阻器	10kΩ	1
C$_1$、C$_2$	电容器	0.01μF	2
C$_3$	电解电容器	22μF	1
	集成电路插座	14 脚	2
	集成电路插座	16 脚	1
	集成电路插座	8 脚	1
	实验板（万能板）		1

（2）根据电路原理图，画出装配图。

（3）由装配图完成电路的装配及焊接。

（4）调试。通电后，分别按下 S$_1$、S$_2$、S$_3$、S$_4$ 各键，观察对应指示灯是否点亮，同时扬声器是否发声。当其中某一指示灯亮时，再按下其他键，观察其他指示灯的变化。

5．编写项目制作报告

按要求完成电路的调试，做好记录，完成项目报告。项目报告应包括设计思路、电路原理分析、原理图、PCB 图、装配图、调试情况及存在的问题、解决方法等。

 想一想： 8 路竞赛抢答器如何制作？

 项目小结

1．触发器具有记忆功能，能够进行数据的存储。触发器可从两个方面来划分。

（1）根据逻辑功能的不同，可将触发器分为 RS 触发器、JK 触发器、D 触发器、T 触发器和 T′触发器。触发器的逻辑功能可用特性表、特性方程、状态图和时序图来描述。

（2）根据电路结构的不同，可将触发器分为基本触发器、同步触发器、主从触发器和边沿触发器。

2．基本 RS 触发器是构成其他各种触发器最基本的单元。电路结构虽然简单，但输入存在约束，触发器的使用不方便，而且电路的抗干扰能力差。

3. 同步触发器：状态改变受时钟脉冲控制，可以实现多个触发器同步工作，存在"空翻"现象。按逻辑功能的不同分为以下几种。

RS 触发器：具有置 0、置 1 和保持（记忆）功能。

D 触发器：具有置 0、置 1 功能。

JK 触发器：具有置 0、置 1、保持、翻转功能。

T 触发器：具有保持、翻转功能。

T′ 触发器：具有翻转功能。

4. 为了提高触发器工作的可靠性，集成边沿 JK 触发器和边沿 D 触发器得到了广泛的应用。边沿触发器只在时钟脉冲的上升沿（或下降沿）的瞬间，触发器根据输入信号的变化进行状态的改变，而在其他时间里输入信号的变化对触发器的状态均无影响。

5. 寄存器是用以寄存二进制代码的时序逻辑部件，它主要由 D 触发器构成。

移位寄存器不仅可用于寄存二进制代码，而且在移位脉冲作用下，寄存器中的代码既可左移，也可右移。移位寄存器包括单向移位寄存器和双向移位寄存器。利用移位寄存器可方便地构成环形计数器和顺序脉冲发生器。

自测题 3

3-1 填空题

（1）根据逻辑功能的不同，可将触发器分为_____、_____、_____、_____和_____。

（2）触发器的逻辑功能可用_____、_____、_____和_____来描述。

（3）触发器有____个稳定状态，当 $Q=1$、$\bar{Q}=0$ 时称为触发器的____态；$Q=0$、$\bar{Q}=1$ 时称为触发器的____态。

（4）JK 触发器的特性方程是_____，它具有_____、_____、_____和_____功能。

3-2 在由与非门组成的基本 RS 触发器的 $\bar{R}$ 和 $\bar{S}$ 端分别加上如图 3-48 所示的触发信号，画出输出端 Q 及 $\bar{Q}$ 的波形（设初态 $Q=0$）。

3-3 同步 JK 触发器的 CP、J、K 端波形如图 3-49 所示，画出输出端 Q 的波形（设初态 $Q=0$）。

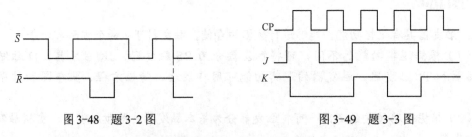

图 3-48 题 3-2 图   图 3-49 题 3-3 图

3-4 上升沿触发 D 触发器波形如图 3-50 所示，试画出 Q 端的波形。

3-5 下降沿触发 JK 触发器波形如图 3-51 所示，试画出 Q 端的波形。

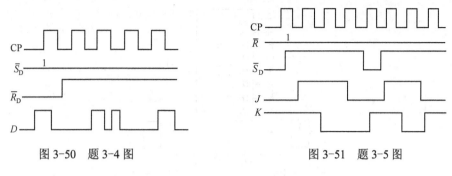

图 3-50　题 3-4 图　　　　　图 3-51　题 3-5 图

3-6　由 D 触发器和与非门组成的电路及输入波形如图 3-52 所示，试画出 Q 端的波形（设初态 $Q=0$）。

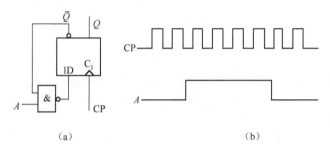

(a)　　　　　　　　　　(b)

图 3-52　题 3-6 图

3-7　试画出图 3-53 所示电路 Q、$\overline{Q}$、A、B 各端波形（设初态 $Q=0$）。

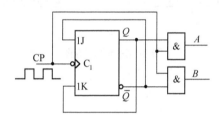

图 3-53　题 3-7 图

3-8　试画出图 3-54 所示电路的 Q_1、Q_2 端的波形（设初态 $Q_1=Q_2=0$）。

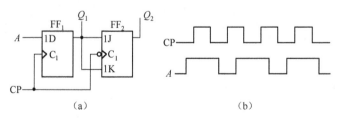

(a)　　　　　　　　　　(b)

图 3-54　题 3-8 图

3-9　电路如图 3-55 所示。
（1）列出状态转换功能表。
（2）画出输出 Y 端的脉冲序列。

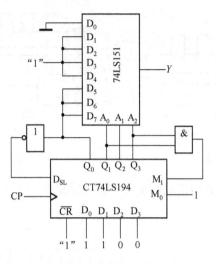

图 3-55 题 3-9 图

3-10 用 4 位双向移位寄存器 74LS194 构成如图 3-56 所示的电路。先并行输入数据，使 $Q_0Q_1Q_2Q_3$=0001。试分别画出它们的状态图，并说明它们各是什么功能的电路？74LS194 的功能表请参见表 3-12。

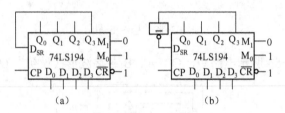

图 3-56 题 3-10 图

项目 4 双音门铃的制作

项目剖析

对于门铃人们通常很熟悉，如图 4-1 所示就是一个由 555 定时器构成的双音门铃电路。当按下按钮（AN）时，扬声器（Speaker）就会发出"叮"的声音；当松开按钮时，扬声器发出"咚"的声音，而且"咚"的声音会在一段时间后自动停止。

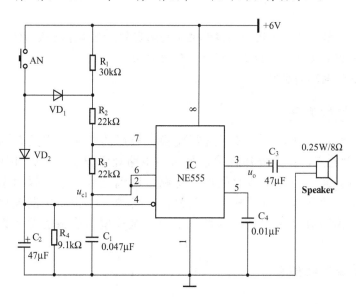

图 4-1 双音门铃电路

双音门铃电路是怎样工作的？为什么能发出双音？"咚"的声音如何会在一段时间后自动停止？还有其他的设计方法吗？相信读者会在完成以下各任务的学习之后，找到这些问题的答案。同时还可以应用学到的内容，设计、制作一些其他的实用电路。本项目由以下两个任务组成：

任务1 学习脉冲的产生与整形电路；
任务2 认识555集成定时器。

学习目标

在数字系统中，常常需要各种不同频率、不同幅度的矩形脉冲作为控制信号。例如，时序逻辑电路中的同步脉冲控制信号 CP。获得矩形脉冲的方法有两种：一种是利用多谐振荡器直接产生；另一种是通过整形电路对已有信号的波形进行整形、变换，得到符合要求的矩形脉冲。能够直接产生矩形脉冲的电路有多谐振荡器；能够通过对已有信号进行整形、变换得到矩形脉冲的电路有单稳态触发器、施密特触发器。

通过本项目的学习，达到以下目标：
1. 了解单稳态触发器、多谐振荡器和施密特触发器的电路结构和工作原理；
2. 掌握这三种电路的特点及应用；
3. 熟练掌握由 555 定时器构成的三种基本应用电路；
4. 能够采用 555 定时器设计、制作一些实用电路。

任务 4.1 学习脉冲的产生与整形电路

任务目标

1. 了解单稳态触发器、多谐振荡器和施密特触发器的电路结构及工作原理。
2. 掌握这三种电路的特点和集成器件的使用方法。
3. 熟悉这三种电路的应用。

4.1.1 单稳态触发器

单稳态触发器是一种对已有波形进行变换、整形的电路。它具有的特点是电路有一个稳态和一个暂稳态，在无外加触发信号时，电路处于稳态；当外加触发信号时，电路从稳态进入暂稳态；经过一段时间后，电路自动返回到稳态，暂稳态维持时间的长短取决于电路本身的参数，与触发信号无关。根据 R、C 定时电路连接方式的不同，单稳态触发器分为微分型和积分型两种。下面以微分型单稳态触发器为例，了解其工作原理。

1. 微分型单稳态触发器

1）电路结构

图 4-2 所示是由 CMOS 门电路构成的微分型单稳态触发器。它由一个与非门和一个非门构成，G_2 门的输出和 G_1 门的输入直接耦合，而 G_1 门输出和 G_2 门的输入采用 RC 微分电路耦合，所以称为微分型单稳态触发器。其中 R 的数值要小于 G_2 的关门电阻 R_{OFF}。

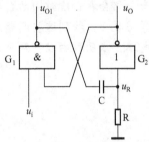

图 4-2 微分型单稳态触发器

2）工作原理

对于 CMOS 门电路可以近似认为 $U_{OH} \approx U_{CC}$、$U_{OL} \approx 0$、$U_{TH} \approx \frac{1}{2} U_{CC}$。

（1）稳定状态。在无触发信号 ($u_i = U_{CC}$) 时，由于 $R < R_{OFF}$，因此 G_2 门的输入 u_R 为低电平，输出 u_o 为高电平。G_1 门输入全为高电平，输出 u_{o1} 为低电平。此时电容器 C 上的电压为 0。电路处于稳定状态。

（2）触发翻转至暂稳态。当在 u_i 端加负触发脉冲信号时，G_1 门的输出 u_{o1} 跳变为高电平 U_{OH}。由于电容器 C 上的电压不能突变，使 u_R 也随之产生正跳变，G_2 门的输出 u_o 跳变为

低电平 U_{OL}，并反馈到 G_1 门的输入端。这时即使 u_i 回到高电平，u_o 仍维持低电平，电路进入暂稳态。

（3）自动翻转回稳态。进入暂稳态后，电容器 C 开始充电，使电容器 C 上的电压上升，u_R 逐渐下降，u_R 下降到 G_2 的阈值电压时，G_2 的输出 u_o 为高电平 U_{OH}，并反馈到 G_1 门的输入端，使 u_{o1} 为低电平 U_{OL}，电路回到稳态。

（4）恢复过程。暂稳态结束后，u_{o1} 回到低电平，电容器 C 放电，使电容两端的电压恢复到稳态值，为下一次触发翻转作准备。

微分型单稳态触发器的工作波形如图 4-3 所示。

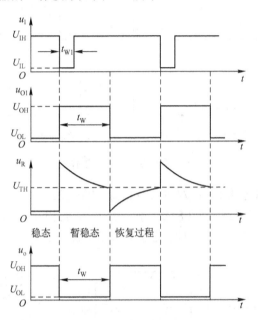

图 4-3　微分型单稳态触发器的工作波形

由以上分析可知单稳态触发器输出脉冲宽度 t_W 取决于暂稳态维持时间，可近似估算为

$$t_W \approx 0.7RC$$

2．集成单稳态触发器

集成单稳态触发器与由普通门电路构成的单稳态触发器相比，具有明显的优点，主要包括：脉冲展宽范围大、外接元器件少、温度特性好、功能全、抗干扰能力强、对电源电压的稳定性好等。

集成单稳态触发器有 TTL 型和 CMOS 型两类，根据触发状态的不同，可分为非重复触发型和可重复触发型。其逻辑符号如图 4-4 所示。

图 4-4　单稳态触发器的逻辑符号

非重复触发型单稳态触发器一旦被触发进入暂稳态后，再加入触发脉冲不会影响电路的工作状态，输出脉冲宽度 t_W 是不变的，只有在暂稳态结束，电路又进入原来的稳态之后，才能接收新的触发信号。可重复触发型单稳态触发器被触发进入暂稳态后，再次加入触发脉冲，电路将重复被触发，输出脉冲宽度可在前一个暂稳态时间的基础上再展宽 t_W。两种单稳态触发器工作波形如图 4-5 所示。

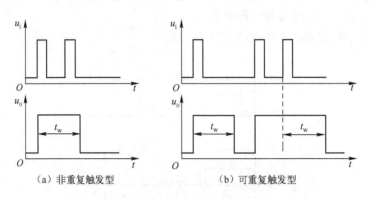

图 4-5　单稳态触发器的工作波形

非重复触发型单稳态触发器有 74121、74221、74LS221 型；可重复触发型单稳态触发器有 74122、74LS122、74123、74LS123 型。图 4-6 给出了非重复触发型单稳态触发器 74121 的逻辑符号和引脚排列图。74121 的逻辑功能见表 4-1。

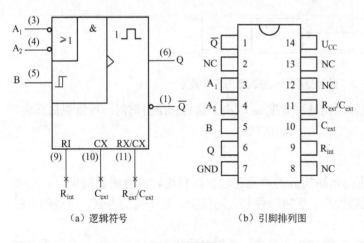

表 4-1　74121 的逻辑功能表

输	入		输	出
A_1	A_2	B	Q	$\overline{Q}$
0	×	1	0	1
×	0	1	0	1
×	×	0	0	1
1	1	×	0	1
0	×	↑	⊓	⊔
×	0	↑	⊓	⊔
1	↓	1	⊓	⊔
↓	1	1	⊓	⊔
↓	↓	1	⊓	⊔

（a）逻辑符号　　　（b）引脚排列图

图 4-6　集成单稳态触发器 74121

根据 74121 的功能表对其逻辑功能说明如下：

（1）74121 具有边沿触发的特性；

（2）A_1、A_2、B 为触发输入端，其中 A_1、A_2 为下降沿触发，B 为上升沿触发；

（3）Q、$\overline{Q}$ 为两个互补输出端；

（4）R_{int}、C_{ext}、R_{ext}/C_{ext} 为外接定时元件端。

外接定时元件有两种方法，如图 4-7 所示。

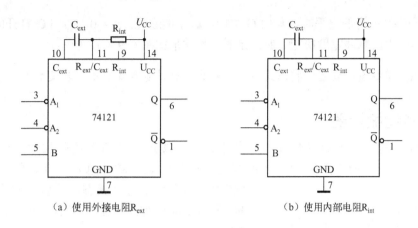

（a）使用外接电阻R_{ext}　　　　（b）使用内部电阻R_{int}

图 4-7　74121 的外部连接

3．单稳态触发器的应用

根据单稳态触发器的特点，可将它广泛用于数字系统中的脉冲整形、延时和定时等电路。

1）脉冲整形

脉冲信号在经过长距离传输后，其边沿会变差或在波形上叠加了某些干扰。为了使这些脉冲信号变成符合要求的波形，可利用单稳态触发器进行整形。具体方法是将不规则的脉冲信号作为触发信号加到单稳态触发器的输入端，合理选择定时元件 R 和 C 的值，即可将不规则的脉冲信号整形为所需要的矩形脉冲信号，如图 4-8 所示。

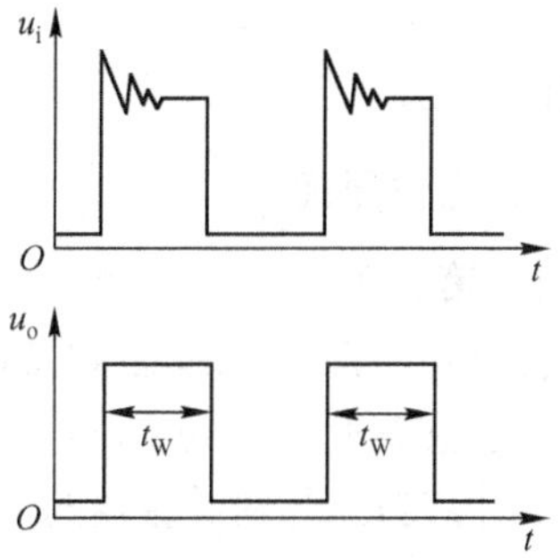

2）脉冲延时与定时

（1）延时。图 4-9（a）为脉冲延时与定时示意图。

图 4-8　脉冲整形

在如图 4-9（b）所示的波形图中，观察 u_a 与 u_c 的时间关系，则不难发现，u_c 的下降沿比 u_a 的下降沿滞后了 t_W，即延迟了 t_W。这个 t_W 正好反映了单稳态触发器的延时作用。

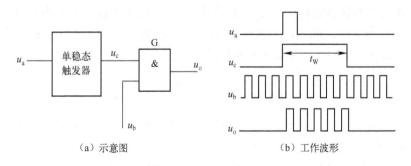

（a）示意图　　　　　　　　　（b）工作波形

图 4-9　脉冲延时与定时

（2）定时。由于单稳态触发器能根据需要产生一定宽度的矩形脉冲，因此可利用它做定时电路。在如图 4-9（a）所示的电路中，单稳态触发器输出的脉冲 u_c 可作为与门 G 开通时间的控制信号。只有在单稳态触发器输出为高电平期间，与门 G 打开，u_b 才能通过，输

出 $u_o = u_b$。而在 u_c 为低电平时，与门 G 关闭，u_b 不能通过，$u_o = 0$。与门 G 打开的时间由单稳态触发器输出的脉冲宽度决定。脉冲定时工作波形如图 4-9（b）所示。

 想一想：单稳态触发器的特点是什么？输出的脉冲宽度由什么所决定的？

4.1.2 多谐振荡器

多谐振荡器是一种矩形脉冲信号发生器。当接通电源后无需外加输入信号，便可自动产生一定频率的矩形脉冲。多谐振荡器产生的矩形脉冲总是在高、低电平之间相互转换，它有两个暂稳状态，所以又称为无稳态电路。下面以非对称式多谐振荡器为例介绍它的工作过程。

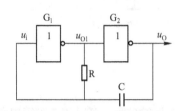

图 4-10 非对称式多谐振荡器典型电路

1. 电路结构

非对称式多谐振荡器典型电路如图 4-10 所示，它是由两个反相器、一个电阻器和一个电容器组成的，其中电阻器和电容器为定时元件，决定了多谐振荡器的频率。

2. 工作原理

1）第一暂稳态

接通电源后，电容器 C 尚未充电，假定电路处于 $u_{o1} = U_{OH}$，$u_o = U_{OL}$ 的状态，即所谓的第一暂稳态。此时，处于高电平的 u_{o1} 经电阻器 R 对电容器 C 充电，随着充电时间的增加，u_i 将上升，当上升到反相器的阈值电压 U_{TH} 时，电路产生如下正反馈过程：

$$u_i \uparrow \longrightarrow u_{o1} \downarrow \longrightarrow u_o \uparrow$$

结果迅速使 $u_o = U_{OH}$，$u_{o1} = U_{OL}$，电路进入第二暂稳态。

2）第二暂稳态

电路进入第二暂稳态的瞬间，由于电容器 C 两端电压不能突变，所以 u_i 变为高电平 U_{OH}，并维持 u_{o1} 低电平。随后，电容器 C 通过电阻器 R 和 G_1 门放电，使 u_i 下降，当下降到阈值电压 U_{OH} 时，电路又产生如下正反馈过程：

$$u_i \downarrow \longrightarrow u_{o1} \uparrow \longrightarrow u_o \downarrow$$

结果迅速使 $u_{o1} = U_{OH}$，$u_o = U_{OL}$，电路又回到第一暂稳态。如此周而复始，使电路产生振荡，输出周期性的矩形脉冲。其工作波形如图 4-11 所示。

电路的振荡周期 T 由充电时间 T_1 和放电时间 T_2 组成，可估算为

$$T = T_1 + T_2 \approx 1.4RC$$

通过调节 R、C 的取值，可改变电路的振荡频率。

 想一想：多谐振荡器为什么又称为无稳态触发器？

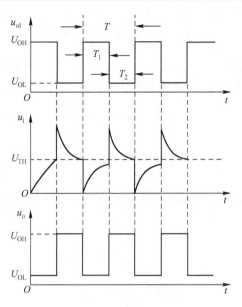

图 4-11 多谐振荡器的工作波形

4.1.3 施密特触发器

施密特触发器是另一种对已有波形进行变换整形，使其输出为矩形波的电路。它的输出有两个相对稳定的状态。它可以把变化缓慢的输入波形变换成边沿陡峭的矩形波输出，常用于波形的变换、整形、幅度鉴别、构成多谐振荡器等。

1. 门电路构成的施密特触发器

1）电路结构

图 4-12（a）给出了由 CMOS 非门构成的施密特触发器电路。它是将两个非门串接起来，并通过分压电阻 R_2 把输出端的电压反馈到输入端。当输出信号从 u_o 端输出时，由于它与输入信号同相，因此称其为同相输出施密特触发器；当输出信号从 u_{o1} 端输出时，由于它与输入信号反相，因此称其为反相输出施密特触发器。施密特触发器的逻辑符号如图 4-12（b）所示。

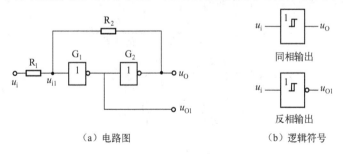

（a）电路图　　　　　　　（b）逻辑符号

图 4-12 由 CMOS 非门构成的施密特触发器

2）工作原理

设非门 G_1、G_2 的阈值电压为 $U_{TH} \approx \frac{1}{2} U_{CC}$，$R_1 < R_2$，且输入信号 u_i 为三角波。G_1 门的输入电平 u_{i1} 决定着电路的状态，根据叠加原理有

$$u_{i1} = \frac{R_2}{R_1+R_2}u_i + \frac{R_1}{R_1+R_2}u_o$$

(1) 当 $u_i=0$ 时，$u_{o1}=U_{OH}$，$u_o=U_{OL}\approx 0$，电路处于第一个稳定状态，此时 $u_{i1}=0$。

(2) 当 u_i 从 0 逐渐上升到 G_1 的阈值电压 U_{TH} 时，电路产生如下正反馈过程：

$$u_{i1}\uparrow \longrightarrow u_{o1}\downarrow \longrightarrow u_o\uparrow$$

正反馈的结果使输出 u_o 的状态由低电平跳变为高电平，即 $u_o=U_{OH}\approx U_{CC}$。电路处于第二个稳定状态。

通常把 u_i 在上升过程中，电路状态发生转换时所对应的输入电压称为正向阈值电压，又称为上限阈值电压，用 U_{T+} 表示。由上式可得

$$u_{i1} = \frac{R_2}{R_1+R_2}u_i = U_{TH}$$

$$u_i = \frac{R_1+R_2}{R_2}U_{TH}$$

$$U_{T+} = \left(1+\frac{R_1}{R_2}\right)U_{TH}$$

(3) 此后 u_i 继续升高，电路状态保持不变，仍有 $u_o=U_{OH}\approx U_{CC}$，而且有

$$u_{i1} = \frac{R_2}{R_1+R_2}u_i + \frac{R_1}{R_1+R_2}U_{CC} > U_{TH}$$

(4) 当 u_i 逐渐下降并达到阈值电压 U_{TH} 时，电路将发生又一个正反馈过程：

$$u_{i1}\downarrow \longrightarrow u_{o1}\uparrow \longrightarrow u_o\downarrow$$

正反馈的结果使电路的输出状态迅速由高电平跳变为低电平 $u_o=U_{OL}\approx 0$。电路返回到第一个稳定状态。

通常把 u_i 在下降过程中电路状态发生转换时所对应的输入电压称为负向阈值电压，又称为下限阈值电压，用 U_{T-} 表示，此时有

$$u_{i1} = U_{TH} = \frac{R_2}{R_1+R_2}u_i + \frac{R_1}{R_1+R_2}U_{CC}$$

$$u_i = \frac{R_1+R_2}{R_2}U_{TH} - \frac{R_1}{R_2}U_{CC}$$

$$U_{T-} = \frac{R_1+R_2}{R_2}U_{TH} - \frac{R_1}{R_2}U_{CC}$$

$$= \left(1-\frac{R_1}{R_2}\right)U_{TH}$$

此后，u_i 继续下降，只要 $u_i<U_{TH}$，电路状态就保持不变，即 $u_o=U_{OL}\approx 0$。

图 4-13 给出了施密特触发器的工作波形和电压传输特性。

由上述分析可知施密特触发器有两个稳定状态，这两个稳定状态的维持和转换，完全取决于输入电压的大小。

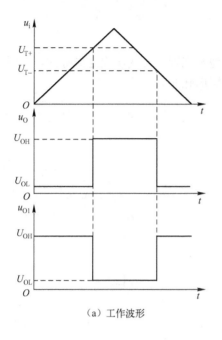
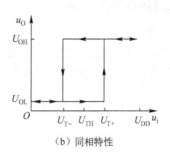

（b）同相特性

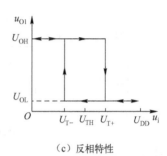

（c）反相特性

图 4-13 施密特触发器

施密特触发器从一个稳定状态转换到另一个稳定状态所需要的输入电压不同，因此它有两个不同的阈值电压。通常将这一特性称为施密特触发器的回差特性，并定义 U_{T+} 与 U_{T-} 之差为回差电压，用 ΔU_T 表示，即

$$\Delta U_T = U_{T+} - U_{T-} = \frac{R_1}{R_2} U_C$$

改变 R_1、R_2 的值可以调节 U_{T+}、U_{T-} 和 ΔU_T 的大小，但必须使 $R_1 < R_2$，否则电路将进入自锁状态，不能正常工作。

 想一想：什么叫施密特触发器的回差特性？

2．集成施密特触发器

集成施密特触发器有 TTL 型和 CMOS 型两类，图 4-14 给出了 TTL 型施密特触发器 74LS13 的引脚排列图及逻辑符号。

74LS13 的功能说明如下。

（1）它是一个 4 输入双施密特触发器的与非门。1A～1D 为其中一个触发器的触发信号输入端，1Y 为对应的输出端；2A～2D 为另一个触发器的输入端，2Y 为对应的输出端。但施密特触发器的与非门不同于一般与非门，其有两个阈值电压，而一般与非门只有一个阈值电压。

（2）两个阈值电压及回差电压为 $U_{T+} \approx 1.7 \text{ V}$、$U_{T-} \approx 0.8 \text{ V}$、$\Delta U_T \approx 0.9 \text{ V}$，而且 U_{T+}、U_{T-} 都是固定不可调的。

（3）具有反相输出的电压传输特性。

3. 施密特触发器的应用

1）波形变换

施密特触发器可将三角波、正弦波及其他不规则信号变换成矩形脉冲。如图 4-15 所示为用施密特触发器将正弦波变换成同周期的矩形脉冲。

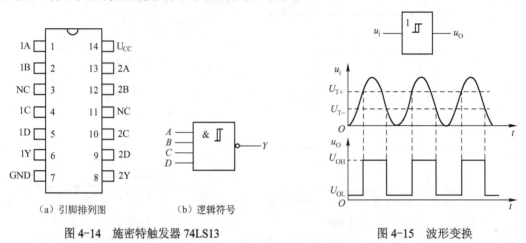

图 4-14 施密特触发器 74LS13

图 4-15 波形变换

2）脉冲整形

当信号受到某些因素的干扰而发生畸变时，可利用施密特触发器的回差特性，将受到干扰的信号加以整形，成为比较理想的矩形脉冲，如图 4-16 所示。

3）脉冲幅度鉴别

如果输入信号为一组幅度不等的脉冲，可将输入幅度大于 U_{T+} 的脉冲信号选出来，而幅度小于 U_{T+} 的脉冲信号去除，如图 4-17 所示。

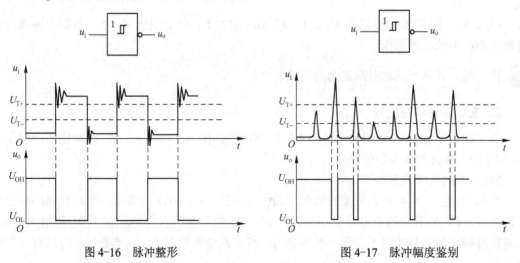

图 4-16 脉冲整形

图 4-17 脉冲幅度鉴别

4）构成多谐振荡器

利用施密特触发器可构成多谐振荡器，电路及工作波形如图 4-18 所示。此电路的工作原理是利用输出端的高低电平对电容器 C 进行充、放电，以改变 u_i 的电平，从而控制施密特触发器的状态转换。

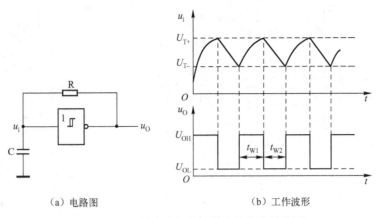

(a) 电路图　　　　　　　　(b) 工作波形

图 4-18　用施密特触发器构成的多谐振荡器

任务 4.2　认识 555 集成定时器

任务目标

1. 了解 555 定时器的内部结构及工作原理。
2. 熟练掌握由 555 定时器构成的三种基本电路的电路结构、工作过程与参数计算。
3. 能够采用 555 定时器设计、制作一些实用电路。

4.2.1　555 定时器分析

555 定时器是一种将模拟电路和数字电路混合在一起的中规模集成电路，它结构简单，使用灵活方便，应用非常广泛。只要在外部连接少数的电阻器和电容器，即可构成三种基本电路：多谐振荡器、施密特触发器、单稳态触发器。常用于脉冲信号的产生和变换、仪器与仪表电路、测量与控制电路、家用电器与电子玩具等许多领域。

555 定时器可分为双极型（TTL 型）和单极型（CMOS 型）两种。双极型标号为 555 和 556（双），电源电压为 5～16 V，输出最大负载电流 200 mA；单极型标号为 7555 和 7556（双），电源电压为 3～18 V，输出最大负载电流 4 mA。通常，双极型具有较大的驱动能力，而单极型具有低功耗、输入阻抗高等优点。

1．电路结构

图 4-19 给出了 555 定时器的电路结构、逻辑符号及引脚排列图。电路由分压器、电压比较器、基本 RS 触发器、放电晶体管以及输出缓冲器五部分组成。

1）分压器

3 个阻值均为 5 kΩ 的电阻串联起来构成分压器（555 也因此而得名）为比较器 IC_1 和 IC_2 提供参考电压，集成运放 IC_1 的"+"端电压为 $\frac{2}{3}U_{CC}$，而 IC_2 "-"端电压为 $\frac{1}{3}U_{CC}$。

如果在控制电压端 CO 另加控制电压，则可改变 IC_1 和 IC_2 的参考电压。工作中不使用 CO 端时，一般都通过一个 0.01 μF 的电容接地，以旁路高频干扰。

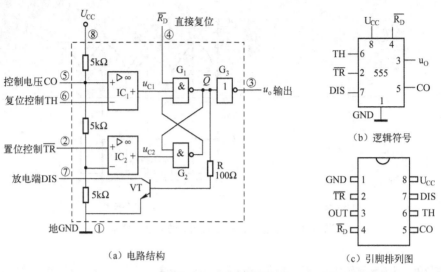

图 4-19 555 定时器

2）电压比较器

IC_1、IC_2 是两个电压比较器。比较器有两个输入端，分别标有"+"号和"-"号。如果用 u_+ 和 u_- 表示相应输入端上所加的电压，则当 $u_+>u_-$ 时，输出为高电平；$u_+<u_-$ 时，输出为低电平。两个输入端基本上不向外电路索取电流，即输入电阻趋近于无穷大。

3）基本 RS 触发器

基本 RS 触发器由两个与非门组成，$\overline{R}_D$ 是专门设置的可从外部进行置 0 的复位端，当 $\overline{R}_D=0$ 时，使 $Q=0$、$\overline{Q}=1$。

4）放电晶体管

晶体管 VT 构成开关，其状态受 $\overline{Q}$ 端控制。当 $\overline{Q}$ 为 0 时，晶体管 VT 截止，DIS 端（7 脚）与地断开；当 $\overline{Q}$ 为 1 时，晶体管 VT 导通，DIS 端（7 脚）与地接通。

5）输出缓冲器

输出缓冲器就是接在输出端的反相器 G_3，其作用是提高 555 定时器的带负载能力和隔离负载对定时器的影响。

2．工作原理

当 $\overline{R}_D=0$ 时，$\overline{Q}=1$，输出 u_o 为低电平，晶体管 VT 饱和导通。

当 $\overline{R}_D=1$，即定时器正常工作时：若 $u_{TH}>\frac{2}{3}U_{CC}$、$u_{\overline{TR}}>\frac{1}{3}U_{CC}$ 时，IC_1 输出为低电平，IC_2 输出为高电平，基本 RS 触发器被置成 0 状态，$Q=0$、$\overline{Q}=1$，输出 u_o 为低电平，晶体管 VT 饱和导通；若 $u_{TH}<\frac{2}{3}U_{CC}$、$u_{\overline{TR}}<\frac{1}{3}U_{CC}$ 时，IC_1 输出为高电平，IC_2 输出低电平，基本 RS 触发器被置成 1 状态，输出 u_o 为高电平，晶体管 VT 截止；若 $u_{TH}<\frac{2}{3}U_{CC}$、$u_{\overline{TR}}>\frac{1}{3}U_{CC}$ 时，IC_1、IC_2 输出均为高电平，基本 RS 触发器保持原来状态不变，因此输出 u_o、晶体管 VT 保持原来状态不变。表 4-2 为 555 定时器的逻辑功能表。

表 4-2 555 定时器的逻辑功能表

输 入			输 出	
TH	$\overline{\text{TR}}$	$\overline{R}_D$	OUT	VT 状态
×	×	0	0	导通
$>\dfrac{2}{3}U_{CC}$	$>\dfrac{1}{3}U_{CC}$	1	0	导通
$<\dfrac{2}{3}U_{CC}$	$<\dfrac{1}{3}U_{CC}$	1	1	截止
$<\dfrac{2}{3}U_{CC}$	$>\dfrac{1}{3}U_{CC}$	1	保持	保持

4.2.2 555 定时器的典型应用

1. 用 555 定时器构成多谐振荡器

1) 电路结构

由 555 定时器组成的多谐振荡器电路如图 4-20（a）所示。R_1、R_2 和 C 为外接定时元件，复位控制端 TH（6 脚）与置位控制端 $\overline{\text{TR}}$（2 脚）相连并与电容器 C 相接，C 的另一端接地，R_1 和 R_2 串联（一端接电源，另一端接 2、6 脚）的连接点与放电端（7 脚）相连，控制电压端 CO（5 脚）不用，通常外接 0.01μF 电容器。

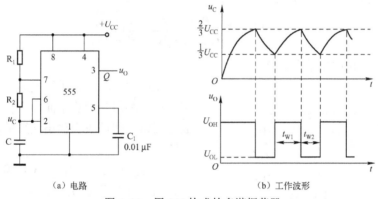

(a) 电路 (b) 工作波形

图 4-20 用 555 构成的多谐振荡器

2) 工作原理

接通电源后，U_{CC} 通过 R_1、R_2 对 C 充电，u_c 开始从零上升。起初 $u_c < \dfrac{1}{3}U_{CC}$，即复位控制端 $u_{TH} < \dfrac{2}{3}U_{CC}$，置位控制端 $u_{\overline{TR}} < \dfrac{1}{3}U_{CC}$，555 的输出 u_o 为高电平，放电管截止。随着电容 C 的充电，U_{CC} 两端电压继续上升，当 $\dfrac{1}{3}U_{CC} < u_c < \dfrac{2}{3}U_{CC}$ 时，即 $U_{TH} < \dfrac{2}{3}U_{CC}$，$U_{\overline{TR}} > \dfrac{1}{3}U_{CC}$，$U_o$ 保持高电平不变，放电管始终为截止状态。

当 $u_c > \dfrac{2}{3}U_{CC}$ 时，即复位控制端 $u_{TH} > \dfrac{2}{3}U_{CC}$，置位控制端 $u_{\overline{TR}} > \dfrac{1}{3}U_{CC}$，电路翻转，555 的输出 u_o 变为低电平，放电管饱和导通，于是 C 通过 R_2、VT 放电，u_c 下降。u_c 减小过程中，只要满足 u_c 的电压不低于 $\dfrac{1}{3}U_{CC}$，电路输出状态就不变。

当 $u_c < \frac{1}{3} U_{CC}$ 时，又回到复位控制端 $u_{TH} < \frac{2}{3} U_{CC}$，置位控制端 $u_{\overline{TR}} < \frac{1}{3} U_{CC}$，电路再次翻转，555 的输出 u_o 又变为高电平，放电管截止，C 停止放电而重新充电。如此周而复始，在一种暂稳态和另一种暂稳态之间自动转换，便形成了振荡，电路工作波形如图 4-20（b）所示。

3）参数计算

下面求出电路的振荡周期 T、振荡频率 f 和占空比 q 等一些参数。

电容器 C 充电时间为

$$t_{W1} \approx 0.7(R_1 + R_2)C$$

电容器 C 放电时间为

$$t_{W2} \approx 0.7 R_2 C$$

振荡周期为

$$T = t_{W1} + t_{W2} \approx 0.7(R_1 + 2R_2)C$$

振荡频率为

$$f = \frac{1}{T} = \frac{1}{0.7(R_1 + 2R_2)C} \approx \frac{1.43}{(R_1 + 2R_2)C}$$

占空比（脉冲宽度与周期之比）q 为

$$q = \frac{t_{W1}}{T} = \frac{0.7(R_1 + R_2)C}{0.7(R_1 + 2R_2)C} = \frac{R_1 + R_2}{R_1 + 2R_2}$$

4）占空比可调的多谐振荡器

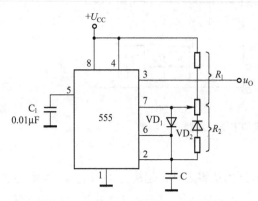

图 4-21　占空比可调的多谐振荡器电路

在图 4-20（a）所示电路中，占空比不可调。可以利用二极管单向导电性改变电容的充放电回路，即可改变输出波形的占空比，电路如图 4-21 所示。

当 $u_o=1$ 时，放电管 VT 截止，电源通过 R_1、VD_1 对电容 C 充电；当 $u_o=0$ 时，放电管 VT 导通，电容器 C 通过 VD_2、R_2 放电。所以充电时间 $T_{W1} \approx 0.7 R_1 C$，放电时间 $T_{W2} \approx 0.7 R_2 C$，则占空比 q 为

$$q = \frac{t_{W1}}{T} = \frac{0.7 R_1 C}{0.7(R_1 + R_2)C} = \frac{R_1}{R_1 + R_2}$$

只要改变电位器活动端的位置，就可以调节占空比 q。当 $R_1 = R_2$ 时，$q = 1/2$，u_o 输出为对称的矩形脉冲。

2．用 555 定时器构成施密特触发器

1）电路结构

将 555 定时器的 TH 端（2 脚）、$\overline{TR}$ 端（6 脚）连接起来作为信号的输入端，3 脚为输出端，电路如图 4-22（a）所示。

2）工作原理

设输入为三角波,如图 4-22(b)所示。由电路可知,当输入 $u_i < \frac{1}{3}U_{CC}$ 时,即 $u_{TH} = u_{\overline{TR}} < \frac{1}{3}U_{CC}$,输出 u_o 为高电平。当 $\frac{1}{3}U_{CC} < u_i < \frac{2}{3}U_{CC}$ 时,电路输出 u_o 维持原态不变,继续为高电平;当输入 $u_i > \frac{2}{3}U_{CC}$ 时,即 $u_{TH} = u_{\overline{TR}} > \frac{2}{3}U_{CC}$,电路发生翻转,输出 u_o 变为低电平;当 u_i 上升到峰值后,u_i 又开始下降,只要 $u_i > \frac{1}{3}U_{CC}$,电路的输出仍为低电平;当 $u_i < \frac{1}{3}U_{CC}$ 时,电路再次翻转,输出又返回高电平。该电路的工作波形如图 4-22(b)所示。

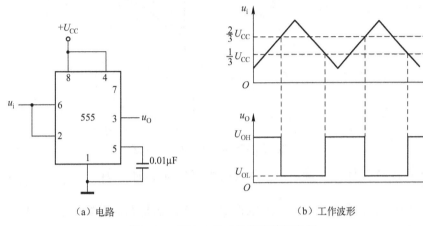

图 4-22 用 555 构成的施密特触发器

由上述分析可知,在输入信号 u_i 的上升过程中,当输入 $u_i > \frac{2}{3}U_{CC}$ 时,电路的输出由高电平变为低电平;而在输入信号下降过程中,当 $u_i < \frac{1}{3}U_{CC}$ 时,电路的输出由低电平变为高电平,可见电路具有回差特性。该电路的上限阈值电压 $U_{T+} = \frac{2}{3}U_{CC}$,下限阈值电压 $U_{T-} = \frac{1}{3}U_{CC}$,回差电压 $\Delta U_T = U_{T+} - U_{T-} = \frac{1}{3}U_{CC}$。

如果在控制电压端(5 脚)加控制电压 U_{CO},则上、下限阈值电压和回差电压均相应改变为

$$U_{T+} = U_{CO} \qquad U_{T-} = \frac{1}{2}U_{CO} \qquad \Delta U_T = \frac{1}{2}U_{CO}$$

3. 用 555 定时器构成单稳态触发器

1)电路结构

图 4-23(a)所示是用 555 定时器构成的单稳态触发器。R、C 为外接定时元件,复位控制端 TH(6 脚)与放电端 DIS(7 脚)相连并与定时元件连接,置位控制端 $\overline{TR}$(2 脚)作为触发信号输入端,输入信号低电平有效,控制信号端(5 脚)通过一个 0.01 μF 电容器接地。

2)工作原理

在无触发脉冲信号时,输入端 u_i 为高电平,即 $u_{\overline{TR}} > \frac{1}{3}U_{CC}$。接通电源后,$U_{CC}$ 通过 R

对 C 充电，当 $u_c(u_{TH}) > \frac{2}{3}U_{CC}$ 时，$u_o=0$，放电管饱和导通。随后，电容器 C 经 7 脚迅速放电，$u_c \approx 0$。这时满足：$u_{TH} < \frac{2}{3}U_{CC}$、$u_{\overline{TR}} > \frac{1}{3}U_{CC}$，电路将保持原态，即 $u_o=0$，此时为单稳态触发器的稳定状态。

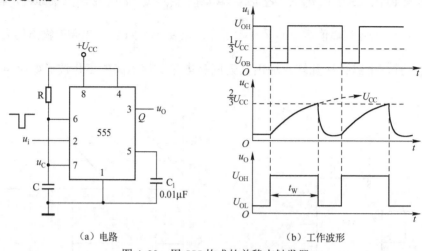

(a) 电路　　　　　　　　　(b) 工作波形

图 4-23　用 555 构成的单稳态触发器

当有触发脉冲信号，即输入 u_i 为低电平（窄负脉冲）时，满足：$u_{\overline{TR}} < \frac{1}{3}U_{CC}$，$u_{TH} < \frac{2}{3}U_{CC}$，则输出 u_o 变为高电平，放电管截止，电路由稳态进入暂稳态。这时，U_{CC} 通过 R 对 C 充电。当 u_c 上升到略大于 $\frac{2}{3}U_{CC}$ 时，满足 $u_{\overline{TR}} > \frac{1}{3}U_{CC}$，$u_{TH} > \frac{2}{3}U_{CC}$，输出 u_o 变为低电平，放电管饱和导通，电容器充电结束，又经 7 脚迅速放电，u_c 迅速下降为 0，电路从暂稳态又返回到稳态时的低电平。如图 4-23（b）所示是单稳态触发器的工作波形图。

3）输出脉冲宽度 t_W

由工作原理分析可知，输出脉冲宽度等于暂稳态维持的时间，也就是对电容器 C 的充电时间，用 t_W 表示。t_W 值的大小为

$$t_W \approx 1.1RC$$

单稳态触发器输出脉冲宽度 t_W 仅取决于定时元件 R、C 的取值，与输入触发信号和电源电压无关，调节 R、C 即可改变输出脉冲宽度。

注意：由 555 定时器构成的单稳态触发器，输入触发脉冲的宽度应小于输出脉冲的宽度（对电容的充电时间），否则电路不能正常工作。

知识拓展　石英晶体多谐振荡器

在数字系统中，常用矩形脉冲信号来控制和协调整个系统的工作。一般的振荡器都是通过电容器的充放电来控制两个暂稳态的交替变化，因此温度的变化、电源电压的波动等外界的干扰会使电路的振荡频率不稳定。而在许多场合下对矩形脉冲信号的振荡频率的稳定性有严格的要求。例如，数字钟的秒脉冲信号，它的频率稳定性直接影响着计时的准确性。为了提高频率的稳定性，目前普遍采用一种在基本多谐振荡器中接入石英晶体而组成的石英晶体多谐振荡器。

1. 石英晶体的特性

石英晶体特殊的物质结构使它具备如图 4-24（a）所示的电抗频率特性。

在石英晶体两端加不同频率的电压信号时，它表现出不同的电抗特性。当外加电压信号的频率 f 与石英晶体的固有频率 f_0 相同时，石英晶体的阻抗为 0。而石英晶体的固有频率 f_0 是由它本身的结晶方式和几何尺寸决定的，因此石英晶体具有极高的频率稳定性。

2. 工作原理

把石英晶体接入多谐振荡器的正反馈环路中后，频率为石英晶体固有频率 f_0 的电压信号最容易通过它，并在电路中形成正反馈。而其他频率的信号经过石英晶体时产生很大的电抗被衰减掉。因此石英晶体多谐振荡器的振荡频率 f 就是石英晶体的固有谐振频率 f_0，而与电路中的 R、C 数值无关。电路中因为石英晶体的固有频率 f_0 极为稳定，所以在输出端便可得到一个频率稳定性很高的矩形脉冲信号，其电路如图 4-25 所示。

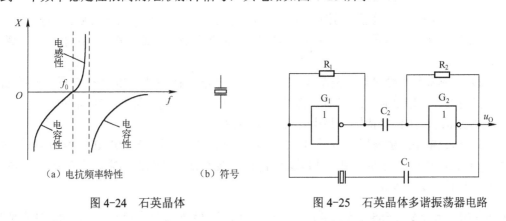

图 4-24　石英晶体　　　　　　　　图 4-25　石英晶体多谐振荡器电路

技能训练　脉冲发生器的测试

1. 实训目的

（1）掌握多谐振荡器、单稳态触发器和施密特触发器的工作特性及测试方法。

（2）熟悉用 555 定时器构成上述三种基本应用电路及其测试的方法。

（3）了解定时元件 R、C 与脉冲周期、脉冲宽度的关系。

2. 实训器材

数字电路实验箱 1 台，双踪示波器 1 台，集成电路 74LS04、74LS13、555 定时器各 1 块，电阻器、电容器若干。

3. 实训内容及操作

1）用门电路构成的多谐振荡器的功能测试

将 74LS04 按图 4-10 所示的电路连线，构成多谐振荡器，图中 $R=1\ \text{k}\Omega$，$C=0.047\ \mu\text{F}$。输出 u_o 接示波器，观察 u_o 的波形。改变 R、C 值的大小，观察 u_o 波形的变化情况。

2）用施密特触发器构成的多谐振荡器的功能测试

将施密特触发器 74LS13 按图 4-26 所示接线,从而构成多谐振荡器。$C=0.047\,\mu F$,$R=10\,k\Omega$ 的电位器,用双踪示波器示波器观察 u_i 和 u_o 的波形。改变 R 值,观察 u_i 和 u_o 波形的变化情况,并绘出波形图。

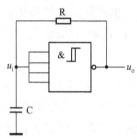

图 4-26 施密特触发器构成的多谐振荡器电路

3)用 555 定时器构成的 3 种应用电路的功能测试

(1)构成多谐振荡器。按图 4-20(a)所示连线,其中 $R_1=5.1\,k\Omega$,$R_2=10\,k\Omega$,$C_1=0.047\,\mu F$。用双踪示波器观察 u_C 和 u_o 的波形,并绘制出来。若改变 R、C 值的大小,观察波形的变化情况。

(2)构成施密特触发器。按图 4-22(a)所示连线,将 $10\,k\Omega$ 电位器 R 的中点接输入端 u_i,另两端分别接电源 U_{CC} 和地。改变电位器的阻值,分别测量对应的 u_i 和 u_o 值,绘出施密特触发器的电压传输特性,并找出阈值 U_{T+} 和 U_{T-}。

(3)构成单稳态触发器。按图 4-23(a)所示连线,其中 $C=0.01\,\mu F$,$R=47\,k\Omega$。输入端接入 $f=1\,kHz$ 的连续脉冲,用示波器观察 u_i 和 u_o 的波形,并绘制出来。改变 R、C 值的大小,观察波形的变化情况。

 想一想:为什么由 555 定时器构成的单稳态触发器的触发脉冲宽度要小于输出脉冲宽度?

4.实训总结

(1)画出实训连接线路图(包括所用集成电路的引脚排列图和功能表),整理有关波形,写出实训报告。

(2)对实训结果进行分析,得出结论。

(3)总结使用 555 定时器的体会。

项目制作 双音门铃的设计制作

1.项目制作目的

(1)掌握由 555 定时器构成的多谐振荡器的基本电路。

(2)掌握双音门铃的工作过程。

(3)通过对双音门铃的安装和调试,使学生掌握小型实用电路的制作,培养学生的学习兴趣和动手操作能力。

2.项目要求

1)制作要求

(1)设计出电路的原理图和印制板(PCB)图。
(2)列出元器件及参数清单。
(3)元器件的检测与预处理。
(4)元器件焊接与电路装配。
(5)在制作过程中及时发现故障并进行处理。

2)能力要求

(1)能独立进行电路工作原理的分析。
(2)熟练掌握555定时器、二极管、电容器等电子元器件识别、测量及使用。
(3)掌握双音门铃电路的安装、调试。

3. 认识电路及其工作过程

图 4-27 所示为双音门铃的原理图和印制电路板图。

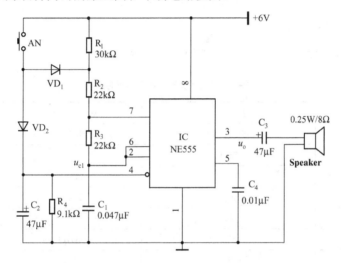

(a)原理图

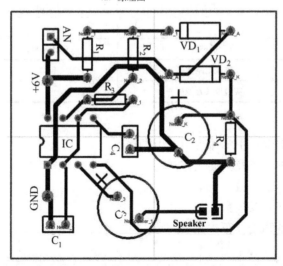

(b)印制电路板图

图 4-27 双音门铃

电路是由 555 构成的多谐振荡器组成。未按下按钮 AN 时，555 的 4 脚为低电平，则 3 脚输出保持低电平，门铃不响。当按下按钮 AN 时，电源经 VD_2 给 C_2 充电，使 4 脚电位升高，当变为高电平时电路起振，此时因 VD_1 导通，其振荡频率由 R_2、R_3、C_1 决定，电路发出"叮"的声音。断开按钮 AN 时，此时因 VD_1、VD_2 均不导通，电路的振荡频率由 R_1、R_2、R_3 和 C_2 决定，发出"咚"的声音。同时 C_2 经 R_4 放电，当 4 脚变为低电平时电路停振。"咚"声的余音长短可通过改变 C_2、R_4 的数值来调整。

"叮"的声音频率约为

$$f_1 \approx \frac{1}{0.7(R_2+2R_3)C_1} \approx 461\,\text{Hz}$$

"咚"的声音频率约为

$$f_2 \approx \frac{1}{0.7(R_1+R_2+2R_3)C_1} \approx 317\,\text{Hz}$$

4．元器件识别及检测

根据电路图配齐元器件，元器件清单如表 4-3 所示。

表 4-3 双音门铃电路元器件明细表

代 号	名 称	规格型号	数 量
IC	555 定时器	NE555	1
AN	按钮		1
R_1	电阻器	30kΩ	1
R_2、R_3	电阻器	22kΩ	2
R_4	电阻器	9.1kΩ	1
C_1	电容器	0.047μF	1
C_2、C_3	电容器	47μF	2
C_4	电容器	0.01μF	1
VD_1、VD_2	二极管	2CP12	2
Speaker	扬声器	0.25W/8Ω	1
	集成电路插座	8 脚	1
	实验板（万能板）		1

1）元器件识别

（1）熟悉 555 定时器的引脚排列图及引脚功能。

（2）熟悉扬声器的外形及其连接方法。

（3）掌握色环电阻的读数。

（4）掌握电容的识别及读数。

（5）掌握二极管的识别及正、负极判定。

2）元器件检测

用万用表的电阻挡对元器件进行检测，对不符合质量要求的元器件及时更换。尤其是二极管、电解电容、扬声器的检测。

5. 电路安装、焊接及测试

1）电路安装、焊接

按照 4-27（b）所示电路板图安装好元器件，焊接完成即可。

注意：集成电路 555 应安装在对应的 IC 插座上，应避免插反或引脚未完全插靠等现象；二极管、电解电容的正负极不要插反。焊接时要防止出现虚焊和桥连现象。

2）电路测试

（1）电路安装连接完毕后，对照原理图，仔细检查连接关系是否正确。

（2）用万用表检测电源是否有短路问题，待确认无误后，方可通电测试。

（3）测试要求：按下按钮 AN，再松开按钮，用示波器观察 u_{c1}、u_o 的波形，聆听扬声器的声音，并记录。

（4）完成测试，并分析测量结果。

想一想：双音门铃有无其他制作方法？采用 555 定时器还可以制作哪些实用电路？

1. 单稳态触发器有一个稳态和一个暂稳态。在外加触发信号时，电路从稳态进入暂稳态，经过一段时间后，电路自动返回到稳态。暂稳态维持时间的长短取决于电路本身的参数，即定时元件 R、C 的取值。广泛用于数字系统中的脉冲整形、延时和定时等电路。

2. 多谐振荡器又称为无稳态电路，它的输出状态在两个暂稳态之间交替变化，产生周期性的矩形脉冲信号。信号的振荡频率取决于电容器的充、放电时间。

3. 施密特触发器有两个相对稳定的状态，有两个不同的触发电平，因此具有回差特性，它可以把变化缓慢的输入波形变换成边沿陡峭的矩形波输出。常用于波形的变换、整形、幅度鉴别、构成多谐振荡器等。

4. 555 定时器是一种使用方便、灵活的集成电路。只需外接少量阻容性元件便可构成多谐振荡器、单稳态触发器和施密特触发器，广泛应用于脉冲信号的产生和变换、仪器与仪表电路、测量与控制电路、家用电器与电子玩具等许多领域。

自测题 4

4-1 判断题。

（1）施密特触发器可以将边沿缓慢的输入信号变换成矩形脉冲输出。（ ）

（2）555 定时器电源只能接+5 V 电压。（ ）

（3）555 定时器的直接复位端接低电平时，定时器的输出始终保持低电平。（ ）

（4）欲将三角波变换成矩形波，可采用多谐振荡器。（ ）

（5）多谐振荡器有两个暂稳状态。（ ）

（6）施密特触发器具有回差特性。（ ）

（7）单稳态触发器有一个稳定状态和一个暂稳状态。（ ）

4-2 单稳态触发器、施密特触发器和多谐振荡器各有什么特点？

4-3 试用 555 定时器设计一个多谐振荡器。要求：振荡频率为 1 kHz。画出电路并确定阻容元件的数值。

4-4 图 4-28 是由 CMOS 与非门和反相器构成的微分型单稳态触发器。已知输入负脉冲宽度 $t_{W1}=2\ \mu s$，电源电压 $U_{CC}=+10\ V$，$U_{TH}=+5\ V$，$R=5.1\ k\Omega$，$C=0.1\ \mu F$。

（1）分析电路工作原理，画出各点电压波形。

（2）估算输出脉冲宽度 t_W。

4-5 如图 4-29 所示为一简易触摸开关电路，当手摸金属片时，发光二极管亮；经过一段时间后，发光二极管灭。试说明电路工作原理，并计算发光二极管能亮多长时间。

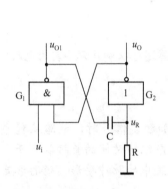

图 4-28 题 4-4 图

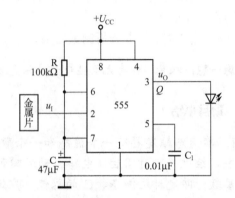

图 4-29 题 4-5 图

4-6 555 定时器连接如图 4-30（a）所示，试根据图 4-30（b）的输入波形画出输出波形。

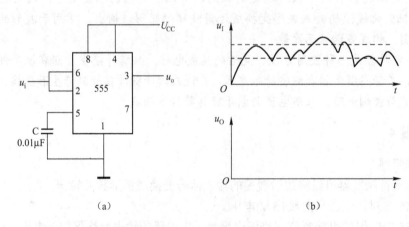

图 4-30 题 4-6 图

4-7 555 定时器构成的单稳态触发器如图 4-31 所示，$R=1\ M\Omega$，$C=10\ \mu F$，试估算脉冲宽度 t_W。

4-8 电路如图 4-32 所示，设二极管 VD_1、VD_2 为理想二极管，求占空比和振荡频率。

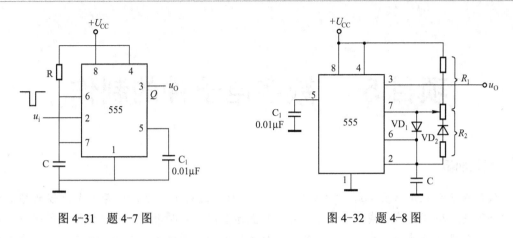

图 4-31 题 4-7 图　　　　　图 4-32 题 4-8 图

4-9　555 定时器连接如图 4-33（a）所示，试根据图 4-33（b）的输入波形确定输出波形。

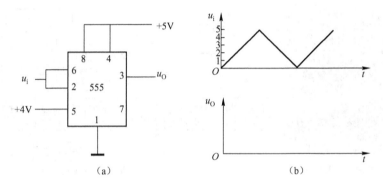

图 4-33 题 4-9 图

项目 5　数字电子钟的制作

 项目剖析

数字电子钟采用计数电路对"时"、"分"、"秒"进行数字显示,是一个比较典型的数字综合系统。与传统的机械钟表相比,它具有显示直观、走时准确、无机械传动等优点,广泛应用于车载电子钟和车站、机场、展馆等公共场所的大型电子钟显示装置中。一款自制数字电子钟的实物如图 5-1(a)所示,其一般组成原理框如图 5-1(b)所示。

　　　　　　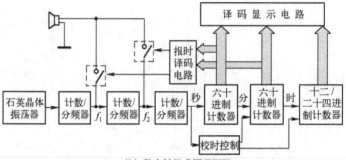

(a) 数字钟实物图(分、时部分)　　　　　　(b) 数字钟组成原理框图

图 5-1　整点报时数字电子钟

通过本项目的学习能使读者加深对时序逻辑电路的认识理解,完成数字电路知识的综合训练。如果能制作出实物进行焊接调试,可以进一步建立学习的信心并具有成就感。本项目要完成以下 3 个学习任务:

任务 1　计数器的分析;
任务 2　集成计数器及其应用;
任务 3　数字电子钟电路的剖析。

 学习目标

时序逻辑电路是数字电路的核心部分,它与组合逻辑电路的区别是具有存储和记忆功能,主要包括寄存器和计数器两大类电路(本项目主要学习计数器)。通过本项目的学习,应达到以下目标:

1. 了解计数器的基本概念;
2. 掌握二进制计数器和十进制计数器常用集成产品的功能及其应用;
3. 掌握实现任意进制的方法;
4. 掌握数字电子钟的电路组成、工作原理及制作方法。

任务 5.1　计数器的分析

任务目标

1. 了解时序电路的特点及其分类。
2. 掌握同步计数器的分析方法。
3. 学习异步计数器的分析方法和分频的概念。

5.1.1　认识时序电路

1. 时序电路的结构特点

在项目 2 中所学习的是组合逻辑电路（简称组合电路），其主要特点是任意时刻的输出仅由该时刻的输入状态决定，而与此前输入状态无关。在电路结构上是开环的，输出对输入没有反馈关系，如图 5-2（a）所示。

图 5-2（b）所示是另一类数字电路，电路的输出不仅与输入有关，而且还取决于该时刻电路的现态（原状态）Q^n。在任意给定时刻其输出状态由该时刻的输入与电路的原状态共同决定，这类电路称为时序逻辑电路（简称时序电路）。在电路组成上，输出与输入之间至少有一条反馈线，使电路能把输入信号作用时的状态（现态）Q^n 存储起来，或者作为产生新状态（次态）Q^{n+1} 的条件，这就使得时序电路具有了记忆功能。

图 5-2　组合电路与时序电路

时序电路由组合电路和存储器构成，其中存储器即为前面讲过的触发器，是构成时序电路必不可少的记忆单元。本项目主要研究由触发器构成的时序电路（计数器、寄存器等）的原理、功能及其分析方法。

时序电路有多种分类方式。主要的分类是按触发脉冲 CP 控制方式的不同，可划分为同步时序电路和异步时序电路两大类。同步时序电路是指其各触发器的 CP 端连在一起，所有触发器的状态变化受同一时钟脉冲的上升沿或下降沿统一控制（同步完成）；而异步时序电路中各触发器的 CP 端不全连在一起，各触发器的状态变化不受同一时钟脉冲的统一控制。

2. 同步时序电路的分析方法

所谓时序逻辑电路的分析，就是根据已知给定的时序电路逻辑图，分析确定出该电路的逻辑功能。其一般步骤如下。

（1）写相关方程式。根据已知的逻辑图，写出每个触发器的时钟方程（同步时序电路可不写）、驱动方程。所谓驱动方程即各触发器输入信号的逻辑关系表达式。

（2）求电路的状态方程（有输出端的还需求出输出方程）。状态方程是把驱动方程分别代入触发器特性方程所得到的各触发器次态 Q^{n+1} 表达式。

(3) 列状态表。状态表是电路对应时钟脉冲，由上状态方程，对应计算出各次态 Q^{n+1} 与各现态 Q^n 之间的关系表。

(4) 画出状态图，必要时需画出时序图。状态图是以图形的方式来描述计数器各状态的转换规律及其关系，状态图能更直观地表示计数器的工作过程。

(5) 确定时序电路的逻辑功能，进行必要的说明。一般来说，一个时序电路只要能画出它的状态图（或时序图）就可以确定其电路功能。

3. 同步时序电路分析举例

【例 5-1】 已知某一同步时序电路如图 5-3 所示，试分析其逻辑功能。

解：(1) 写相关方程式为

时钟方程为 $CP_0=CP_1=CP_2=CP$（同步电路，也可不写此时钟方程）

驱动方程为

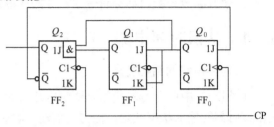

图 5-3 同步时序电路

$$\begin{cases} J_0 = \overline{Q_2^n}, K_0 = 1 \\ J_1 = K_1 = Q_0^n \\ J_2 = Q_0^n Q_1^n, K_2 = 1 \end{cases}$$

(2) 求状态方程为

$$\begin{cases} Q_0^{n+1} = J_0\overline{Q_0^n} + \overline{K}Q_0^n = \overline{Q_2^n} \cdot \overline{Q_0^n} \\ Q_1^{n+1} = J_1\overline{Q_1^n} + \overline{K_1}Q_1^n = Q_0^n \oplus Q_1^n \\ Q_2^{n+1} = J_2\overline{Q_2^n} + \overline{K_2}Q_2^n = Q_0^n Q_1^n \overline{Q_2^n} \end{cases}$$

(3) 列状态表。状态表如表 5-1 所示，由状态表可画出状态图如图 5-4 所示。

表 5-1 图 5-3 的状态表

计数脉冲 CP	$Q_2^n Q_1^n Q_0^n$	$Q_2^{n+1} Q_1^{n+1} Q_0^{n+1}$
1	0 0 0	0 0 1
2	0 0 1	0 1 0
3	0 1 0	0 1 1
4	0 1 1	1 0 0
5	1 0 0	0 0 0
无效状态	1 0 1	0 1 0
	1 1 0	0 1 0
	1 1 1	0 0 0

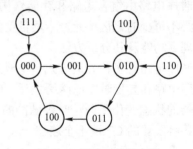

图 5-4 例 5-1 的状态图

(4) 电路功能说明。由状态图即可看出（无须再画出时序图），此电路为一个同步五进制加法计数器，且能自启动，所谓自启动是指无效状态（101、110、111 这三个状态）能自动返回到有效循环中来。

一般说来，时序电路的分析应按以上 4 步进行，但对于比较简单的电路，可略去有关步骤，直接求出状态表、状态图或时序图，即可以确定时序电路的功能。

5.1.2 计数器的分析方法

1. 计数器的概念

计数器是能对输入时钟脉冲的个数进行累计功能的时序逻辑电路,主要由触发器组合构成。计数器通常是数字系统中广泛使用的主要部件,除了计数功能外,还可用于分频、定时、产生节拍脉冲以及进行数字运算等。

计数器的种类繁多,分类方法也较多。

(1) 按计数长度(也称为模)可分为二进制、十进制及任意(N)进制计数器。

(2) 按计数时钟脉冲的引入方式(各触发器是否同时动作)可分为同步和异步计数器。

(3) 按计数值的增减方式可分为加法、减法及可逆计数器(或叫加/减计数器)等。

2. 同步计数器的分析

所谓同步计数器就是将计数脉冲 CP 同时加到各触发器的时钟端,使各触发器的输出状态在计数脉冲 CP 沿到来时同时改变。

1) 同步二进制加法计数器

(1) 电路组成。图 5-5 所示为由 4 个 JK 触发器接成 T 触发器的 4 位二进制(2^4=16 进制)同步加法计数器。在电路中,计数脉冲 CP 同时触发 4 个触发器,FF_3、FF_2 为多个 J、K 输入的集成 JK 触发器,其多个 J、K 信号可自动实现逻辑与功能。$\overline{R_D}$ 为异步清零端(低电平有效),当 $\overline{R_D}=0$ 时,$Q_3Q_2Q_1Q_0=0000$,使计数器的初始状态设置为 0 态。

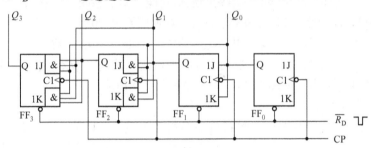

图 5-5 4 位二进制同步加法计数器

(2) 工作原理分析。

① 驱动方程为

$$\begin{cases} J_0 = K_0 = 1 \\ J_1 = K_1 = T_1 = Q_0^n \\ J_2 = K_2 = T_2 = Q_0^n Q_1^n \\ J_3 = K_3 = T_3 = Q_0^n Q_1^n Q_2^n \end{cases}$$

② 状态方程为

$$\begin{cases} Q_0^{n+1} = \overline{Q_0^n} \\ Q_1^{n+1} = T_1 \oplus Q_1^n = Q_0^n \oplus Q_1^n \\ Q_2^{n+1} = T_2 \oplus Q_2^n = Q_0^n Q_1^n \oplus Q_2^n \\ Q_3^{n+1} = T_3 \oplus Q_3^n = Q_0^n Q_1^n Q_2^n \oplus Q_3^n \end{cases}$$

③ 状态表，请自行讨论列出。

④ 状态图和时序图，根据状态表可画出状态图为图 5-6，时序图为图 5-7。

图 5-6　4 位二进制同步加法计数器的状态图

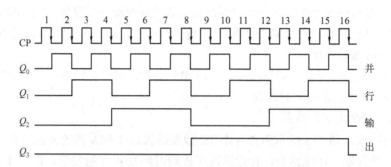

图 5-7　4 位二进制同步加法计数器的时序图

最后归纳分析结果，确定该时序电路的逻辑功能。由状态图可以看出，在 CP 脉冲作用下，输出 $Q_3Q_2Q_1Q_0$ 从 0000 依次递增到 1111，再返回到 0000 状态，共需要 16 个 CP 脉冲触发完成一个计数循环周期，所以该电路为 4 位二进制同步加法计数器（或十六进制）。

（3）同步计数器的特点。由于是同步计数器，所以其输出 $Q_3Q_2Q_1Q_0$ 状态在 CP 下降沿同时跳变，称为并行输出（见图 5-7），大大提高了工作速度。

2）同步十进制计数器

十进制计数器作为计数器的一种特例而显得尤为重要。因为人们习惯于十进制计数思维方式，所以在数字系统中常采用二-十进制计数器，它的原理是用 4 位二进制数代码表示 1 位十进制数，满足"逢十进一"的进位规律。这里介绍最常用的 8421BCD 码十进制同步计数器。

图 5-8 所示为一个由 4 个 JK 触发器构成的十进制同步加法计数器，图中与门输出 C 为十进制进位输出端。

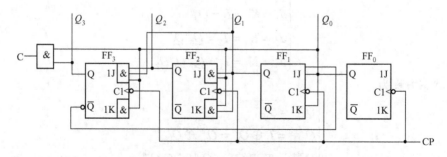

图 5-8　同步十进制加法计数器

由图 5-8 可求出电路的状态方程为

$$\begin{cases} Q_0^{n+1} = \overline{Q_0^n} \\ Q_1^{n+1} = \overline{Q_3^n} Q_0^n \overline{Q_1^n} + \overline{Q_0^n} Q_1^n \\ Q_2^{n+1} = Q_0^n Q_1^n \overline{Q_2^n} + \overline{Q_0^n Q_1^n} Q_2^n \\ Q_3^{n+1} = Q_0^n Q_1^n Q_2^n \overline{Q_3^n} + \overline{Q_0^n} Q_3^n \end{cases}$$

计数器的输出方程为

$$C = Q_0^n Q_3^n$$

由上面两个方程可列出状态表如表 5-2 所示。由状态表可画出状态图如图 5-9 所示，时序图如图 5-10 所示。

表 5-2 十进制加法计数器的状态表

计数脉冲 CP 序号	现态 Q_3^n	Q_2^n	Q_1^n	Q_0^n	次态 Q_3^{n+1}	Q_2^{n+1}	Q_1^{n+1}	Q_0^{n+1}	输出 C
1	0	0	0	0	0	0	0	1	0
2	0	0	0	1	0	0	1	0	0
3	0	0	1	0	0	0	1	1	0
4	0	0	1	1	0	1	0	0	0
5	0	1	0	0	0	1	0	1	0
6	0	1	0	1	0	1	1	0	0
7	0	1	1	0	0	1	1	1	0
8	0	1	1	1	1	0	0	0	0
9	1	0	0	0	1	0	0	1	0
10	1	0	0	1	0	0	0	0	1
无效状态	1	0	1	0	1	0	1	1	0
无效状态	1	0	1	1	0	1	0	0	1
无效状态	1	1	0	0	1	1	0	1	0
无效状态	1	1	0	1	0	1	0	0	1
无效状态	1	1	1	0	1	1	1	1	0
无效状态	1	1	1	1	0	0	0	0	1

$Q_3Q_2Q_1Q_0$ /C（CP↓）

```
                /0                              /0
         1110 ──→ 1111                   1010 ──→ 1011
                ↓ /1                            ↓ /1
         /0      /0      /0      /0      /1      /0
    0000 ──→ 0001 ──→ 0010 ──→ 0011 ──→ 0100 ←── 1101 ←── 1100
      ↑ /1         有效循环                ↓ /0
    1001 ←── 1000 ←── 0111 ←── 0110 ←── 0101
         /0      /0      /0      /0
```

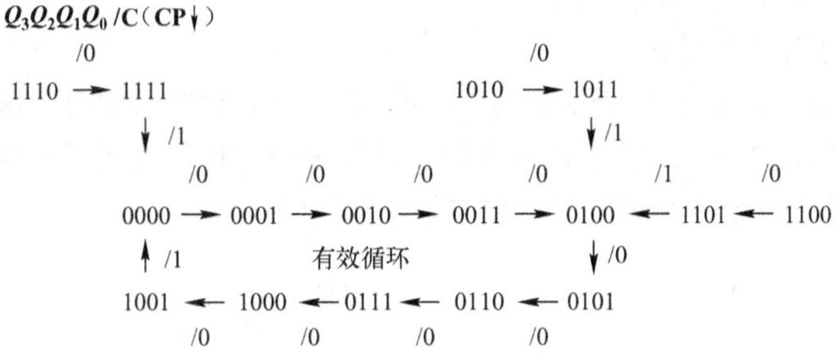

图 5-9 同步十进制加法计数器的状态图

从状态图（图 5-9）可知，在 CP 作用下，电路按 0000～1001 这 10 个有效状态完成一个计数周期，其余 6 个状态 1010～1111 均为无效状态而在有效循环之外。可以看出，在 CP 脉冲作用下 1010～1111 这 6 个状态能自动进入有效循环中来，所以该电路具有自启动能力。

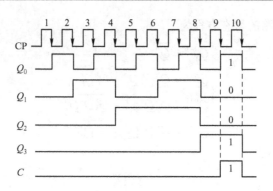

图 5-10 同步十进制加法计数器的时序图

从时序图（见图 5-10）可见，十进制计数器只按照有效循环工作，时序图中并不体现无效状态。当电路状态转换到 1001（即十进制数 9）时，进位信号 C 变成高电平 1，但此时并不表示有进位；只有当第 10 个 CP 脉冲下降沿到来时，C 才会产生一个下降沿，表示产生一个进位信号（逢十进一）去触发下一级的计数器，同时电路返回到初始 0000 状态。进位端 C 主要在今后用做多位计数器的级联端。

3）N 进制计数器

除了二进制、十进制计数器之外，在日常生活和实际工作中，往往还需要其他不同进制（如 3、5、6、7、12、24、60 进制等）的计数器，例如，时钟秒、分、小时之间的关系和工业生产线上产品包装个数的控制等，把这些计数器统称为任意（N）进制计数器。

N 进制计数器的构成方式及工作原理与十进制计数器基本相同，同样存在无效状态，需要判断能否自启动问题等，这里不再详细讨论。

3. 异步计数器的分析

所谓异步计数器是指各触发器的计数脉冲 CP 端没有连在一起，即各触发器不受同一 CP 脉冲的控制，在不同的时刻翻转。

二进制异步计数器是计数器中最基本的形式，一般由 T′ 型（计数型）的触发器连成，计数脉冲加到最低位触发器的 CP 端。

1）二进制异步加法计数器

（1）电路组成。如图 5-11 所示，由 3 个下降沿 JK 触发器构成，JK 触发器的输入端 J、K 均悬空（或接高电平），即为 T′ 触发器。计数脉冲 CP 加在最低位触发器 FF_0 的时钟端，低一位触发器的输出 Q 端依次触发高位触发器的时钟端。

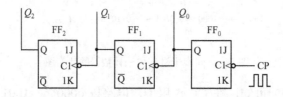

图 5-11 二进制异步加法计数器

（2）工作原理。电路工作时，每来一个计数脉冲，FF_0 的输出 Q_0 翻转一次，高位触发器在其相邻低位触发器 Q 端由 1 变为 0（输出下降沿）时翻转。

由此可得该计数器如表 5-3 所示的状态表，由状态表可变换为如图 5-12 所示的状态图。在状态图中，可直观地看出输出状态 $Q_2Q_1Q_0$ 在 CP 脉冲触发下，由初始 000 状态依次递增到 111 状态，再回到 000 状态。一个工作周期需要 8 个 CP 下降沿触发，所以是 3 位二进制（八进制）异步加法计数器。

表 5-3 异步加法计数器状态表

CP 脉冲序号	计数器状态		
	Q_2	Q_1	Q_0
0	0	0	0
1	0	0	1
2	0	1	0
3	0	1	1
4	1	0	0
5	1	0	1
6	1	1	0
7	1	1	1
8	0	0	0

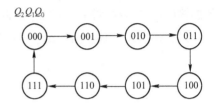

图 5-12 异步加法计数器状态图

为了清楚地描述 $Q_2Q_1Q_0$ 状态受 CP 脉冲触发的时序关系，还可以用时序波形图来表示计数器的工作过程，如图 5-13 所示，图中向下的箭头表示下降沿触发。另外，由时序图可看出计数器的分频功能：Q_0 的频率是 CP 的 1/2；Q_1 频率是 CP 的 1/4（$1/2^2$）；Q_2 频率是 CP 的 1/8（$1/2^3$），即高一位的频率是低一位的 1/2，称之为 2 分频。由 n 个触发器构成的二进制计数器，最高位触发器能实现 2^n 分频，即实现了定时的作用（输出周期扩大了 2^n 倍）。

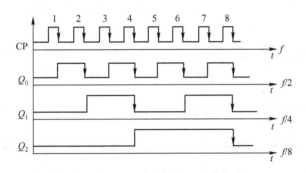

图 5-13 异步加法计数器的时序图及其分频功能

知识链接

分 频 作 用

分频作用在实际电子产品中的应用十分广泛。除了 2 分频外，还有 10 分频等其他形式，用一个十进制计数器即可以实现 10 分频。例如，石英钟的机芯晶振的频率 f_i 为 1 MHz，为了得到时钟的秒（即 1 Hz）信号输出频率 f_0，可以采用 6 个十进制计数器进行 10^6 分频来实现，如图 5-14 所示。

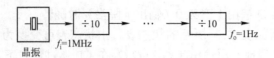

图 5-14　晶振分频实现秒信号电路

2）二进制异步减法计数器

图 5-15 所示电路为 3 位二进制异步减法计数器。图中 JK 触发器连成 T′ 型，低一位触发器的输出 $\overline{Q}$ 依次接到高一位的时钟端。不难分析，当连续输入计数脉冲 CP 时，计数器的状态如表 5-4 所示，状态图为图 5-16，时序图为图 5-17。

表 5-4　异步减法计数器状态表

CP 脉冲序号	计数器状态		
	Q_2	Q_1	Q_0
0	0	0	0
1	1	1	1
2	1	1	0
3	1	0	1
4	1	0	0
5	0	1	1
6	0	1	0
7	0	0	1
8	0	0	0

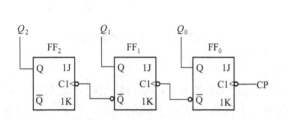

图 5-15　二进制异步减法计数器

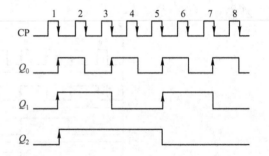

图 5-17　二进制异步减法计数器的时序图

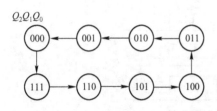

图 5-16　减法计数器状态图

由状态图可以看出，减法计数器的计数特点与加法计数器相反：每输入一个 CP 脉冲，$Q_2Q_1Q_0$ 的状态数减 1，当输入 8 个 CP 后，$Q_2Q_1Q_0$ 减小到 0，完成一个计数周期。

由时序图可以看出，除最低位触发器 FF_0 受 CP 的下降沿直接触发外，其他高位触发器均受低一位的 $\overline{Q}$ 下降沿（即 Q 的上升沿）触发。同样，减法计数器也具有分频功能。

异步计数器也可以用 D 触发器连成的 T′ 触发器实现。由于 D 触发器为上升沿触发，所以在分析时注意时序触发沿与 JK 触发器相反，其他功能则完全相同。

3）异步计数器的特点

异步计数器结构简单，电路工作可靠；缺点是速度较慢，这是因为计数脉冲 CP 只加在最低位 FF_0 触发器的时钟端，其他高位触发器要由相邻的低位触发器的输出端来触发，因而各触发器的状态变化不是同时进行，而是"异步"的。

任务 5.2 常用集成计数器及其应用

任务目标

1. 了解常用集成计数器的特点及其分类。
2. 掌握集成计数器的功能及分析方法，要求能读懂功能表。
3. 掌握用集成计数器构成任意进制计数器的方法。

5.2.1 熟悉常见集成计数器的型号

集成计数器芯片种类繁多，同型产品包括 TTL 和 CMOS 两大系列。这两种系列产品逻辑功能相同，逻辑符号、引脚图、型号通用，区别在于二者内部结构与性能有所差别。一般说来，CMOS 系列性能优于 TTL 系列，并且发展势头迅猛，但这并不代表 TTL 产品已经被淘汰。相反，在要求不高的情况下，选用 TTL 系列即可以满足实际需要。

在常用的集成计数器芯片中，74 系列有 74LS160/161、74LS162/163、74LS190/191、74LS192/193 等；CMOS 系列有 CD4510、CD4518 等。其中 74LS160～163 为可预置数加法计数器；74LS190～193 为可预置数加/减可逆计数器（其中 74LS192/193 为双时钟）；CD4518 为双十进制计数器。

5.2.2 74 系列同步十进制/十六进制加法计数器(74LS160～163)

1. 器件认识

74LS160～163 均在计数脉冲 CP 的上升沿作用下进行加法计数，其中 74LS160/161 二者引脚相同，逻辑功能也相同，所不同的是 74LS160 为十进制，而 74LS161 为十六进制。下面以 74LS160/161 为例进行介绍。

1）器件符号与引脚图

74LS160/161 的逻辑符号和引脚排列如图 5-18 所示。其中 $\overline{R_D}$ 为异步清零端，$\overline{LD}$ 为同步置数端，EP、ET 为保持功能端，CP 为计数脉冲输入端，D_0～D_3 为预置数据端，Q_0～Q_3 为输出端，RCO 为进位输出端。逻辑功能表为表 5-5。

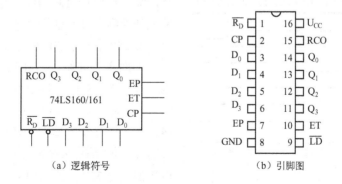

图 5-18 计数器 74LS160/161

表 5-5 集成计数器 74LS160/161 的逻辑功能表

输入									输出				功能说明
$\overline{R_D}$	$\overline{LD}$	EP	ET	CP	D_3	D_2	D_1	D_0	Q_3	Q_2	Q_1	Q_0	
0	×	×	×	×	×	×	×	×	0	0	0	0	异步清零
1	0	×	×	↑	d_3	d_2	d_1	d_0	d_3	d_2	d_1	d_0	同步置数
1	1	0	×	×	×	×	×	×	Q_3	Q_2	Q_1	Q_0	保持
1	1	×	0	×	×	×	×	×	Q_3	Q_2	Q_1	Q_0	
1	1	1	1	↑	×	×	×	×	同步加法计数				计数

2）器件功能分析

由表 5-5 可知，74LS160/161 具有以下几种功能。

（1）异步清零。当 $\overline{R_D}$=0 时，使计数器清 0。由于 $\overline{R_D}$ 端的清 0 功能不受 CP 控制，故称为异步清零。

（2）同步置数。当 $\overline{LD}$=0，但还需要 $\overline{R_D}$=1（清 0 无效），且逢 CP = CP↑ 时，使 $Q_3Q_2Q_1Q_0 = D_3D_2D_1D_0$，即将初始数据 $D_3D_2D_1D_0$ 送到相应的输出端，实现同步预置数据。

（3）保持功能。当 $\overline{R_D}$ = $\overline{LD}$=1，同时 EP、ET 中有一个为 0 时，无论有无计数脉冲 CP 输入，计数器输出保持原状态不变。

（4）计数功能。当 $\overline{R_D}$ = $\overline{LD}$ =EP=ET=1（均无效），且逢 CP = CP↑ 时，74LS160/161 按十进制/十六进制加法方式进行计数。

 想一想：74LS160/161 有多个输入信号？同样是输入信号，它们的控制优先权一样吗？

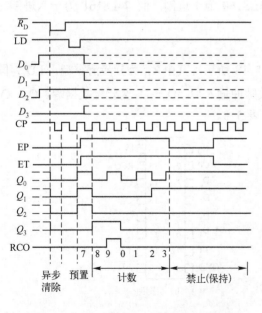

图 5-19 同步计数器 74LS160 的时序图

3）时序图

图 5-19 所示为同步十进制计数器 74LS160 的时序图。从时序图能直观地看到，$\overline{R_D}$、$\overline{LD}$、EP、ET 均为低电平（L）有效，且控制级别均高于 CP 脉冲，其中 $\overline{R_D}$ 级别最高，其次是 $\overline{LD}$、EP、ET。当第 10 个 CP 脉冲上升沿到来时，进位信号 RCO 来一个下降沿，表示产生一个进位信号（逢 10 进 1）。

上面主要介绍了 74LS160/161 的逻辑功能。现将 74LS160～74LS163 的性能进行综合比较，如表 5-6 所示。由表 5-6 可见，74LS162/163 与 74LS160/161 的主要区别是同步清零。所谓同步清零是指当清零端 $\overline{R_D}$ 为低电平时，还需在 CP↑作用下，才能完成清 0 功能。

表 5-6　74LS160～74LS163 的功能比较

型号 \ 功能	进制	清零	预置数
160	十进制	低电平异步	低电平同步
161	十六进制	低电平异步	低电平同步
162	十进制	低电平同步	低电平同步
163	十六进制	低电平同步	低电平同步

2. 器件应用

在集成计数器的实际产品中，一般只有二进制和十进制计数器两大类，但在实际应用中，常要用到其他进制计数器。例如，在时钟电路中，要有二十四进制和六十进制计数器等。利用 MSI（Medium Scale Integration，中规模集成电路）计数器芯片的外部不同方式的连接或片间组合，可以很方便地构成任意（N）进制计数器。下面介绍几种常用的计数器进制转换方法。

1）反馈清零法

反馈清零法是将 N 进制计数器的输出 $Q_3Q_2Q_1Q_0$ 中等于 "1" 的输出端，通过一个与非门反馈到清零端 $\overline{R_D}$，使输出回零，故也称为 N 值法。

图 5-20（a）所示，是 74LS160/161 采用反馈清零法构成的六进制计数器电路。因为 N=6，其对应的二进制数为 0110（即 $Q_3Q_2Q_1Q_0$=0110），所以将 Q_2、Q_1 通过与非门接至清零端 $\overline{R_D}$，当第 6 个 CP↑到来时，Q_2、Q_1 均为 "1"，经与非后使 $\overline{R_D}$=0，同时计数器清 0，从而实现了六进制计数，状态转换过程如图 5-20（b）所示。

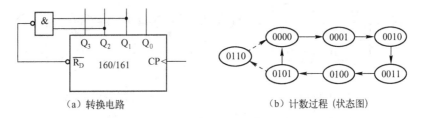

（a）转换电路　　　　　（b）计数过程（状态图）

图 5-20　74LS160/161 采用反馈清零法实现六进制计数器

注意：这里的 0110 只是一个不稳定的过渡状态（如虚线所示），不是计数状态。

2）预置数法

预置数法是利用预置数端 $\overline{LD}$ 和数据输入端 $D_3D_2D_1D_0$ 来实现的，因 $\overline{LD}$ 是同步预置数，所以只能采用 N-1 值反馈法。

仍以实现六进制问题为例，用预置数法实现的电路如图 5-21（a）所示。先令 $D_3D_2D_1D_0$=0000，并以此为计数初始状态。当第 5 个 CP↑到来时，$Q_3Q_2Q_1Q_0$=0101，则 $\overline{LD}=\overline{Q_2Q_0}$=0，置数功能有效，但此时还不能置数（因第 5 个 CP↑已过去），只有当第 6 个 CP↑到来时，才能同步置数使 $Q_3Q_2Q_1Q_0$= $D_3D_2D_1D_0$=0000，完成一个计数周期，计数过程如图 5-21（b）所示。

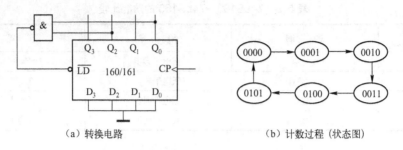

(a) 转换电路　　　　　　　　　　(b) 计数过程（状态图）

图 5-21　74LS160/161 预置数法实现六进制计数

相比反馈清零法，预置数法的最大好处是可以使计数器的初始状态为任意状态（不固定在 0000 态上）。

想一想：如果初始为非零态，如何进行计数器进制的转换呢？读者能否举个例子说明这种情况应用在什么场合？

3）进位输出置最小数法

进位输出置最小数法是将进位输出 RCO 经非门反馈到 $\overline{\text{LD}}$ 端，令数据端 $D_3D_2D_1D_0$ 预置最小数 M 对应的二进制数，则 M 是初始计数状态。

例如，用 74LS161 实现九进制计数器，构成电路如图 5-22（a）所示。因为 $N=9$，最小数 $M=2^4-9=7$（对应二进制数 0111），令 $D_3D_2D_1D_0=0111$，则可实现 0111～1111 共 9 个有效状态，如图 5-22（b）所示。

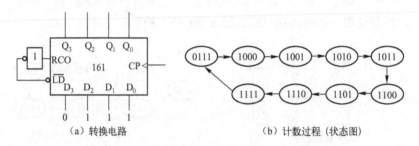

(a) 转换电路　　　　　　　　　　(b) 计数过程（状态图）

图 5-22　74LS161 进位输出置最小数法实现九进制计数器

值得注意的是，当要实现的进制超过了十进制（如十二进制），就只能选用 74LS161，而不能再用 74LS160 了。

4）有关级联的问题

一片 74LS160/161 只能实现十/十六进制以内的计数器，当超过十/十六进制的时候，就需用多片计数器来实现，这就产生了级联问题，所谓级联就是片与片之间的连接关系。

（1）异步级联方式。用低位计数器的进位输出 RCO 触发高位计数器的计数脉冲 CP 端，由于各片的 CP 端没有连在一起，所以为异步连接方式。

如图 5-23 所示是 2 片 74LS160 采用异步级联方式实现的二十四进制计数器电路，具体原理读者可自行分析。应该注意的是：因为 74LS160 在 CP↑计数，而 RCO 在第 10 个 CP↓

产生进位输出,为了达到同步进位,必须在两级之间串入一个非门进行反相。

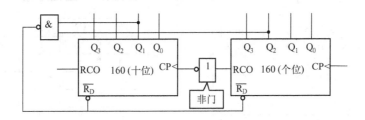

图 5-23　74LS160 采用异步级联方式实现二十四进制计数器

异步级联方式结构简单,方便易行,但由于是异步工作方式,高位计数器必须等待低位的一个计数周期运算完毕产生进位后,才能开始计数,所以工作速度较慢。

(2) 同步级联方式。用低位的进位输出 RCO 端触发高位的 EP、ET 端,由于各片的 CP 端都连在一起,所以为同步连接方式。

图 5-24 是 3 片 74LS161 用同步级联的方式实现 4096 进制计数器电路。在图 5-24 中,高位片的 EP、ET 分别受低位片的 RCO 端触发,而每片的 RCO 在计数到 1111 状态时产生高电平 1 使高位片开始计数(EP= ET =1),只有当 3 片的十二位输出全为 1(即 $Q_{11} \sim Q_0 = 11\cdots1$)后,再来一个 CP 脉冲(即第 $2^{12} = 4096$ 个 CP↑)触发时,最高位片Ⅲ的 RCO 端才产生一个进位信号,所以为 4096 进制。

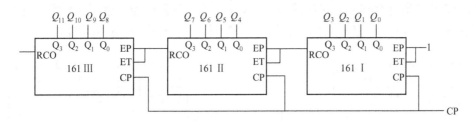

图 5-24　74LS161 同步级联构成 4096 进制计数器

5.2.3　CMOS 系列双十进制加法计数器(CD4518)

1. 器件认识

1) 引脚排列图

CD4518 是较常用的一种 CMOS 同步十进制计数器,主要特点是时钟触发既可用上升沿,也可用下降沿,输出为 8421 码。CD4518 的引脚排列如图 5-25 所示。

2) 逻辑功能介绍

CD4518 内含有两个完全相同的十进制计数器。每一个计数器,均有两个时钟输入端 CP 和 EN。若从 CP 端输入时钟信号,则要求上升沿触发,同时将 EN 端设置为高电平;若从 EN 端输入时钟信号,则要求下降沿触发,同时将 CP 端设置为低电平。CR 端为清零信号输入端,当在该脚加高电平或正脉冲时,计数器的各输出端均为零电平。CD4518 的逻辑功能如表 5-7 所示。

表 5-7　CD4518 的逻辑功能表

输入			输出
CR	CP	EN	
1	×	×	全部为 0
0	↑	1	加计数
0	0	↓	加计数
0	↓	×	保持
0	×	↑	
0	↑	0	
0	1	↓	

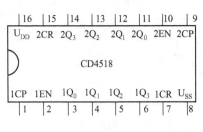

图 5-25　CD4518 引脚排列图

2. 器件应用实例

【例 5-2】　试用一片双 BCD 同步十进制加法计数器 CD4518 构成二十四进制计数器。

解：每当个位计数器计数到 9（1001）时，再来一个 CP 信号触发，即可使个位计数器回 0（0000）；此时，十位计数器的 2EN 端获得一个脉冲下降沿使之开始计数，计入 1。当十位计数器计数到 2（0010），个位计数器计数到 4（0100）时，通过与门控制使十位计数器和个位计数器同时清零，从而实现二十四进制计数，如图 5-26 所示。

　想一想：如何用一片双 BCD 同步十进制加法计数器 CD4518 构成六十进制计数器？

实现六十进制计数器的电路如图 5-27 所示。个位计数器为十进制计数器，当十位计数器计数到 6（0110）时，通过与门控制使其清零，从而实现了六十进制计数。

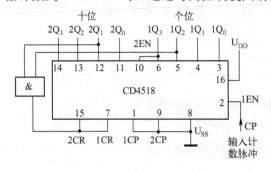

图 5-26　用 CD4518 构成二十四进制计数器

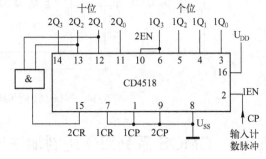

图 5-27　用 CD4518 构成六十进制计数器

知识拓展 1　常用异步计数器芯片及其应用

常见的集成异步计数器芯片型号有 74LS290、74LS292、74LS293、74LS390、74LS393 等几种，它们的功能和应用方法基本相同，下面以二-五-十进制异步计数器（74LS290）为例加以介绍。

74LS290 芯片主要有 STDTTL（标准 TTL 电路）和 LSTTL（低功耗肖特基 TTL 电路）两种系列产品，这两者的逻辑符号、引脚排列图与逻辑功能完全相同，区别在于所采用的集成工艺上的差异。

1. 74LS290 芯片及其逻辑功能

74LS290 的逻辑符号及引脚排列如图 5-28 所示。其中，$S_{9(1)}$、$S_{9(2)}$ 称为直接置"9"

端，$R_{0(1)}$、$R_{0(2)}$ 称为直接置"0"端；$\overline{CP_0}$、$\overline{CP_1}$ 端为计数脉冲输入端，$Q_3Q_2Q_1Q_0$ 为输出端，NC 表示空脚。

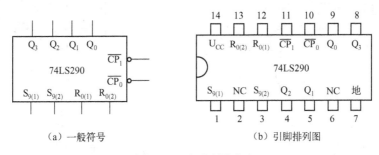

图 5-28 异步二-五-十进制计数器 74LS290

74LS290 是一种较为典型的中规模集成异步计数器，其内部分为二进制和五进制计数器两个独立的部分，如图 5-29 所示。其中二进制计数器从 $\overline{CP_0}$ 输入计数脉冲，从 Q_0 端输出；五进制计数器从 $\overline{CP_1}$ 输入计数脉冲，从 $Q_3Q_2Q_1$ 端输出。这两部分既可单独使用，也可连接起来使用构成十进制计数器，"二-五-十进制型计数器"由此得名。

表 5-8 所示为 74LS290 的逻辑功能表。

表 5-8 74LS290 逻辑功能表

$S_{9(1)}$	$S_{9(2)}$	$R_{0(1)}$	$R_{0(2)}$	$\overline{CP_0}$	$\overline{CP_1}$	Q_3	Q_2	Q_1	Q_0
H	H	L	×	×	×	1	0	0	1
H	H	×	L	×	×	1	0	0	1
L	×	H	H	×	×	0	0	0	0
×	L	H	H	×	×	0	0	0	0
\multicolumn{2}{c}{$S_{9(1)} \cdot S_{9(2)}=0$}	\multicolumn{2}{c}{$R_{0(1)} \cdot R_{0(2)}=0$}	CP	0	\multicolumn{4}{c}{二进制}
				0	CP	\multicolumn{4}{c}{五进制}
				CP	Q_0	\multicolumn{4}{c}{8421 十进制}
				Q_3	CP	\multicolumn{4}{c}{5421 十进制}

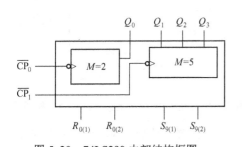

图 5-29 74LS290 内部结构框图

由表 5-8 可知其逻辑功能如下。

（1）直接置 9：当 $S_{9(1)}$、$S_{9(2)}$ 全为高电平（H），$R_{0(1)}$、$R_{0(2)}$ 中至少有一个低电平（L）时，不论其他输入 $\overline{CP_0}$、$\overline{CP_1}$ 如何，$Q_3Q_2Q_1Q_0$=1001，故又称为异步置 9 功能。

（2）直接置 0：当 $R_{0(1)}$、$R_{0(2)}$ 全为高电平，$S_{9(1)}$、$S_{9(2)}$ 中至少有一个低电平时，不论其他输入状态如何，计数器输出 $Q_3Q_2Q_1Q_0$=0000，故又称为异步清零功能或复位功能。

（3）计数：当 $R_{0(1)}$、$R_{0(2)}$ 及 $S_{9(1)}$、$S_{9(2)}$ 不全为 1，输入计数脉冲 CP 时，开始计数。如图 5-30 所示是它的几种基本计数方式。

① 二-五进制计数。当由 $\overline{CP_0}$ 输入计数脉冲 CP 时，Q_0 为 $\overline{CP_0}$ 的二分频输出，图 5-30（a）所示；当由 $\overline{CP_1}$ 输入计数脉冲 CP 时，Q_3 为 $\overline{CP_1}$ 的五分频输出，如图 5-30（b）所示。

② 十进制计数。若将 Q_0 与 $\overline{CP_1}$ 连接，计数脉冲 CP 由 $\overline{CP_0}$ 输入，先进行二进制计数，再进行五进制计数，这样即组成标准的 8421 码十进制计数器，如图 5-30（c）所示，这种计数方式最为常用。若将 Q_3 与 $\overline{CP_0}$ 连接，计数脉冲 CP 由 $\overline{CP_1}$ 输入，先进行五进制计数，再进行二进制计数，即组成 5421 码十进制计数器，如图 5-30（d）所示。

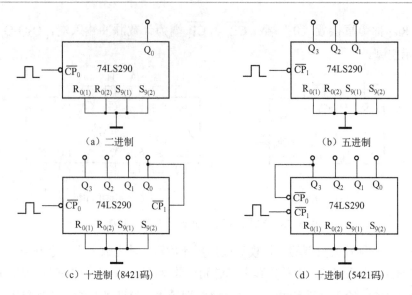

(a) 二进制　　　　　　　　　　　(b) 五进制

(c) 十进制（8421码）　　　　　　(d) 十进制（5421码）

图 5-30　74LS290 的基本计数方式

2. 74LS290 的应用

通过对 74LS290 引脚进行不同方式的连接——主要采用反馈归零法（复位法），可以构成任意（N）进制计数器（分频器）。

1）构成十进制以内的 N 进制计数器

图 5-31 所示是利用 74LS290 构成的七进制加法计数器。图中 74LS290 连成 8421 码十进制方式，在计数脉冲 CP 的作用下，当计数到 0111

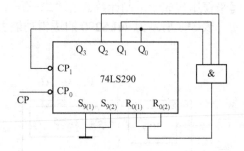

图 5-31　74LS290 构成七进制计数器的接线图

（7）状态时，$Q_2Q_1Q_0$=111，与门输出反馈使 $R_{0(1)} \cdot R_{0(2)}$ =1，置 0 功能有效，计数器迅速复位到 0000 状态。显然，0111 是一个极短的过渡状态（10 ns 左右），即刚到 0111 状态时就迅速清零，所以实际出现的计数状态为 0000～0110 这 7 种（而不含有 0111），故为七进制计数器。

2）构成十进制以上的 N 进制计数器

图 5-32 是利用两片 74LS290（Ⅰ、Ⅱ）构成的六十八进制加法计数器。由于超过了十进制，所以必须用两片 74LS290，其中个位（片Ⅰ）的 Q_3 端与十位（片Ⅱ）的 $\overline{CP_0}$ 相连，满足"逢十进一"规律，称之为级联进位。用两片 74LS290 可以构成 100 以内的任意进制计数器。

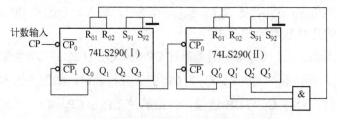

图 5-32　用 74LS290 实现六十八进制计数器

首先可以分别写出 N=68 进制的个位（片Ⅰ）和十位（片Ⅱ）的 8421 码。个位为 1000（片Ⅰ），十位为 0110（片Ⅱ）。当计数到 68 时，与门的输出 $Q_3Q_2'Q_1'$=1，同时引到两片

74LS290 的 $R_{0(1)}$、$R_{0(2)}$ 端，使两片 74LS290 同时回零。

3）可靠归零问题

采用反馈归零法，连接方法十分简单，但存在不能可靠归零（复位）的问题。例如，在图 5-32 中，当第 68 个 CP 脉冲输入后，计数器 $N=68$，即片 I 为 $Q_3Q_2Q_1Q_0=1000$，片 II 为 $Q_3'Q_2'Q_1'Q_0' = 0110$ 状态，而这个状态一旦出现，又立即使计数器置 0 而脱离这个状态，所以计数器停留在 $N=68$ 这个状态的时间极短，那么置 0 信号的作用时间也极短。因为计数器中各触发器性能上有所差异，它们的复位速度有快、有慢，而只要有一个动作速度较快的首先回 0，计数器的置 0 信号立即消失。这就可能使速度较慢的触发器来不及复位，造成整个计数器不能可靠归零，从而导致电路误动作的现象。

为了提高复位的可靠性，在图 5-33 中，利用一个基本 RS 触发器，把反馈复位脉冲锁存起来，保证复位脉冲有足够的作用时间，直到下一个计数脉冲高电平到来时复位信号才消失，并在下降沿到来时，重新开始计数。

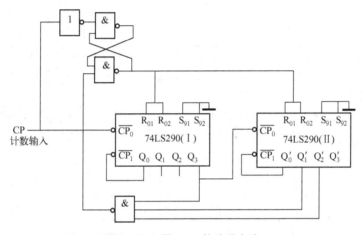

图 5-33　图 5-32 的改进电路

3. 其他型号说明

为了与 74LS290 对比，将其他型号异步计数器含义说明如下。

74LS292：可编程分频/数字定时器（最大 2^{31}）。

74LS293：4 位二进制计数器。

74LS390：双二-五-十进制计数器。

74LS393：双 4 位二进制计数器（异步清零）。

具体功能可查阅有关集成电路手册，使用方法可参考 74LS290。

任务 5.3　数字电子钟电路剖析

任务目标

1. 认识数字电子钟的原理电路。
2. 剖析数字电子钟各组成部分的功能。

5.3.1 数字电子钟的电路组成

图 5-34 所示是数字钟的电路原理图。由图可见，该数字钟由秒脉冲发生器，六十进制"秒"、"分"计时电路和二十四进制"时"计时电路，时、分、秒译码显示电路，校时电路和整点报时电路等 5 部分组成。

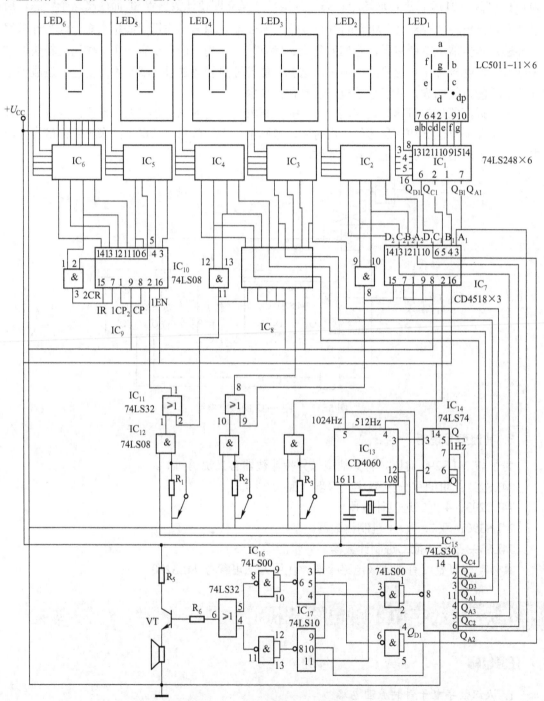

图 5-34 数字电子钟电路原理图

5.3.2 数字电子钟的工作原理

1. 秒信号发生器

图 5-35 所示,秒信号发生器可以产生频率为 1 Hz 的时间基准信号,为整个数字钟提供秒信号(1 s)触发脉冲。

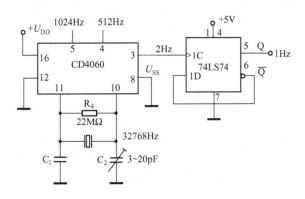

图 5-35 秒脉冲发生器

秒信号发生器中一般采用 32768(2^{15})Hz 石英晶体振荡器,经过 15 级二分频,获得 1 Hz 的秒信号。其中 CD4060 是 14 级二进制计数器/分频器/振荡器,它与外接电阻器、电容器、石英晶体共同组成 2^{15}=32 768 Hz 振荡器,然后进行 14 级二分频,再外加一级 D 触发器(74LS74)二分频,最后输出 1 Hz 的时基秒信号。CD4060 的引脚排列如图 5-36 所示,表 5-9 为 CD4060 的逻辑功能表,图 5-37 为 CD4060 的内部逻辑框图。

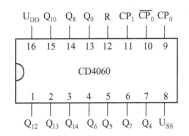

图 5-36 CD4060 的引脚排列图

表 5-9 CD4060 的逻辑功能表

R	CP	功能
1	×	清零
0	↑	保持
0	↓	计数

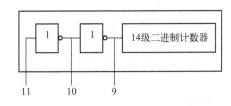

图 5-37 CD4060 的内部逻辑框图

电路中的 R_4 为反馈电阻,可使 CD4060 内的非门电路工作在电压传输特性的过渡区,即线性放大区。R_4 的阻值可在几兆欧姆到十几兆欧姆之间选择,常取 22 MΩ。C_2 为微调电容器,可将振荡频率调整到精确值。

2. 计时电路

"秒"、"分"计时电路为六十进制计数器,其中"秒"、"分"个位采用十进制计数器,十位采用六进制计数器,如图 5-38 所示。"时"计时电路为二十四进制计数器,如图 5-39 所示。

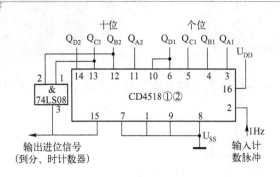

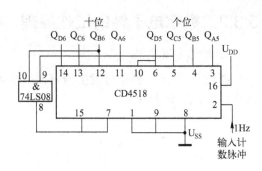

图 5-38 "秒"、"分"计时电路　　　　　图 5-39 "时"计时电路

3. 译码、显示电路

"时"、"分"、"秒"各部分的译码和显示电路完全相同，均采用 7 段显示译码器 74LS248 直接驱动 LED 共阴极数码管 LC5011-11。秒位译码、显示电路如图 5-40 所示，74LS248 和 LC5011-11 的引脚排列如图 5-41 所示。

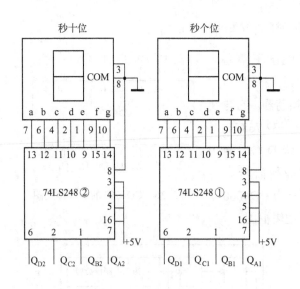

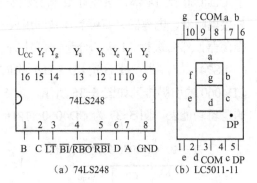

图 5-40 秒位译码、显示电路　　　　　图 5-41 74LS248 和 LC5011-11 的引脚排列

4. 校时电路

当数字钟走时不准确时，需要通过校时电路来进行校对，如图 5-42 所示。"秒"校时采用等待校时法。在正常工作时，将开关 S_1 置于电源 U_{DD} 位置，不影响与门 G_1 传送秒计时信号；要进行校对时，将 S_1 拨向接地位置，封闭与门 G_1，暂停秒计时。待标准秒时间到达，立即将 S_1 拨回 U_{DD} 位置，开放与门 G_1。"分"和"时"校时采用快进校时法。正常工作时，开关 S_2 或 S_3 接地，封闭与门 G_3 或 G_5，不影响或门 G_2 或 G_4 传送秒、分进位计数脉冲；进行校对时，将 S_2 或 S_3 拨向 U_{DD} 位置，秒脉冲通过 G_2、G_3 或 G_4、G_5 直接触发"分"、"时"计数器，使"分"、"时"计数器以秒节奏快进。待标准分、时一到，立即将 S_2、S_3 拨回接地位置，封锁秒脉冲信号，恢复或门 G_2、G_4 对秒、分进位计数脉冲的传送。

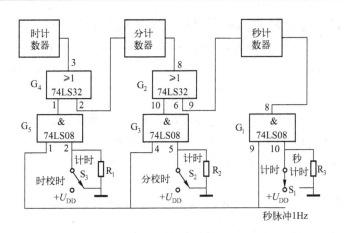

图 5-42 校时电路

5. 整点报时电路

整点报时电路提示整点时间到达，由控制和音响两部分电路组成，如图 5-43 所示。每当"分"、"秒"计时到 59min51s 时，自动驱动音响电路发出 5 次持续 1s 的鸣叫，前四次音调较低，最后一次音调较高。当最后一声鸣叫结束时，计数器正好为整点时间（"00"分、"00"秒）。

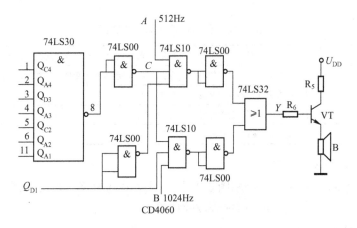

图 5-43 整点报时电路

1）控制电路

每当分、秒计数器计时到 59min51s 时，即

$$Q_{D4}Q_{C4}Q_{B4}Q_{A4}=0101$$
$$Q_{D3}Q_{C3}Q_{B3}Q_{A3}=1001$$
$$Q_{D2}Q_{C2}Q_{B2}Q_{A2}=0101$$
$$Q_{D1}Q_{C1}Q_{B1}Q_{A1}=0001$$

就开始鸣叫报时。此时，满足如下关系

$$Q_{C4}=Q_{A4}=Q_{D3}=Q_{A3}=Q_{C2}=Q_{A2}=Q_{A1}=1$$

由于计时到 51、53、55、57 和 59s（均满足 $Q_{A1}=1$）时就鸣叫，因此可以将 Q_{C4}、

Q_{A4}、Q_{D3}、Q_{A3}、Q_{C2}、Q_{A2} 和 Q_{A1} 进行相与，作为控制信号 C，即

$$C = Q_{C4} \cdot Q_{A4} \cdot Q_{D3} \cdot Q_{A3} \cdot Q_{C2} \cdot Q_{A2} \cdot Q_{A1}$$

根据图 5-43，则有

$$Y = C\overline{Q}_{D1}A + CQ_{D1}B$$

可见，在 51、53、55 和 57s 时，$Q_{D1}=0$，Y=A，扬声器以 512 Hz 低音频鸣叫 4 次。在 59s 时，$Q_{D1}=0$，Y=B，扬声器以 1 024 Hz 高音频鸣叫最后一响。电路中的 512 Hz 低音频信号 A 和 1 024 Hz 高音频信号 B 分别取自 CD4060 的 Q_6 和 Q_5 端。

2）音响电路

音响电路采用射极跟随器来驱动扬声器，R_5、R_6 用来限流，以防损坏晶体管 VT。

知识拓展 2　数字电路故障的检查和排除方法

组装完成后的电路或正在工作的电路都有可能出现故障。熟练而快速地查到电路的故障所在，并及时给予修复是一个电子技术专业人员应具备的工作能力。

1. 数字电路中产生故障的主要原因

1）元器件损坏

元器件的损坏是电路出现故障的主要原因，而导致元器件损坏的主要原因如表 5-10 所示。

表 5-10　元器件损坏的主要原因

元器件质量不合格	电路组装前应对元器件进行仔细筛选检测，可靠性要求较高时还应对元器件进行老化处理
工作温度过高或过低	温度过高会使元器件的损坏率成倍地提高；温度过低也会使元器件失去正常的工作性能
湿度过大	湿度过大会使元器件受到腐蚀，造成故障
机械冲击	过大的振动或撞击会使元器件出现机械损伤
电源电压波动	电源电压波动过大会加速损坏元器件

2）印制电路板故障

质量不高的印制板主要存在铜膜断裂开路、线路毛刺短路、过孔不通等问题；同时手工安装焊接时易发生漏焊、虚焊、错焊等故障现象。

3）连接线路有问题

许多设备中有内部与外部之间的连接线，工作过程中一般处于活动状态，则这些连接线路为故障多发处。处于活动状态的连接线必须采用多股软线，而不能用单股硬线。

4）工作环境恶劣

由于电路的功能工作环境（如电源电压、温度过高等）较差或干扰过大等原因，导致电路不能正常工作。

2. 查找故障的常用方法

1）直观检查法

首先进行常规检查。主要是检查设备的功能是否正常，包括电子元器件有无变色或脱落、导线有无断线或短路、焊点是否脱落、电解电容器是否漏液等情况；其次，进行静态检

查。电路通电后,主要观察是否有异味或冒烟,集成电路芯片有无过热等现象。

2) 顺序检查法

顺序检查包括由输入向输出逐级检查和由输出到输入逐级检查两种方法。如图 5-44 所示为一个具有 A、B、C 汇合模块的子系统。这类系统出现故障时,应首先检查所有输入信号,若输入信号均正常,则故障就在汇合块内。如 X、Y 的信号正常,而 Z 信号不正常时,则故障出在 C 模块内。

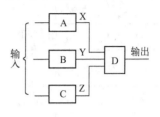

图 5-44 汇合模块的检查

3) 比较法

为了尽快找出系统故障,常将故障电路主要测试点的电压波形、电压值、电流值等参数和一个工作正常的相同电路对应测试点的参数进行比较,从而找出故障点。

4) 替换法

替换法就是使用同型号的集成电路替换怀疑有故障的集成电路。集成电路如果采用插座安装,替换就比较方便。但是集成电路如果直接焊接在印制板上或者是贴片封装,则替换就比较困难。

3. 故障的排除方法

要针对产生故障的不同原因采取相应的措施来排除故障。如故障是导线断线、焊点脱落等原因引起的,则应更换导线、焊好脱落的焊点;如是电子元器件损坏造成的故障,则要用同一型号的电子元器件来替换。

当故障被排除后,还要用仪器仪表检测修复后的数字系统的功能是否完全恢复,是否达到规定的技术要求,同时又不要产生其他问题,这样才算完全排除了电路的故障。

实用资料 常见集成计数器

集成计数器的种类繁多,现将一些常用集成计数器的型号、引脚排列及其功能列于表 5-11 中,以便在使用时查阅参考。需要指出的是,由于采用的是国外符号标准,有些计数器的引脚标注方式与国内不同,应注意区别与联系。

表 5-11 常见的集成计数器

型号	同步/异步	加/减	进制	预置作用	清除作用	辅助功能
				INPUT A NC Q_A Q_D GND Q_B Q_C 14　　　　7490　　　　8 1　　　　　　　　　　7 B $R_{0(1)}$ $R_{0(2)}$ NC U_{CC} $R_{9(1)}$ $R_{9(2)}$ INPUT	INPUT A NC Q_A Q_D GND Q_B Q_C 14　　　　7492　　　　8 1　　　　　　　　　　7 B NC NC NC U_{CC} $R_{0(1)}$ $R_{0(2)}$ INPUT	INPUT A NC Q_A Q_D GND Q_B Q_C 14　　　　7493　　　　8 1　　　　　　　　　　7 B $R_{0(1)}$ $R_{0(2)}$ NC U_{CC} NC NC INPUT
7490	异步	加	2×5	异步置9: $R_9(1) \cdot R_9(2)=1$ 异步清0: $R_0(1) \cdot R_0(2)=1$		÷2 时钟: INPUT A÷5, 6, 8 时钟: INPUT B
7492	异步	加	2×6			
7493	异步	加	2×8			

续表

型号	同步/异步	加/减	进制	预置作用	清除作用	辅助功能
74160/1/2/3 引脚图：U_{CC} RC Q_A Q_B Q_C Q_D ET $\overline{LOAD}$ (16-9) / $\overline{CL}$ CP A B C D EP GND (1-8)				74168/9 引脚图：U_{CC} $\overline{TC}$ Q_0 Q_1 Q_2 Q_3 $\overline{CET}$ $\overline{PE}$ (16-9) / $U/\overline{D}$ CP P_0 P_1 P_2 P_3 $\overline{CEP}$ GND (1-8)		74190/1 引脚图：U_{CC} D_A CP $\overline{RC}$ MAX/MIN $\overline{LOAD}$ D_C D_D (16-9) / D_B Q_B Q_A $\overline{EG}$ $D/\overline{U}$ Q_C Q_D GND (1-8)	
74160	同步	加	十进制	同步 $\overline{LOAD}=0$	异步 $\overline{CL}=0$	进位：RC 使能：ET·EP=1
74161	同步	加	十六进制	同步 $\overline{LOAD}=0$	异步 $\overline{CL}=0$	进位：RC 使能：ET·EP=1
74162	同步	加	十进制	同步 $\overline{LOAD}=0$	异步 $\overline{CL}=0$	进位：RC 使能：ET·EP=1
74163	同步	加	十六进制	同步 $\overline{LOAD}=0$	异步 $\overline{CL}=0$	进位：RC 使能：ET·EP=1
74168	同步	可逆	十进制	同步 $\overline{PE}=0$		减：$U/\overline{D}=1$ 加：$U/\overline{D}=0$ 进位：TC 使能：CEP+CET=0
74169	同步	可逆	十六进制	同步 $\overline{PE}=0$		减：$U/\overline{D}=1$ 加：$U/\overline{D}=0$ 进位：TC 使能：CEP+CET=0
74190	同步	可逆	十进制	同步 $\overline{LOAD}=0$		减：$D/\overline{U}=0$ 加：$D/\overline{U}=1$ 进位：RC, MAX/MIN 使能：$\overline{EG}=0$
74191	同步	可逆	十六进制	同步 $\overline{LOAD}=0$		减：$D/\overline{U}=0$ 加：$D/\overline{U}=1$ 进位：RC, MAX/MIN 使能：$\overline{EG}=0$
74192/3 引脚图：U_{CC} D_A CL Borrow Carry $\overline{LOAD}$ D_C D_D (16-9) / D_B Q_B Q_A CU CD Q_C Q_D GND (1-8)				74196/7 引脚图：U_{CC} $\overline{CL}$ Q_D D_D D_B Q_B CP_1 (14-8) / $\overline{LOAD}$ Q_C D_C D_A Q_A CP_2 GND (1-7)		74290/3 引脚图：U_{CC} MR_2 MR_1 $\overline{CP_1}$ $\overline{CP_0}$ Q_0 Q_3 (14-8) / MS_1 NC MS_2 Q_2 Q_1 NC GND (1-7)	
74192	同步	可逆	十进制	异步 $\overline{LOAD}=0$	异步 $\overline{CL}=1$	加时钟：CU 减时钟：CD 进位：Carry 借位：Borrow 使能：CEP+CET=0
74193	同步	可逆	十六进制	异步 $\overline{LOAD}=0$	异步 $\overline{CL}=1$	加时钟：CU 减时钟：CD 进位：Carry 借位：Borrow 使能：CEP+CET=0
74196	异步	加	2×5	异步 $\overline{LOAD}=0$	异步 $\overline{CL}=0$	÷2时钟：CP_1 ÷5时钟：CP_2
74197	异步	加	2×8	异步 $\overline{LOAD}=0$	异步 $\overline{CL}=0$	÷2时钟：CP_1 ÷5时钟：CP_2
74290	异步	加	2×5	异步置9 $MS_1·MS_2=1$	异步 $MR_1·MR_2=1$	÷2时钟：CP_0 ÷5,8时钟：CP_1
74293	异步	加	2×8	异步置9 $MS_1·MS_2=1$	异步 $MR_1·MR_2=1$	÷2时钟：CP_0 ÷5,8时钟：CP_1
74390/3 引脚图：U_{CC} $\overline{2A}$ 2CL $2Q_A$ $\overline{2B}$ $2Q_B$ $2Q_C$ $2Q_D$ (16-9) / $\overline{1A}$ 1CL $1Q_A$ $\overline{1B}$ $1Q_B$ $1Q_C$ $1Q_D$ GND (1-8)				74490 引脚图：U_{CC} $\overline{2CP}$ 2CL $2Q_A$ 2S $2Q_B$ $2Q_C$ $2Q_D$ (16-9) / $\overline{1CP}$ 1CL $1Q_A$ 1S $1Q_B$ $1Q_C$ $1Q_D$ GND (1-8)			
74390	异步	加	双十进制	无	异步 CL=1	÷2时钟：A ÷5,8时钟：B
74393	异步	加	双十六进制	无	异步 CL=1	÷2时钟：A ÷5,8时钟：B
74490	异步	加	双十进制	异步置9 S=1	异步 CL=1	
CD4017 引脚图：U_{DD} RS CP $\overline{CE}$ CY 9 4 8 (16-9) / 5 1 0 2 6 7 3 U_{SS} (1-8)				CD4018 引脚图：U_{DD} R CP $\overline{Q_5}$ J_5 $\overline{Q_4}$ PE J_4 (16-9) / DATA J_1 J_2 $\overline{Q_2}$ $\overline{Q_1}$ $\overline{Q_3}$ J_3 U_{SS} (1-8)		CD4020 引脚图：U_{DD} Q_{11} Q_{10} Q_8 Q_9 RE Φ_1 Q_1 (16-9) / Q_{12} Q_{13} Q_{14} Q_6 Q_5 Q_7 Q_4 U_{SS} (1-8)	
4017	同步	加法	十进制	无	异步 RS=1	10位译码输出0~9 使能 $\overline{CE}=0$ 进位：CY

续表

型号	同步/异步	加/减	进制	预置作用	清除作用	辅助功能
4018	同步	约翰逊	$1/N$ 计数 $N \leq 10$	异步 PE=1	异步 $R=1$	
4020	异步	加法	14 位	无	异步 RE=1	计数时钟：Φ_1

```
U_DD RS CP CE CY 4 7 NC          U_DD NC Q_1 Q_2 NC Q_3 NC         U_DD CP Q_3 J_3 J_2 Q_2 U/D B/D
 16                    9          14                  8             16                             9
          CD4022                          CD4024                              CD4029
  1                    8           1                  7              1                             8
  1  0  2  5  6 NC 3 U_SS         CP  RE Q_7 Q_6 Q_5 Q_4 U_SS       PE Q_4 J_4 J_1 CE Q_1 CO U_SS
```

4022	同步	加法	八进制	无	异步 RS=1	8 位译码输出 使能：CE=0 进位：CY=0
4024	异步	加法	7 位	无	异步 RE=1	7 位二进制输出
4029	同步	可逆	十六/十进制	异步 PE=1		二进制：$B/D=1$ 十进制：$B/D=0$ 加计数 $U/\bar{D}=1$ 减计数 $U/\bar{D}=0$ 使能：CE=0

```
U_DD Q_11 Q_10 Q_8 Q_9 RE Φ_1 Q_1    U_DD Q_10 Q_8 Q_9 RE Φ_1 Φ_0 Φ_0   U_DD b  c  d  e  BO CA CU
 16                              9    16                              9   16                       9
          CD4040                              CD4060                              CD40110
  1                              8     1                              8    1                       8
 Q_12 Q_6 Q_5 Q_7 Q_4 Q_3 Q_2 U_SS   Q_12 Q_13 Q_16 Q_6 Q_5 Q_7 Q_4 U_SS  a  g  f  TE RES LE CD U_SS
```

4040	异步	加法	12 位	无	异步 RE=1	计数时钟：F_1
4060	异步	加法	14 位	无	异步 RE=1	计数时钟：F_1 带振荡器
40110	同步	可逆	十进制	无	异步 RES=1	驱动共阴极 LED 数码管 加计数：CU 减计数：CD LE=1 计数器计数，显示保持 使能：TE=1 进位：Carry 借位：Borrow

```
U_DD CO Q_1 Q_2 Q_3 Q_4 TE LOAD    U_DD D_A CL Borrow Carry LOAD D_C D_D   U_DD CL Q_3 P_3 P_2 Q_2 U/D RES
 16                            9    16                              9       16                            9
          CD40160/1/2/3                       CD40192/3                             CD4510/6
  1                            8     1                              8        1                            8
 CL CP P_1 P_2 P_3 P_4 PE U_SS      D_B Q_B Q_A CU CD Q_C Q_D U_SS          PE Q_4 P_4 P_1 CI Q_1 CO U_SS
```

40160	同步	加法	十进制	同步 LOAD=0	同步 CL=0	逻辑功能同 74160~3 使能：PE=1 TE=1 进位：CO
40161			十六进制			
40163			十进制		同步 CL=0	
40163			十六进制			
40192	同步	可逆	十进制	异步 LOAD=0	异步 CL=1	逻辑功能同 74192~3
40193			十六进制			
4510	同步	可逆	十进制	异步 PE=0	异步 RES=1	加计数：$U/\bar{D}=1$ 减计数：$U/\bar{D}=0$ 加计数：CI=0
4516			十六进制			

续表

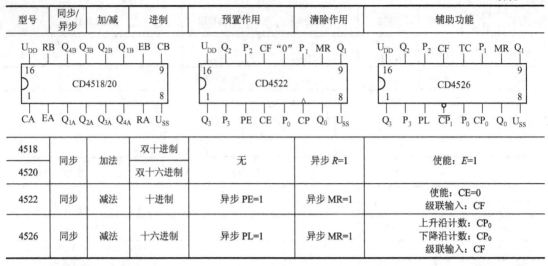

型号	同步/异步	加/减	进制	预置作用	清除作用	辅助功能
4518	同步	加法	双十进制	无	异步 R=1	使能：E=1
4520	同步	加法	双十六进制	无	异步 R=1	使能：E=1
4522	同步	减法	十进制	异步 PE=1	异步 MR=1	使能：CE=0 级联输入：CF
4526	同步	减法	十六进制	异步 PL=1	异步 MR=1	上升沿计数：CP_0 下降沿计数：CP_0 级联输入：CF

技能训练　计数器及其应用

1. 实训目的

（1）验证中规模集成计数器 74HC192 的逻辑功能。

（2）掌握用 74HC192 构成其他任意进制计数器的方法。

2. 实训器材

数字电路实验箱 1 台，示波器 1 台，万用表 1 块，集成电路 74HC192 及导线若干。

3. 实训原理

1）74HC192 的引脚功能

74HC192 是同步十进制可逆计数器，具有双时钟输入、清零和预置数功能，其引脚排列如图 5-45 所示，逻辑功能表如表 5-12 所示。

其中，CP_U 为加法计数时钟端，CP_D 为减法计数时钟端，CR 为清零端，$\overline{LD}$ 为预置数端，$\overline{CO}$ 为进位输出端，$\overline{BO}$ 为借位输出端。

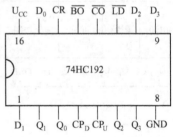

图 5-45　74HC192 引脚排列图

表 5-12　74HC192 的逻辑功能表

输入								输出				功能
CR	$\overline{LD}$	CP_U	CP_D	D_0	D_1	D_2	D_3	Q_0	Q_1	Q_2	Q_3	
1	×	×	×	×	×	×	×	0	0	0	0	清零
0	0	×	×	d_0	d_1	d_2	d_3	d_0	d_1	d_2	d_3	置数
0	1	↑	1	×	×	×	×	加计数				计数
0	1	1	↑	×	×	×	×	减计数				计数

2）实现其他任意进制计数器

可采用反馈清零法构成任意进制计数器。用一片 74HC192 十进制计数器连接成的六进制加法计数器如图 5-46 所示。

4. 实训操作

（1）将 74HC192 置于加法计数状态，在 CP_U 单次脉冲作用下，完成一次计数循环，记录结果于表 5-13 中。

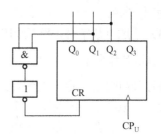

图 5-46 用一片 74HC192 实现六进制计数器

（2）将 74HC192 置于减法计数状态，在 CP_D 单次脉冲作用下，完成一次计数循环，记录结果于表 5-14 中。

表 5-13 加法计数的逻辑功能表

CP	Q_3 Q_2 Q_1 Q_0	$\overline{CO}$
0		
1		
2		
3		
4		
5		
6		
7		
8		
9		
10		

表 5-14 减法计数的逻辑功能表

CP	Q_3 Q_2 Q_1 Q_0	$\overline{BO}$
0		
1		
2		
3		
4		
5		
6		
7		
8		
9		
10		

（3）分别将 74HC192 置于加法和减法计数状态，用连续 CP 信号作为时钟输入，用双踪示波器分别观察进位输出 $\overline{CO}$ 和借位输出 $\overline{BO}$ 与 CP 之间的工作关系波形，并作记录。

（4）如图 5-46 所示，将 74HC192 连成六进制加法计数器，并进行测试。

想一想：如何将 74HC192 连成六进制减法计数器？试举例说明计数器的减法计数功能一般用于什么场合？

5. 实训总结

（1）画出实训连接线路图，整理实训记录表格及有关波形，写出实训报告。

（2）对实训结果进行分析，得出结论。

（3）总结使用计数器的体会。

项目制作　数字电子钟的设计与制作

1. 项目制作目的

（1）掌握较复杂的数字系统的设计、组装及调试方法。

（2）掌握用中小规模集成电路设计一台能显示时、分、秒，并具有校时和整点报时功能的数字电子钟。

(3) 通过对数字钟电路的制作,训练学生综合运用电子技术知识的工程实践能力。

2. 项目制作要求

(1) 分组讨论制定出工作计划。

(2) 完成数字电子钟的逻辑电路设计。

(3) 列出原器件清单,画出布线图。

(4) 根据布线图设计出数字电子钟的印制板(PCB)。

(5) 完成数字电子钟电路所需元器件的采购与检测。

(6) 完成数字电子钟电路的制作、功能检测和故障排除。

(7) 完成电路的详细分析及编写项目制作报告。

3. 电路的工作原理及元器件

数字电子钟的工作原理详见本项目的"任务 3"。所需的元器件清单如表 5-15 所示,同时查阅集成电路手册(或上网搜索),了解有关元器件的引脚排列及其特性功能。

表 5-15 数字电子钟电路元器件明细表

代 号	名 称	规 格 型 号	数 量
$IC_1 \sim IC_6$	显示译码器	74LS248	6
$IC_7 \sim IC_9$	加法计数器	CD4518	3
IC_{10}、IC_{12}	四 2 输入与门	74LS08	2
IC_{11}	四 2 输入或门	74LS32	1
IC_{13}	振荡/分频器	CD4060	1
IC_{14}	双 D 触发器	74LS74	1
IC_{15}	8 输入与非门	74LS30	1
IC_{16}	四 2 输入与非门	74LS00	1
IC_{17}	三 3 输入与非门	74LS10	1
$LED_1 \sim LED_6$	数码显示管	LC5011-11	6
$R_1 \sim R_3$	电阻器	5.6 kΩ	3
R_4	电阻器	22 MΩ	1
R_5	电阻器	100 kΩ	1
R_6	电阻器	1.5 kΩ	1
XT	石英晶体	2^{15}(32768) Hz	1
C_1	瓷介电容器	22(1±10%) pF	1
C_2	瓷介电容器	22 pF 可微调	1
$S_1 \sim S_3$	按钮式开关	单刀双掷	3
VT	晶体三极管	9013	1
B	扬声器	Φ58/8 Ω/0.25 W	1
$J_1 \sim J_{40}$	短接线	Φ0.5 镀银铜线	若干
	电源接线、扬声器接线	安装线 AVR0.15×7	
	印制电路板		1

4. 电路的安装与调试

按照如图 5-34 所示的数字电子钟电路原理图,自行设计出安装布线图,再用 Protel 99 SE 软件设计出 PCB 图,然后制作印制板。用常规工艺安装、焊接好电路,经检查确认电路安装无误后,接通电源,然后进行逐级调试。

1) 秒信号发生器的调试

用数字频率计测量石英晶体振荡器的输出频率,调节微调电容器 C_2,使其振荡频率为 32 768 Hz。再测量 CD4060 的 Q_5、Q_6 引脚输出频率,检查 CD4060 的工作是否正常。

2) 计时电路的调试

将秒脉冲送入秒计数器,检查秒个位、十位是否按十进制、六十进制进位。采用同样方法检查分计数器和时计数器。

3) 译码显示电路的调试

观察在时钟脉冲作用下数码管的显示情况,如有异常,更换相应译码器和数码管。

4) 校时电路的调试

调试好时、分、秒计数器后,通过校时开关依次校准秒、分、时,使数字钟准确走时。

5) 整点报时电路调试

利用校时开关加快数字钟走时,调试整点报时电路,使其分别在 59min51s、59min53s、59min55s、59min57s 时鸣叫 4 声低音,在 59min59s 时鸣叫一声高音。

5. 编写项目制作报告

项目制作报告应包括设计思路、电路原理分析、原理图、PCB 图、装配图、调试情况及存在的问题、解决方法等。

项目小结

1. 时序逻辑电路由存储电路和组合逻辑电路组成,且存储电路必不可少,它主要由触发器组成。时序逻辑电路在任一时刻的输出状态不仅取决于该时刻的输入状态,而且还与电路原来的状态有关。

2. 同步时序逻辑电路分析的关键是求出电路的驱动方程、状态方程和状态转换图。由此可分析出同步时序逻辑电路的功能,并画出时序图。

3. 计数器是记录输入脉冲个数的时序逻辑电路,它在数字系统中使用十分广泛。不论是同步计数器还是异步计数器,都有加法计数器、减法计数器和加/减计数器(又称可逆计数器)。

4. 集成计数器的功能比较完善,使用方便灵活,可方便地构成 N 进制(任意进制)计数器。主要方法有两种:①利用反馈清零法构成 N 进制计数器;②利用置数功能构成 N 进制计数器。应当指出,利用置数功能构成 N 进制计数器时,并行数据输入端 $D_0 \sim D_3$ 必须接入计数起始数据。而利用清零功能构成 N 进制计数器时,并行数据输入端 $D_0 \sim D_3$ 不起作用。

当需要扩大计数器的计数容量时,可用多片集成计数器级联获得。

5. 集成时序电路芯片是时序电路的系列化集成产品。对于集成芯片来说,主要任务是熟悉逻辑符号、产品型号、理解逻辑功能表和时序图,并对照外引脚排列图,按时钟 CP 的节拍逐步分析其工作过程。

6. 数字电子钟制作是一个综合性较强的项目，可选多种设计方案来实现。通过该项目的制作，能在很大程度上提高数字电路的设计、安装和调试技能。

自测题 5

5-1 选择题

（1）时序电路可由（　　）组成。

　　A. 门电路　　　B. 触发器或触发器和门电路　　　C. 触发器或门电路

（2）时序电路的输出状态的改变（　　）。

　　A. 仅与该时刻输入信号的状态有关

　　B. 仅与时序电路的原状态有关

　　C. 与所述的两个状态都有关

5-2 填空题

（1）160/161 是（　　）清零，162/163 是（　　）清零。

（2）反馈清零法的缺点是存在(　　　　)。

（3）计数器级联方式有（　　）和（　　）两种。

5-3 分析如图 5-47 所示时序电路的逻辑功能。

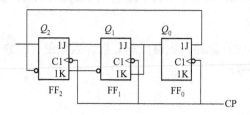

图 5-47　题 5-3 图

5-4 分析如图 5-48（a）所示时序电路的逻辑功能。要求根据如图 5-48（b）所示的输入信号波形，对应画出输出 Q_0、Q_1 的波形。

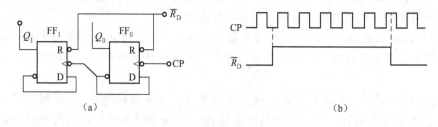

图 5-48　题 5-4 图

5-5 用示波器测得计数器的 3 个输出端 $Q_2Q_1Q_0$ 波形如图 5-49 所示，试确定该计数器的模（为几进制）。

5-6 如图 5-50 所示电路，设初态为 $Q_1Q_0=00$。试分析 FF_0、FF_1 构成了几进制计数器（画出状态图）。

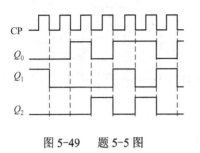

图 5-49 题 5-5 图

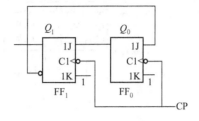

图 5-50 题 5-6 图

5-7 如图 5-51 所示为扭环形计数器电路。若电路初态 $Q_3Q_2Q_1Q_0$ 预置为 0000，随着 CP 脉冲的输入，试分析其输出状态的变化，画出状态图，并简要说明其计数规律。

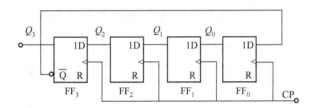

图 5-51 题 5-7 图

5-8 由 74LS290 构成的计数器如图 5-52 所示，试分析它们各为几进制计数器。

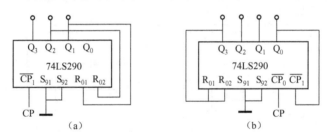

图 5-52 题 5-8 图

5-9 用两片 74LS290 构成的电路如图 5-53 所示，试分析它为几进制计数器。

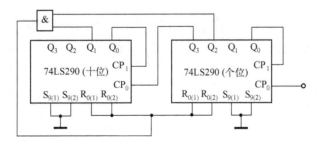

图 5-53 题 5-9 图

5-10 用 74LS160 构成的计数电路如图 5-54 所示，试分析它们各为几进制。

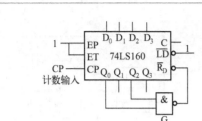 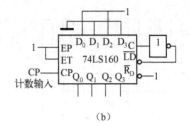

(a)   (b)

图 5-54　题 5-10 图

5-11　用 74LS161 构成的 N 进制计数器如图 5-55 所示，请分析其为几进制计数器。

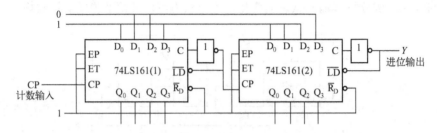

图 5-55　题 5-11 图

5-12　如图 5-56 所示是用 74LS160 构成的 N 进制计数器，请分析其为几进制计数器。

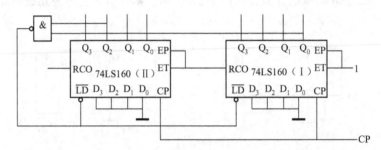

图 5-56　题 5-12 图

5-13　如图 5-57 所示是用 74LS163 构成的 N 进制计数器，请分析其为几进制计数器。

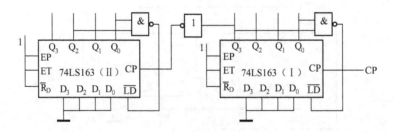

图 5-57　题 5-13 图

5-14　某铅笔厂为了统计需要，要求设计一个四十八进制计数器，试画出利用集成计数器 74LS162 构成的电路（提示：74LS162 为十进制同步加法计数器，同步清零）。

项目6　数字电压表的制作

 项目剖析

数字电压表能对被测电压（模拟量）进行多位数字显示，与指针式电压表相比，它具有准确度高、输入阻抗高、自动转换量程、自动显示极性（或单位）等一系列优点，因此广泛应用于电子测量中。一款 $3\frac{1}{2}$ 位（3 位半）显示的数字电压表如图 6-1（a）所示，其内部原理框图如图 6-1（b）所示。

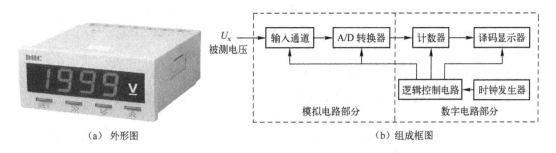

（a）外形图　　　　　　　　　　　　　　（b）组成框图

图 6-1　数字电压表

从图 6-1（b）可以看出，数字电压表由模拟电路和数字电路两大部分组成。由于被测电压一般为模拟信号，需要经模/数（A/D）转换变成数字量，才能进行计数、译码和显示，所以 A/D 转换器是数字电压表的核心。数字电压表的主要技术指标（如准确度、分辨率等）都取决于 A/D 转换这部分电路。本项目由以下两个学习任务组成：

任务 1　认识数/模转换器；
任务 2　认识模/数转换器。

 学习目标

在现代控制、通信及检测领域中，对信号的处理广泛采用了数字计算机技术，这就需要一种能在模拟信号与数字信号之间起桥梁作用的接口电路——模/数（A/D）转换器和数/模（D/A）转换器。通过本项目的学习，应达到以下目标：

1. 了解 D/A 转换和 A/D 转换的基本知识；
2. 掌握 D/A 转换器和 A/D 转换器的工作原理；
3. 掌握 D/A 转换器和 A/D 转换器的应用知识；
4. 熟悉 D/A 转换器和 A/D 转换器的安装技能。

任务 6.1　认识数/模转换器

任务目标

1. 了解 A/D 转换和 D/A 转换的基本概念。
2. 掌握 D/A 转换器的工作原理及其主要技术指标。
3. 熟悉常见集成 D/A 转换器的功能及其应用。

实例导入：A/D 与 D/A 转换的应用。

一般来说，工业现场中的物理量大都是连续变化的模拟信号，如温度、时间、角度、速度、流量、压力等。由于数字电子技术的迅速发展，尤其是计算机在自动控制、自动检测以及许多领域中的广泛应用，用数字电路处理模拟信号的情况非常普遍。这就需要将模拟量转换为数字量，这种转换称为模/数转换（Analog/Digital，A/D），实现模数转换的电路叫做 A/D 转换器（Analog/Digital Conversion，ADC）；而将数字信号变换为模拟信号叫做数/模转换（Digital/Analog，D/A），实现数/模转换的电路称为 D/A 转换器（Digital/Analog Conversation，DAC）。

图 6-2 所示是用计算机对生产过程进行实时控制的原理框图。可见，ADC 和 DAC 是计算机与外部设备的重要接口，也是数字测量和数字控制系统的重要部件。

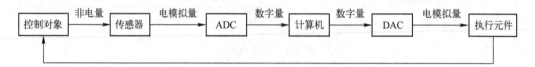

图 6-2　计算机对生产过程进行实时控制原理框图

图 6-2 中由传感器采集的模拟信号送入 A/D 转换电路转换为数字信号，提供给数字控制器件。反过来，计算机控制系统处理后的数字量通过 D/A 转换电路转变成模拟量，再反作用来控制模拟器件。可见，这个控制过程为一个闭环系统。

为了保证数据处理结果的准确性，A/D 转换电路和 D/A 转换电路必须有足够的转换精度。同时，为了适应快速过程的控制和检测的需要，A/D 转换器和 D/A 转换器还必须有足够快的转换速度。因此，转换精度和转换速度是衡量 A/D 转换电路和 D/A 转换电路性能优劣的主要技术指标。

6.1.1　D/A 转换器的基本原理

1. D/A 转换器的组成

D/A 转换器用于将数字信号转换成与该数字量成正比的模拟电压或模拟电流信号。如图 6-3 所示是 D/A 转换器的原理框图，主要由模拟电子开关、解码网络、求和运算电路及基准电压 U_{REF} 组成。

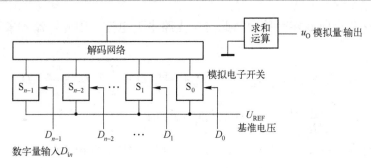

图 6-3　D/A 转换器的原理框图

2. D/A 转换器的工作过程

D/A 转换器的输入量是 n 位二进制数 D，$D=D_{n-1}D_{n-2}\cdots D_1D_0$。$D$ 按权展开的十进制数为

$$D= D_{n-1}\times 2^{n-1} + D_{n-2}\times 2^{n-2} + \cdots + D_1\times 2^1 + D_0\times 2^0$$

D/A 转换器的输出量是和输入的数字量成正比的模拟量 A，即

$$A=KD=K(D_{n-1}\times 2^{n-1} + D_{n-2}\times 2^{n-2} + \cdots + D_1\times 2^1 + D_0\times 2^0)$$

上式中的 K 为 D/A 转换器的比例系数，由转换电路的具体条件确定。

6.1.2　常见的 D/A 转换器

1. 权电阻网络 D/A 转换器

图 6-4 所示为 4 位权电阻网络 D/A 转换器的电路，它由权电阻网络 2^3R、2^2R、2^1R、2^0R，4 个模拟电子开关 S_3、S_2、S_1、S_0 和求和放大器组成。D_3、D_2、D_1、D_0 为二进制代码输入端（MSB 表示最高位，LSB 表示最低位），U_{REF} 为基准电压。

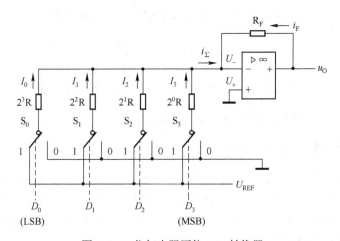

图 6-4　4 位权电阻网络 D/A 转换器

由图 6-4 可以看出，权电阻网络是 D/A 转换电路的核心，其电阻值与 4 位二进制数的权值成反比，每降低一位，电阻值增加一倍。

D_3、D_2、D_1、D_0 分别控制模拟电子开关 S_3、S_2、S_1、S_0 的工作状态。当第 i 位数字信号 $D_i=1$ 时，开关 S_i 合向 1 端接到基准电压 U_{REF} 上，此时该支路中有电流；当

$D_i = 0$ 时，开关 S_i 合向 0 端而接地，此时该支路中无电流。因此，流入求和运算放大器的总电流为

$$i_\Sigma = I_0 + I_1 + I_2 + I_3 = \frac{U_{REF}}{2^3 R} D_0 + \frac{U_{REF}}{2^2 R} D_1 + \frac{U_{REF}}{2^1 R} D_2 + \frac{U_{REF}}{2^0 R} D_3$$

$$= \frac{U_{REF}}{2^3 R}(2^0 D_0 + 2^1 D_1 + 2^2 D_2 + 2^3 D_3)$$

若取反馈电阻 $R_F = R/2$，由于 $i_\Sigma = -i_F$，因此运算放大器的输出电压 u_O 为

$$u_O = i_F R_F = -i_\Sigma R_F$$

$$= -\frac{U_{REF} \cdot R_F}{2^3 R}(2^3 D_3 + 2^2 D_2 + 2^1 D_1 + 2^0 D_0)$$

$$= -\frac{U_{REF}}{2^4}(2^3 D_3 + 2^2 D_2 + 2^1 D_1 + 2^0 D_0)$$

对于 n 位权电阻网络 D/A 转换电路，则有

$$u_O = -\frac{U_{REF}}{2^n}(2^{n-1} D_{n-1} + 2^{n-2} D_{n-2} + \cdots + 2^1 D_1 + 2^0 D_0)$$

由此可见，输出电压与输入数字量成正比，从而实现了 D/A 转换。

【例 6-1】 如图 6-4 所示在权电阻网络 D/A 转换器中，设 $U_{REF} = -10V$，$R_F = R/2$，试求：

（1）当输入数字量 $D_3 D_2 D_1 D_0 = 0001$ 时，输出电压的值；

（2）当输入数字量 $D_3 D_2 D_1 D_0 = 1000$ 时，输出电压的值；

（3）当输入数字量 $D_3 D_2 D_1 D_0 = 1111$ 时，输出电压的值。

解：根据 D/A 转换器的输出电压 u_O 表达式，可求出各输出电压值为

（1） $u_O = -\frac{-10}{2^4}(0 \times 2^3 + 0 \times 2^2 + 0 \times 2^1 + 1 \times 2^0)V = \frac{10}{2^4}V = 0.625V$

（2） $u_O = -\frac{-10}{2^4}(1 \times 2^3 + 0 \times 2^2 + 0 \times 2^1 + 1 \times 2^0)V = \frac{10}{2^4} \times 2^3 V = 5V$

（3） $u_O = -\frac{-10}{2^4}(1 \times 2^3 + 1 \times 2^2 + 1 \times 2^1 + 1 \times 2^0)V = \frac{10}{2^4} \times 15V = 9.375V$

结论：当输入的 n 位数字量全为 0 时，输出的模拟电压 $u_O = 0$；当输入的 n 位数字量全为 1 时，输出的模拟电压 $u_O = -\frac{2^n - 1}{2^n} U_{REF}$。所以，$u_O$ 的取值范围是 $0 \sim -\frac{2^n - 1}{2^n} U_{REF}$。

权电阻网络 D/A 转换器的优点是电路简单，速度较快；它的缺点是各个电阻的阻值相差很大，而且随着输入二进制代码位数的增多，电阻的差值也随之增加，难以保证对电阻精度的要求，这给电路的转换精度带来很大影响，同时也不利于集成化，因此在目前的集成电路中已很少采用这种 D/A 转换器。

2. 倒 T 形电阻网络 D/A 转换器

图 6-5 所示为 4 位 R-2R 倒 T 形电阻网络 D/A 转换电路。它主要由模拟电子开关 $S_0 \sim S_3$、R-2R 倒 T 形电阻网络、基准电压 U_{REF} 和求和运算放大器等部分组成。

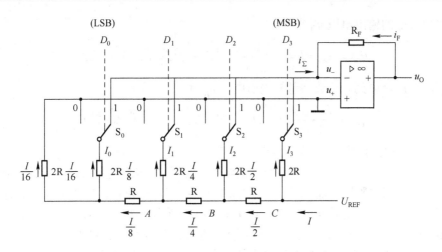

图 6-5 4 位 R-2R 倒 T 形电阻网络 D/A 转换电路

为了分析方便，可将运算放大器近似看成是理想运算放大器，满足虚短（$u_+ \approx u_-$）和虚断（$i_\Sigma = -i_F$）的条件，由此可将 4 位倒 T 形电阻网络 D/A 转换器等效为如图 6-6 所示的简化电路。由该图可看出：从 A、B、C、D 各点往左看，对地等效电阻均为 R。因此，由基准电压 U_{REF} 流出的总电流 I 是固定不变的，其值恒为 $I = U_{REF}/R$，且每经过一个节点，电流被分流一半。从数字量高位到低位的电流分别为

$$I_3 = \frac{1}{2}I = \frac{1}{2}\frac{U_{REF}}{R}, \quad I_2 = \frac{1}{4}I = \frac{1}{4}\frac{U_{REF}}{R}$$

$$I_1 = \frac{1}{8}I = \frac{1}{8}\frac{U_{REF}}{R}, \quad I_0 = \frac{1}{16}I = \frac{1}{16}\frac{U_{REF}}{R}$$

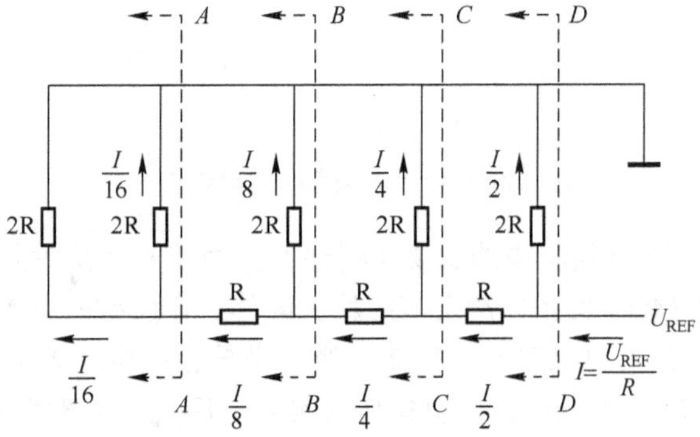

图 6-6 4 位倒 T 形电阻网络等效电路

流入运放反相端的总电流在二进制数 D 控制下的表达式为

$$i_\Sigma = I_3 D_3 + I_2 D_2 + I_1 D_1 + I_0 D_0$$

$$= \frac{U_{REF}}{2R} D_3 + \frac{U_{REF}}{4R} D_2 + \frac{U_{REF}}{8R} D_1 + \frac{U_{REF}}{16R} D_0$$

$$= \frac{U_{REF}}{2^4 R}(2^3 D_3 + 2^2 D_2 + 2^1 D_1 + 2^0 D_0)$$

运算放大器的输出电压 u_O 为

$$u_O = -i\sum R_F = -\frac{R_F U_{REF}}{2^4 R}(2^3 D_3 + 2^2 D_2 + 2^1 D_1 + 2^0 D_0)$$

进一步推广，可到 n 位数字量的输出电压 u_O 为

$$u_O = -\frac{R_F U_{REF}}{2^n R}(2^{n-1} D_{n-1} + 2^{n-2} D_{n-2} + \cdots + 2^1 D_1 + 2^0 D_0)$$

4 位倒 T 形电阻网络 D/A 转换器有如下特点。

（1）电阻网络仅有 R 和 2R 两种规格的电阻，这不仅简化了电阻网络，而且便于集成化。

（2）倒 T 形电阻网络流过各支路的电流恒定不变，在开关状态转换时，不需要电流的建立时间，所以该电路的转换速度高，在集成 D/A 转换器中被广泛应用。

【例 6-2】 如图 6-5 所示的倒 T 形电阻网络 D/A 转换器中，设 U_{REF} = −12 V，$R_F=R$，试分别计算 4 位和 8 位 D/A 转换器输出的最大电压 U_{FSR}（输入数字量的所有位均为 1）和最小电压 U_{LSB}（输入数字量的最低位为 1，其余各位都为 0）。

解：当 $D_{n-1} D_{n-2} \cdots D_1 D_0 = 11 \cdots 11$ 时，$U_{FSR} = -U_{REF}(2^n-1)/2^n$

当 $D_{n-1} D_{n-2} \cdots D_1 D_0 = 00 \cdots 01$ 时，$U_{LSB} = -U_{REF}/2^n$

所以有：

$$U_{FSR}(4 \text{ 位}) = -U_{REF}(2^4-1)/2^4 = 11.25 \text{ V}$$

$$U_{LSB}(4 \text{ 位}) = -U_{REF}/2^4 = 0.75 \text{ V}$$

$$U_{FSR}(8 \text{ 位}) = -U_{REF}(2^8-1)/2^8 \approx 11.95 \text{ V}$$

$$U_{LSB}(8 \text{ 位}) = -U_{REF}/2^8 \approx 0.047 \text{ V}$$

结论：D/A 转换器的位数越多，其分辨最小输出电压的能力就越强，也即分辨率越高。

知识链接

模拟电子开关的工作原理

模拟电子开关是 D/A 转换器中的主要控制部件。如图 6-7 所示是一个 CMOS 模拟电子开关电路，它由两级 CMOS 反相器产生两路反相信号，各控制一个 NMOS 开关管，从而实现单刀双掷的开关功能。图中 $VT_1 \sim VT_3$ 是一个电平转移电路，使输入信号能与 TTL 电平兼容，VT_4、VT_5 和 VT_6、VT_7 为两级 CMOS 反相器，用于控制开关管 VT_9 和 VT_8。模拟电子开关的工作原理如下。

当输入数字量 $D_I=1$ 时，VT_1 导通，VT_2 截止。VT_1 输出（A 点）为低电平 0，经 VT_4、VT_5 组成的第一级反相器后输出（B 点）高电平，使 VT_9 管导通；同时 B 点输出的高电平再经 VT_6、VT_7 组成的第二级反相器后输出（C 点）低电平，使 VT_8 管截止。在这种情况下，2R 支路经导通管 VT_9 接向位置 1（基准电压 U_{REF}）。反之，当输入数字量 $D_I=0$ 时，VT_8 管导通，VT_9 管截止，2R 支路接向位置 0（地）。由此实现了单刀双掷开关的作用，满足了 D/A 转换器的要求。

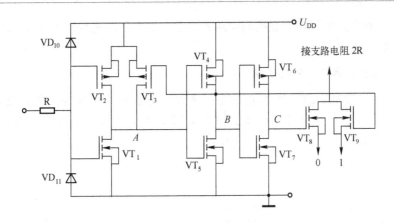

图 6-7 CMOS 电子模拟开关电路

6.1.3 D/A 转换器的主要技术指标

1. 分辨率

分辨率表示 DAC 能输出最小电压的能力，它是指在 n 位的 D/A 转换器中，最低位有效数字量 00…01 对应输出模拟电压 U_{LSB} 与最大数字量 11…11 对应输出满刻度电压 U_{FSR} 的比值。即

$$分辨率 = \frac{U_{LSB}}{U_{FSR}} = \frac{1}{2^n - 1}$$

例如，模拟电压满量程 U_{FSR} 为 10 V，8 位 D/A 转换器的分辨率约为 0.004，可分辨的输出最小电压为 40 mV；10 位 D/A 转换器的分辨率约为 0.001，可分辨的输出最小电压为 10 mV。

2. 转换时间

转换时间（转换速度）是指从输入数字信号开始转换到模拟输出电压（或电流），达到稳定值所需要的时间，是反映 DAC 工作速度的重要指标。转换时间越短，工作速度越快，目前十几位的 DAC 转换速度一般只有十几毫秒。

3. 转换精度

转换精度是指 DAC 实际输出的模拟电压与理论输出模拟电压的最大误差，常用百分比来表示。它是一个综合指标，包括零点误差、增益误差等，不仅与 DAC 的元器件参数、放大器的温漂有关，还与环境温度、分辨率等有关。所以除了正确选用 DAC 的分辨率，还要考虑选用低温漂高精度的运算放大器，才能保证 DAC 的转换精度。通常要求 DAC 的转换误差小于 $U_{LSB}/2$。

6.1.4 集成 D/A 转换器

集成 DAC 通常是将倒 T 形电阻网络、模拟电子开关等集成到一块芯片上，较多集成 DAC 不包含运算放大器。因此用 DAC 构成有关应用电路时还需要外接运算放大器。

集成 DAC 在实际应用中不仅可以利用其电路输入、输出电量之间的关系构成数控电压源（电流源）、数字式可编程增益控制电路和波形产生电路，还常作为接口电路广泛应用于微型计算机系统电路中。

1. DAC0832 的结构和引脚功能

DAC0832 是比较常用的一种 8 位 D/A 转换器，它是采用 CMOS 工艺集成的 20 引脚双列直插式封装，输出为电流信号。其结构框图和管脚排列图为图 6-8。该系列产品还有 DAC0830、DAC0831 等，它们之间可以相互替代。

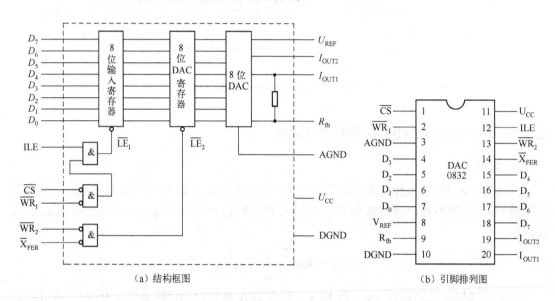

（a）结构框图 （b）引脚排列图

图 6-8 集成 DAC0832

1）结构原理

图 6-8（a）所示，输入数据 $D_0 \sim D_7$ 经输入寄存器和 DAC 寄存器两次缓冲，最后进行 D/A 转换。DAC 的输出是 I_{OUT1} 和 I_{OUT2}，$I_{OUT1} + I_{OUT2} = U_{REF}/R_{fb}$（常数）。当需要电压输出时，应外接运算放大器将电流转换成电压，R_{fb} 是片内电阻，为运算放大器提供反馈以保证输出电压在合适的范围内。

在 DAC0832 内部的两个 $\overline{LE}$ 信号为寄存器锁存命令。当 $\overline{LE_1} = 0$ 时，$D_0 \sim D_7$ 上的数据锁存到输入寄存器中，不随输入变化；当 $\overline{LE_1} = 1$ 时，输入寄存器的输出随输入变化而变化。同理，$\overline{LE_2}$ 为 DAC 寄存器的锁存控制信号，工作过程与此相同。

当 ILE 为高电平，$\overline{CS}$ 与 $\overline{WR_1}$ 同时为低电平时，$\overline{LE_1} = 1$；将 $\overline{WR_1}$ 变为高电平，则 $\overline{LE_1} = 0$。

当 $\overline{X_{FER}}$ 与 $\overline{WR_2}$ 同时为低电平时，$\overline{LE_2} = 1$；将 $\overline{WR_2}$ 变为高电平，则 $\overline{LE_2} = 0$。

要完成 8 位的 D/A 转换工作，只要使 $\overline{X_{FER}} = 0$、$\overline{WR_2} = 0$（即 DAC 寄存器为不锁存状态）、ILE=1，然后在 $\overline{CS}$ 与 $\overline{WR_1}$ 端接负脉冲信号即可完成一次转换；或者使 $\overline{WR_1} = 0$、$\overline{CS} = 0$、ILE=1（即输入寄存器为不锁存状态），然后在 $\overline{X_{FER}}$ 与 $\overline{WR_2}$ 端接负脉冲信号，也可达到同样的目的。

2）引脚功能

$\overline{CS}$ 为片选信号，低电平有效。

ILE 为输入锁存允许信号，高电平有效。

$\overline{WR_1}$ 为输入寄存器数据选通信号，低电平有效。

$\overline{WR_2}$ 为 DAC 寄存器数据传送选通信号，低电平有效。

$\overline{X_{FER}}$ 为数据传送控制信号，低电平有效。

$D_0 \sim D_7$ 为 8 位输入数据信号。

U_{REF} 为基准电压输入端，电压范围为 $-10 \sim +10V$。

R_{fb} 为反馈电阻输入端。

I_{OUT1} 为电流输出 1 端，在 DAC 的电流输出转换为电压输出时，该端应和运放的反相端连在一起。

I_{OUT2} 为电流输出 2 端，在 DAC 的电流输出转换为电压输出时，该端应和运放的同相端连在一起，共同接地。

当 DAC 寄存器内容全为 1 时，I_{OUT1} 最大，$I_{OUT2} = 0$。

当 DAC 寄存器内容全为 0 时，$I_{OUT1} = 0$，I_{OUT2} 最大。

当 DAC 寄存器内容为 N 时，$I_{OUT1} = U_{REF} \times N/(256 \times R_{fb})$，$I_{OUT2} = U_{REF}/R_{fb} - I_{OUT1}$。

U_{CC} 为电源电压，范围为 $+5 \sim +15V$，$+15V$ 最佳。

AGND 和 DGND 分别为模拟地和数字地，一般连接在一起。

2. DAC0832 的工作方式

1）直通方式

图 6-9 所示，将 ILE 接高电平，$\overline{CS}$、$\overline{WR_1}$、$\overline{WR_2}$ 和 $\overline{X_{FER}}$ 都接数字地，使 $\overline{LE_1} = \overline{LE_2} = 1$，即两者均为高电平，此时两个寄存器均处于直通放行状态，输入数据直接送入 8 位 DAC 进行 D/A 转换。这种方式可用于一些不采用微机的控制系统中。

2）单缓冲方式

单缓冲方式适用于只有一路模拟量输出或有几路模拟量但不需要同时输出的场合。在这种方式下，DAC 寄存器处于常通状态，当需要 D/A 转换时，将 $\overline{WR_1}$ 接低电平，使输入数据经输入寄存器直接存入 DAC 寄存器中并进行转换。工作方式为单缓冲方式，即通过控制一个寄存器的锁存，达到使两个寄存器同时选通及锁存。

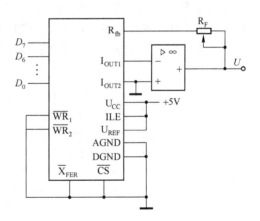

图 6-9 直通方式连接

3）双缓冲方式

首先 $\overline{WR_1}$ 接低电平，将输入数据先锁存在输入寄存器中。当需要 D/A 转换时，再将 $\overline{WR_2}$ 接低电平，将数据送入 DAC 寄存器中并进行转换，工作方式为两级缓冲方式。双缓冲方式适用于同时使用几个 DAC0832，它们共用数据线，并要求几个 DAC0832 同时输出的场合。

3. DAC0832 的工作性能

DAC0832 具有以下工作特点。

（1）采用 CMOS 和薄膜 Si-Cr 电阻相容工艺，温漂低，功耗低（20 mW）。
（2）具有两级数字输入缓冲锁存器，可直接于各种微机接口，无需另接锁存器。
（3）所有引脚的逻辑电平与 TTL 电平兼容（阈值为 1.4 V）。
（4）单电源+5～+15 V。
（5）数字地和模拟地可分开，也可连在一起，使用灵活。

任务 6.2　认识模/数转换器

任务目标

1. 掌握 A/D 转换的工作过程。
2. 了解 A/D 转换器的分类、工作原理及其主要技术指标。
3. 熟悉常见集成 A/D 转换器的功能及其应用。

6.2.1　A/D 转换的过程

为了将时间和幅值都连续变化的模拟信号转换成时间和幅值都离散变化的数字信号，A/D 转换通常按下面 4 个过程进行，首先对输入模拟信号进行采样、保持，再进行量化和编码。前两个过程在采样-保持电路中完成，后两个过程则在模数转换电路中完成。

1. 采样-保持电路

所谓采样，就是将一个时间上连续变化的模拟量转化为时间上离散变化的模拟量。模拟信号的采样过程如图 6-10 所示。其中 CP 为采样脉冲信号，u_i 为输入模拟信号，u_o 为采样后输出信号。采样过程的实质就是将连续变化的模拟信号变成一串等距不等幅的脉冲。

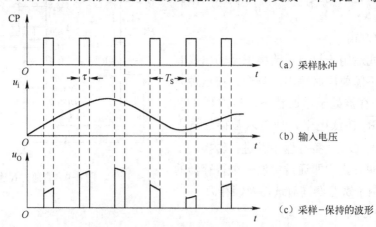

图 6-10　对输入模拟信号的采样过程

采样电路实质上是一个受控开关。在采样脉冲 CP 有效期 τ 内，采样开关接通，使 $u_o = u_i$；在其他时间 $(T_S - \tau)$ 内，输出 $u_o = 0$。因此，每经过一个采样周期，在输出端便得到输入信号的一个采样值。

为了保证采样后的输出信号 u_o 能用来表示输入模拟信号 u_i（即信号不失真），必须满足条件

$$f_S \geq 2f_{imax}$$

式中，f_S 为采样频率，f_{imax} 为输入信号 u_i 中最高次谐波分量的频率。通常取 $f_S=(5\sim10)f_{imax}$ 即可满足要求，这一关系称为采样定理。

所谓保持，是指将采样后获得的模拟量保持一段时间，直到下一个采样脉冲到来为止。由于 A/D 转换需要一定的时间，每次采样完成后，应保持采样电压值在一段时间内不变，直到下次采样开始，所以采样之后应有保持电路。

采样与保持往往在同一电路中一次完成，这就是采样-保持电路，主要由采样开关、保持电容和缓冲放大器组成，如图 6-11 所示。

在图 6-11 中，场效应晶体管 VT 相当于采样开关。在取样脉冲 CP 到来的时间 τ 内，开关接通，输入模拟信号 u_i 向电容器 C 充电，当电容器 C 的充电时间常数 $t_C \ll \tau$ 时，电容器 C 上的电压在时间 τ 内跟随 u_i 变化。采样脉冲结束后，开关断开，因电容的漏电很

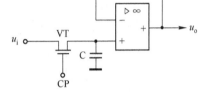

图 6-11 采样-保持电路

小且运算放大器的输入阻抗又很高，所以电容 C 上电压可保持到下一个采样脉冲到来为止。运算放大器构成跟随器，具有缓冲作用，以减小负载对保持电容器的影响。

2. 量化和编码

为了将模拟信号转换成数字信号，在 A/D 转换器中必须将采样后的模拟量归并到与之最接近的 2^n 个离散电平中的某一个电平上，这个过程称为量化。将量化后的值转换为一定位数的二进制数值，以作为转换完成后输出的 n 位数字代码，这个过程称为编码。量化和编码是所有 A/D 转换器中不可缺少的核心部分之一。

数字信号不仅在时间上是离散的，而且数值大小的变化也是不连续的。这就是说，任何一个数字量的大小只能是某个规定的最小数量单位的整数倍。所取的最小数量单位叫做量化单位，用 Δ 表示。数字信号最低有效位（Least Significant Bit，LSB）的"1"所代表的数量大小就等于 Δ，即模拟量量化后的一个最小分度值。由于模拟电压是连续的，它就不一定能被 Δ 整除，因而量化过程不可避免地会引入误差。这种误差称为量化误差。

量化误差的大小与转换输出的二进制代码的位数及基准电压 U_{REF} 的大小有关，还和量化电平的划分有关。例如，要求把 $0\sim1$ V 的模拟电压量化输出为 3 位二进制代码，可取基准电压 $U_{REF}=1$ V，然后将其平均分为 8 份，则量化单位 $\Delta=1/8$ V，并规定凡数值在 $0\sim1/8$ V 之间的输入模拟电压都用 0Δ 替代，输出的二进制数为 000；凡数值 $1/8\sim2/8$ V 之间的模拟电压都用 1Δ 代替，输出的二进制数为 001；依此类推。具体情况如图 6-12（a）所示。可以看出，这种量化电平划分的最大量化误差可达 $\Delta=1/8$ V。

为了减小量化误差，通常采用如图 6-12（b）所示的改进方法划分量化电平。在这种划分量化电平的方法中，取量化电平处于每一段的中间，小于 $\Delta/2$ 则归并在本段对应的二进制码上，大于 $\Delta/2$ 则归并到高一段对应的二进制码上。取量化电平 $\Delta=2/15$ V，并规定 $0\sim1/15$ V 时，认为输入的模拟电压为 $0\Delta=0$ V，对应输出数字量为 000；$1/15\sim3/15$ V 时，认

为输入的模拟电压为 $1\Delta=2/15\,\text{V}$，对应输出数字量为 001；依此类推。如此每个输出的二进制数对应的模拟电压与其上下两个电平划分量之差的最大值为 $\Delta/2=1/15\,\text{V}$。由于使最大量化误差减少了一半，因此实际采用的往往都是这种方法。

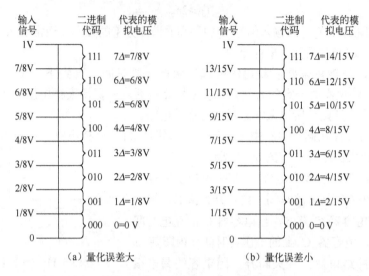

图 6-12 划分量化电平的两种方法

结论：量化级数分的越多，量化误差就越小，同时输出的数字量的位数也增多，电路变得更加复杂。因此应根据实际需要，来选择 A/D 转换器的位数。

知识链接

如何确定 A/D 转换的基准电压值

在图 6-12（a）中，当输入的模拟电压 $u_i > U_{REF}$ 时，输出的数字量总是 111，不再发生变化。这就要求基准电压不能小于输入模拟电压的最大值，即 $U_{REF} \geqslant u_{imax}$。但为了减小量化误差，$U_{REF}$ 也不能取得过大，一般以等于或略大于 u_{imax}。而一旦 U_{REF} 确定之后，输入电压的最大值就不允许超过它。

6.2.2 A/D 转换器的工作原理

A/D 转换器的种类很多，具体划分如图 6-13 所示。

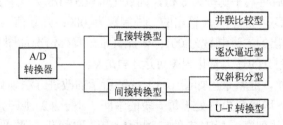

图 6-13 A/D 转换器的分类

直接转换型 ADC 可将模拟信号直接转换为数字信号，这类 ADC 的转换速度较快；间接转换型 ADC 先将模拟信号转换为某一中间量，再将此中间量转换为数字量输出，这类 ADC 的转换速度较慢。

1. 逐次逼近型 A/D 转换器

逐次逼近型 A/D 转换器是一种反馈比较型转换电路，其结构框图如图 6-14 所示，主要包括电压比较器、逐次逼近寄存器、控制逻辑电路和 D/A 转换器组成。

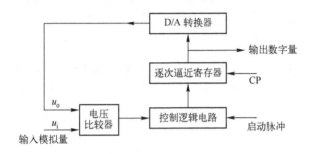

图 6-14　逐次逼近型 A/D 转换器框图

电路由启动脉冲启动后，在第一个 CP 作用下，控制逻辑电路将逐次逼近寄存器的最高位置成 1，使其输出为 100…0，经 D/A 转换为相应的模拟电压 u_o 后送至电压比较器与 u_i 进行比较。若 $u_i>u_o$，最高位存 1，反之最高位存 0；在第二个 CP 到来时，次高位置 1，再经 D/A 转换为相应的模拟电压 u_o，由比较器再次比较，然后决定该位存 1 或存 0；依此类推进行比较，直至最低位为止。这样逐次逼近寄存器中的状态就是 u_i 转化后的输出数字量。

【例 6-3】　一个 4 位逐次逼近型 A/D 转换器，输入满量程电压为 5 V，现加入的模拟电压 u_i=4.60 V。求：（1）A/D 转换器输出的数字量是多少？（2）转换误差是多少？

解：（1）第一步：使寄存器的状态为 1000，送入 D/A 转换器后的输出模拟电压为

$$u_o = \frac{U_m}{2} = \frac{5}{2} \text{ V} = 2.5 \text{ V}$$

因为 $u_o<u_i$，所以寄存器最高位的 1 保留。

第二步：寄存器的状态为 1100，由 D/A 转换后输出的电压为

$$u_o = \left(\frac{1}{2}+\frac{1}{4}\right)U_m = 3.75 \text{ V}$$

因为 $u_o<u_i$，所以寄存器次高位的 1 也保留。

第三步：寄存器的状态为 1110，由 D/A 转换后输出的电压为

$$u_o = \left(\frac{1}{2}+\frac{1}{4}+\frac{1}{8}\right)U_m = 4.38 \text{ V}$$

因为 $u_o<u_i$，所以寄存器第三位的 1 也保留。

第四步：寄存器的状态为 1111，由 D/A 转换后输出的电压为

$$u_o = \left(\frac{1}{2}+\frac{1}{4}+\frac{1}{8}+\frac{1}{16}\right)U_m = 4.69 \text{ V}$$

因为 $u_o>u_i$，所以寄存器最低位的 1 去掉，只能为 0。

故 A/D 转换器输出的数字量为 1110。

（2）转换误差为

$$(4.60-4.38)\text{V} = 0.22\text{ V}$$

可见，逐次逼近型 A/D 转换器的转换过程类似于用天平称物体的重量，但是所用的是一种二进制关系的砝码（砝码重量依次减半）。逐次逼近型 A/D 转换器的速度与其位数和 CP 的频率有关，位数越少，CP 的频率越高，转换的速度就越快。这种 A/D 转换器属于中规模集成电路，在低分辨率（小于 12 位）时其转换速度较高、功耗较低、价格较便宜，但需要高精度（大于 12 位）转换时，其电路较复杂，造价偏高。

2. 双积分型 A/D 转换器

双积分型 A/D 转换器是一种间接型模/数转换器，属于电压-时间（U-T）变换型。双积分型 A/D 转换器的原理框图为图 6-15，主要由积分器、过零比较器、时钟控制门、计数器和逻辑控制等部分组成。

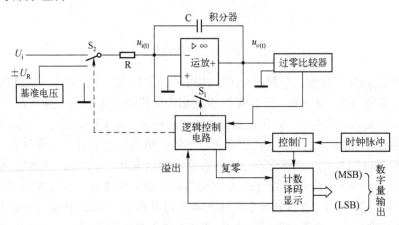

图 6-15　双积分型 A/D 转换器原理框图

双积分型 A/D 转换器的特点是用同一积分器先后进行两次积分。第一次是对被测电压 U_i 的定时积分，第二次是对基准电压 U_R 的定值积分；然后对两次积分进行比较，将 U_i 变换成与之成正比的时间间隔 T，并以 T 作为开门时间，对标准时钟脉冲进行计数，从而完成 A/D 转换。因此，这种 A/D 转换器属于 U-T 变换式。

图 6-16 所示为双积分型 A/D 转换器的工作波形图，其工作过程可分为如下 3 个阶段。

1) 准备阶段（$t_0 \sim t_1$）

S_1 闭合、S_2 接地，使积分电容器 C 完全放电，为取样作准备。

2) 取样阶段（$t_1 \sim t_2$）

这个阶段也叫定时积分阶段。此时，S_1 断开、S_2 将积分器的输入端接输入电压 U_i，积分器对 U_i 定时积分（设正向充电）。经过预置时间 T_1，当计数器计数值为 N_1（常数），即 t_2 时刻，计数器溢出脉冲使逻辑控制电路将 S_2 断开，定时积分结束。此时，积分器输出电压为

$$u_{o1} = -\frac{1}{RC}\int_{t_1}^{t_2}(-U_i)\mathrm{d}t$$

t_2 时刻时为

$$U_{om} = \frac{T_1}{RC}U_i \quad (U_i 为直流电压)$$

可见，积分器的输出电压正比于被测电压 U_i。因为 $t_1 \sim t_2$ 区间是定时积分，T_1 是预先设定的。u_{o1} 的斜率由 U_i 决定，U_i 越大，其斜度越大，U_{om} 值则越高。当 U_i 减小（如减小为 U_i'）时，其顶点下降为 U_{om}'，如图 6-16 中的虚线所示。

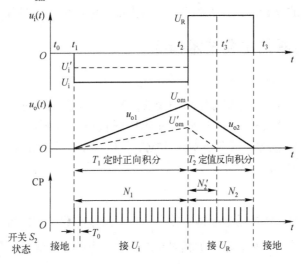

图 6-16 双积分型 A/D 转换器工作波形

3) 比较阶段（$t_2 \sim t_3$）

这个阶段也叫做定值积分阶段。此时，S_1 仍断开、S_2 打在与 U_i 极性相反的基准电压 U_R（U_R 为恒定值）处，积分器对 U_R 反向积分。当积分器输出电压下降为零，即 t_3 时刻，逻辑控制电路控制计数器停止计数。此时，计数器计数值为 N_2，本次 A/D 转换结束。

到 t_3 时刻积分器输出电压 $u_{o2}=0$，获得的时间间隔为 T_2，在此期间输出电压

$$u_{o2} = U_{om} + \left[-\frac{1}{RC}\int_{t_2}^{t_3}(+U_R)dt\right]$$

t_3 时刻为

$$u_{o2} = 0 = U_{om} - \frac{T_2}{RC}U_R$$

由 $t_1 \sim t_2$ 取样阶段的结论，可得

$$\frac{T_1}{RC}U_i = \frac{T_2}{RC}U_R \text{ ，即}$$

$$U_i = \frac{T_2}{T_1}U_R = \frac{U_R}{T_1}T_2$$

若计数器在 T_1、T_2 时间间隔内的计数值分别为 N_1、N_2，计数器的时钟脉冲 CP 周期为 T_0，故 $T_1 = N_1 T_0$；$T_2 = N_2 T_0$，则

$$U_i = \frac{U_R}{N_1}N_2$$

$$N_2 = \frac{N_1}{U_R} U_i = KU_i$$

式中，K 为 A/D 转换系数（常数）。

可见，计数器记录的脉冲数 N_2 与输入电压 U_i 成正比，N_2 即为 A/D 转换的结果。双积分型 A/D 转换器用较少的精密元器件即可达到较高的测量精度，抗干扰能力强，成本低廉、制造容易。但由于转换一次需要进行两次积分，所以转换时间较长，工作速度较低，常用于高精度、低速度的场合，如各种数字式仪表大都采用这种 A/D 转换器。

6.2.3 A/D 转换器的主要技术指标

1. 分辨率

分辨率是指 A/D 转换器输出数字量的最低位变化一个数码所对应输入模拟量的变化范围。如输入最大模拟量为 15 V，对于 8 位的 A/D 转换器，其分辨率为 $15V/2^8$=58.59 mV；而对于 12 位的 A/D 转换器，其分辨率为 $15V/2^{12}$=3.66 mV。可见，位数越多，分辨最小模拟电压的值越小，分辨率就越高。

2. 相对精度

相对精度是指 A/D 转换器实际输出数字量与理论输出数字量之间的最大差值，通常用最低有效位（LSB）的倍数来表示。如相对精度不大于 $\frac{1}{2}$LSB，就表示最大相对误差不超过 $\frac{1}{2}$LSB。

3. 转换速度

转换速度指 A/D 转换器完成一次转换所需的时间。转换速度由 A/D 转换器的类型决定，逐次逼近型 A/D 转换器的转换速度较快，约为数十微秒；双积分型 A/D 转换器速度最慢，约为数十毫秒。

6.2.4 集成 A/D 转换器及其应用

集成 A/D 转换器种类较多，现已生产出的有单片型和混合集成型，具有很高的技术指标。单片集成 A/D 转换器的型号有 ADC0804、ADC0809、AD7520、CC14433 等，其多数为逐次逼近型。

1. ADC0804 的引脚功能

ADC0804 是采用 CMOS 工艺的 8 位逐次逼近型 A/D 转换器，它具有 20 个引脚，采用双列直插式（Dual In-line Package，DIP）封装，其引脚排列如图 6-17 所示。

各主要引脚功能说明如下。

$\overline{CS}$、$\overline{RD}$、$\overline{WR}$：分别是片选、读、写数字控制输入端，均满足 TTL 低电平有效。当 $\overline{CS}$ 和 $\overline{WR}$ 同时为低

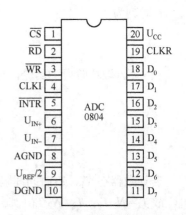

图 6-17 ADC0804 引脚排列图

电平时，允许 A/D 转换器开始工作；$\overline{\text{CS}}$、$\overline{\text{RD}}$ 用来读取 A/D 转换器的结果，当它们同时为低电平时，输出 $D_0 \sim D_7$ 各端上出现 8 位并行二进制数码。

CLKI、CLKR：频率输入/输出端。ADC0804 片内有时钟电路，只要在外部 CLKI 和 CLKR 两端外接一对电阻器、电容器即可产生 A/D 转换所要求的时钟，其振荡频率为 $f_{\text{CLK}} \approx \dfrac{1}{1.1RC}$。若采用外部时钟，则外部 f_{CLK} 可从 CLKI 端送入，此时不接 R、C。允许的时钟频率范围为 100～1 460 kHz。

$\overline{\text{INTR}}$：中断请求。转换期间为高电平，等到转换完毕时 $\overline{\text{INTR}}$ 会变为低电平告知其他的处理单元已转换完成，可读取数字数据。

$U_{\text{IN+}}$、$U_{\text{IN-}}$：差动模拟信号输入端。输入电压 $U_{\text{IN}}=U_{\text{IN+}}-U_{\text{IN-}}$，通常使用 $U_{\text{IN+}}$ 单端输入，而将 $U_{\text{IN-}}$ 端接地。

AGND、DGND：A/D 转换器一般都有这两个引脚。模拟地 AGND 和数字地 DGND 分别设置引入端，使数字电路的地电流不影响模拟信号回路，以防止寄生耦合造成的干扰。

$U_{\text{REF}}/2$：参考电压 $U_{\text{REF}}/2$ 可以由外部电路供给，从 $U_{\text{REF}}/2$ 端直接送入。$U_{\text{REF}}/2$ 端电压值应是输入电压范围的 1/2，所以输入电压的范围可以通过调整 $U_{\text{REF}}/2$ 引脚处的电压加以改变，转换器的零点无需调整。

2. ADC0804 的工作性能

ADC0804 的性能指标具有以下特点。

（1）高阻抗状态输出，输出为三态结构。

（2）分辨率：8 位（0～255）。

（3）存取时间：135 μs。

（4）转换时间：100 μs。

（5）总误差：1LSB。

（6）工作温度：ADC0804C 为 0℃～70℃；ADC0804L 为-40℃～85℃。

（7）模拟输入电压范围：0～5 V。

（8）参考电压：2.5 V。

（9）工作电压：5 V。

3. ADC0804 的应用举例

图 6-18 所示是 ADC0804 与微型计算机接口的典型应用电路。图中 4 脚和 19 脚外接 RC 电路与内部时钟电路共同形成电路时钟，其时钟频率为

$$f_{\text{CLK}} = \frac{1}{1.1RC} = 640 \text{ kHz}$$

对应转换时间约为 100 μs。

电路的工作过程是：计算机给出片选信号（$\overline{\text{CS}}$ 低电平）及写入信号（$\overline{\text{WR}}$ 低电平），使 A/D 转换器启动工作，当转换数据完成，转换器的 $\overline{\text{INTR}}$ 端向计算机发出低电平中断信号，计算机接受后发出读信号（$\overline{\text{RD}}$ 低电平），则转换后的数据便出现在 $D_0 \sim D_7$ 数据端口上，同时送入到计算机的数据口进行运算处理。

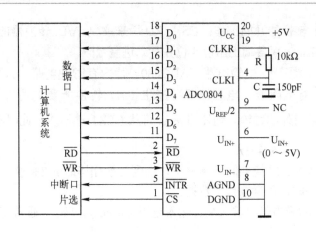

图 6-18 ADC0804 的典型应用电路

知识拓展　双积分型 A/D 转换器 CC14433

CC14433 是采用 CMOS 工艺制成的 $3\frac{1}{2}$ 位双积分型 ADC，仅需外接两个电阻器和两个电容器就可以组成具有自动调零和自动极性转换的 A/D 转换系统，广泛应用于数字电压表、数字温度计等各种低速数据采集系统中。当 CC14433 用作数字电压表时，有两个基本量程：满刻度 1.999 V 和 199.9 mV。CC14433 是 24 引脚双列直插式封装，其结构框图和引脚排列如图 6-19 所示，各引脚功能如表 6-1 所示。

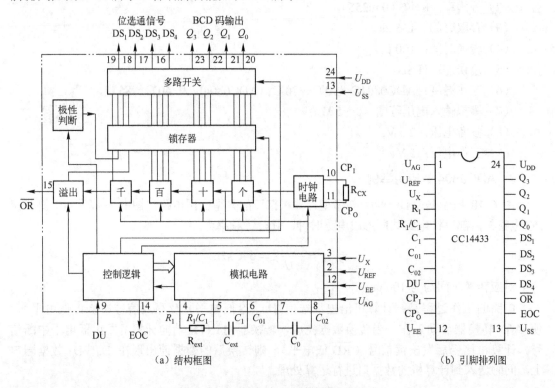

图 6-19 双积分型 A/D 转换器 CC14433

表 6-1 A/D 转换器 CC14433 的引脚功能

引脚号	符号	名称	主要功能
1	U_{AG}	模拟地	被测输入电压 U_X 和基准电压 U_{REF} 的参考地
2	U_{REF}	基准电压	外接基准电压：若量程为 1.999 V，U_{REF}=2 V；若量程为 199.9 mV，U_{REF}=200 mV
3	U_X	被测电压输入	按量程不同可输入的最大电压分别为 1.999 V 和 199.9 mV
4	R_1	外接积分电阻	当量程为 2 V 时，外接电阻 R_{ext} 取 470 kΩ；当量程为 200 mV 时，R_{ext} 取 27 kΩ
5	R_1/C_1	外接阻容公共端	外接积分电阻器和电容器（R_{ext}、C_{ext}）的公共连接端
6	C_1	外接积分电容	外接积分电容器 C_{ext}，一般取 0.1 μF
7、8	C_{01}、C_{02}	外接补偿电容	补偿电容 C_0 通常取 0.1 μF
9	DU	实时输出控制	主要控制转换结果输出，若将该端与 14 脚（EOC）直接相连，则每一转换周期结果都将被输出
10、11	CP_I、CP_O	时钟输入、输出	在 CP_I 与 CP_O 之间外接电阻 R_{CX}=470 kΩ，CC14433 可自行产生时钟。若外加时钟，则从 CP_I 输入
12	U_{EE}	负电源	模拟电路负电源，一般取-5 V
13	U_{SS}	数字地	除 CP 外所有输入端的低电平基准，通常与 1 脚连接
14	EOC	转换结束标志	高电平有效；每个 A/D 转换周期结束时，EOC 输出一正脉冲，脉宽为时钟周期的 1/2
15	$\overline{OR}$	过量程标志	低电平有效；$\|U_X\|>U_{REF}$ 时，$\overline{OR}$ 输出低电平；反之，$\overline{OR}$ 输出高电平
19~16	DS_1~DS_4	位选通信号	千位、百位、十位、个位输出位选通信号，高电平有效。4 种选通脉冲均为 18 个时钟周期宽的正脉冲，间隔时间为 2 个时钟周期
20~23	Q_0~Q_3	BCD 码数据输出	A/D 转换结果输出端，为 BCD 码，Q_0 为低位，Q_3 为高位
24	U_{DD}	正电源	工作电压范围为 4.5~8 V 或 9~16 V

位选通脉冲信号 DS_1~DS_4 由多路开关输出，在每一次 A/D 转换周期结束时，先输出一个 EOC 信号，再依次输出 DS_1，DS_2，DS_3，DS_4，DS_1，DS_2…，大约 16 400 个时钟周期循环一次，其时序关系如图 6-20 所示。在 DS_1 输出正脉冲期间，$Q_3 Q_2 Q_1 Q_0$ 输出千位及过量程、欠量程和极性标志，编码如表 6-2 所示。在 DS_2、DS_3、DS_4 输出正脉冲期间，$Q_3 Q_2 Q_1 Q_0$ 输出 BCD 码，分别为 DS_2 对应输出百位数，DS_3 对应输出十位数，DS_4 对应输出个位数。

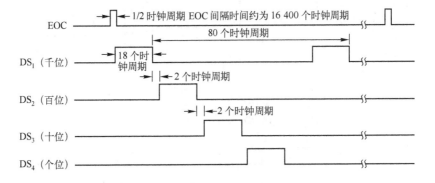

图 6-20 位选通脉冲信号 DS_1~DS_4 的时序图

表 6-2　$Q_3\ Q_2\ Q_1\ Q_0$ 输出功能编码

$DS_1=1$				意　义	说　明
Q_3	Q_2	Q_1	Q_0		
0	×	×	×	"千"位数 1	用 Q_3 状态表示"千"位数取值
1	×	×	×	"千"位数 0	
×	1	×	×	正极性	用 Q_2 状态表示电压极性
×	0	×	×	负极性	
×	×	×	0	量程合适	用 Q_0 状态表示量程是否合适。在量程不合适时，结合 Q_3 状态表示是过量程还是欠量程
0	×	×	1	过量程	
1	×	×	1	欠量程	

技能训练　加法计数器 D/A 转换的显示

1. 实训目的

（1）复习二进制加法计数器的功能及使用方法。

（2）掌握 D/A 转换的基本原理与工作过程。

（3）掌握集成 D/A 转换器 DAC0832 的使用方法。

2. 实训设备与器件

实训设备：数字电路试验箱 1 台；双踪示波器 1 台。

实训器件：DAC0832 一片，二进制加法计数器 74LS161 一片，运放 μA741 一片，1 kΩ、10 kΩ 变阻器各 1 只。

3. 实训电路原理

将二进制加法计数器的 4 位输出 $Q_3\ Q_2\ Q_1\ Q_0$ 对应接到 DAC0832 的高 4 位，而低 4 位接地。给计数器加上时钟脉冲，用示波器观察并记录输出电压波形，电路如图 6-21 所示。

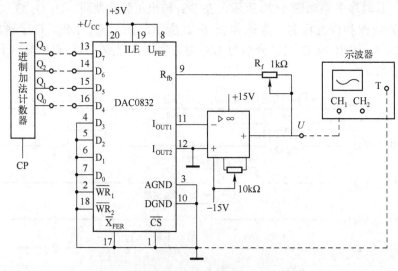

图 6-21　加法计数器 D/A 转换显示电路

4. 实训电路调试

改变输入计数脉冲 CP 的频率，观察输出波形的频率变化；改变 DAC0832 第 8 脚基准电压 U_{REF} 值的大小，观察输出波形幅值的变化。

5. 实训总结

（1）整理实训记录的有关波形，写出实训报告。
（2）对实训结果进行分析，得出结论。
（3）总结 D/A 转换的体会。

项目制作　直流数字电压表的装调

1. 项目制作目的

（1）掌握 $3\frac{1}{2}$ 位双积分 A/D 转换器 CC14433 的性能及引脚功能。
（2）掌握以 CC14433 为核心构成直流数字电压表的装调制作方法。
（3）进一步训练学生典型电子产品制作的工程实践能力。

2. 项目制作要求

（1）设计数字电压表电路，要求自拟元器件清单，画出布线图。
（2）根据布线图设计出数字电压表的印制电路板（PCB）。
（3）完成数字电压表电路所需元器件的采购与检测。
（4）完成数字电压表电路的制作、功能检测和故障排除。
（5）完成电路的详细分析及编写项目制作报告。

3. 电路的组成及工作原理

数字电压表是将被测模拟量电压转换为数字量，并进行实时数字显示的测试仪表。

采用双积分 A/D 转换器 CC14433 的数字电压表电路如图 6-22 所示。其中 CC4511 是 BCD 码锁存 7 段译码-驱动器、MC1413 是 7 路达林顿驱动阵列、MC1403 是精密基准电源，电路采用 LED 显示。

知识链接

$$3\frac{1}{2} \text{位显示的含义}$$

$3\frac{1}{2}$ 位是指所能显示的十进制数范围为 0000~1999。所谓的 3 位是指个位、十位、百位，其数字范围均为 0~9（整位）；而所谓的 $\frac{1}{2}$ 位是指千位不能从 0 变化到 9，只能从 0 变到 1，即二值状态，故称为 $\frac{1}{2}$ 位（半位）。

1）电路各部分功能

双积分 A/D 转换器：将输入的模拟电压信号转换成数字信号。
精密基准电源：提供精密电压，作为 A/D 转换器的参考电压。

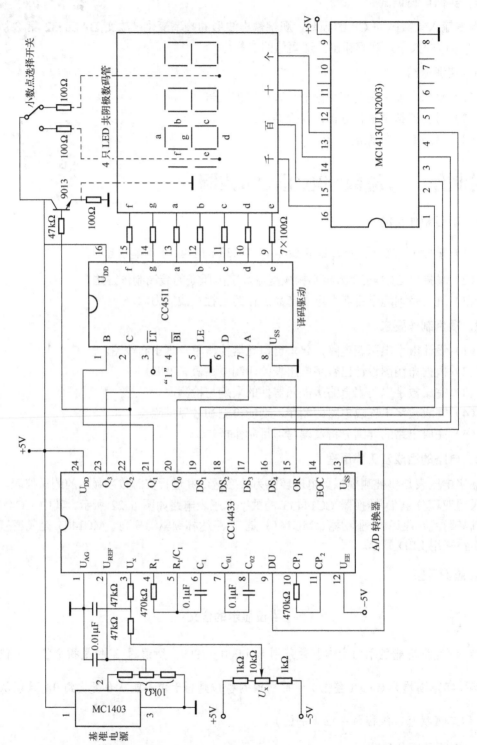

图 6-22 $3\frac{1}{2}$ 位数字电压表原理图

七段译码-驱动器：将二-十进制（8421BCD）码转换成驱动 LED 显示的 7 段信号。

显示器：将译码器输出的 7 段信号进行数字显示，读出 A/D 转换结果。

电路中所用主要元器件的型号、功能如表 6-3 所示。

表 6-3　数字电压表的主要元器件

序号	型号	引脚排列	器件功能
1	CC14433	详见本项目的"知识拓展"	详见本项目的"知识拓展"
2	CC4511	（CC4511 引脚图）	LE 为锁存允许控制端。当 LE=0 时，锁存器直通，译码器输出 a～g 随输入 D～A 而变化；当 LE=1 时，锁存器锁定，输出端保持不变。$\overline{BI}$ 为熄灭控制端，当 $\overline{BI}$=0 时，a～g 全为 0；因此正常工作时，应使 $\overline{BI}$=1。$\overline{LT}$ 为试灯端，低电平有效 CC4511 使用时应注意输出端不允许短路，输出端需外接限流电阻
3	MC1403	（MC1403 引脚图）	A/D 转换需要外接基准电源做参考电压，基准电源的精度应高于 A/D 转换的精度。MC1403 的输出为 2.5V，当输入电压在 4.5～15V 范围内变化时，输出电压的变化不超过 3mV，输出最大电流为 10mA
4	MC1413	（MC1413 引脚图）	MC1413 采用 NPN 达林顿复合晶体管结构，具有很高的电流增益和输入阻抗，可直接接受 MOS 或 CMOS 集成电路的输出信号，并把电压信号转换成足够大的电流信号以驱动各种负载。MC1413 内含有 7 个集电极开路反相器（也称 OC 门），共有 16 个引脚，每一驱动器输出端均接有一释放电感负载能量的抑制二极管

2）工作原理

被测电压 U_X 经 A/D 转换后以动态扫描形式输出，数字量输出端 Q_3、Q_2、Q_1、Q_0 上的数字信号（8421BCD 码）按照时间先后顺序输出。位选通信号 DS_1、DS_2、DS_3、DS_4 通过 MC1413 分别控制着千位、百位、十位和个位上的 4 只 LED 数码管的公共阴极。数字信号经 7 段译码器 CC4511 译码后，驱动 4 只 LED 数码管的各段阳极，这样就把 A/D 转换器按时间顺序输出的数据用扫描的方式在 4 只数码管上依次显示出来。由于选通的重复频率较高，工作时从高位到低位以每位每次约 300 μs 的速率循环显示，即一个 4 位数的显示周期是 1.2 ms，因此人眼就可以清晰地看到 4 位数码管同时显示 3 位半的十进制数字量。

当参考电压 U_{REF}=2 V 时，满量程显示为 1.999 V；当 U_{REF}=200 mV 时，满量程显示为 199.9 mV。可通过选择开关经限流电阻实现对千位和十位数码管的小数点显示的控制。

最高位（千位）显示时仅驱动 LED 数码管的 b、c 段，所以千位只显示 1 或不显示；用千位的 g 段来显示电压的负值（正值不显示），可由 CC14433 的 Q_2 端通过晶体管 9013 来控制 g 段。

4．电路的安装与调试

自行设计出安装布线图，再用 Protel 99 SE 软件设计出 PCB 图，然后制作印制电路板，用常规工艺安装、焊接好电路，然后对各部分进行调试。

1）基准电源的调试

用数字万用表检查 MC1403 的输出 2 脚是否为 2.5 V，然后调整 10 kΩ 电位器，使其输出电压 U_{REF} 为 2.0 V。调整结束后，去掉电源线。

2）显示部分的组装调试

（1）将 4 个数码管相同字段（a～g）与译码器相应的输出端连在一起，但千位只需将 b、c、g 三字段接入电路中，按图 6-22 所示接好连线。

（2）将译码器 CC4511 的输入端 D、C、B、A 分别接至拨码开关的 4 个输出插口处，再将 MC1413 的 1、2、3、4 脚接至逻辑开关的输出插口上。

（3）将 MC1413 的 2 脚（百位）置"1"，1、3、4 脚置"0"，使拨码开关按 0～9（8421 码）规律变化，观察百位的数码管是否按此规律变化；同理可对其他位的数码管进行调试，直到 4 位数码管都正常显示为止。

3）功能总调

（1）检查自动调零功能。将 CC14433 的输入 U_X 与 U_{AG} 短路（或 U_X 端无信号输入时），LED 数码管应显示 0000。

（2）检查超量程溢出功能。调节 U_X 值，当 U_X 为 2 V（或 $|U_X| > U_{REF}$），观察 LED 数码管的显示情况，此时 $\overline{OR}$ 端应为低电平。

（3）检查自动极性转换功能。改变 U_X 的极性，使 U_X = -1.000 V，观察最高位数码管的"-"是否显示。

（4）调整线性度误差。调节电位器，用标准数字电压表（或数字万用表）测量输入电压 U_X，使 U_X = 1.000 V。但此时 4 位 LED 数码管的指示值可能不是"1.000"，调整基准电源电压 U_{REF}，使指示值与标准值的误差≤±5LSB。

5．编写项目制作报告

（1）绘制出 $3\frac{1}{2}$ 位数字电压表的接线图，列出所用元器件清单。

（2）具体说明安装调试过程中遇到的问题及解决的方法。

（3）本项目制作的心得体会。

项目小结

1．A/D 和 D/A 转换器集成芯片又可称为 ADC、DAC，它们都是大规模集成芯片，在电子系统中被广泛应用。

2．D/A 转换器可将数字量转换成模拟量，其电路形式按其解码网络结构分为权电阻网络、权电流网络、T 形电阻网络、倒 T 形电阻网络等多种。其中以倒 T 形电阻网络应用较广。由于其支路电流流向运放反向端时不存在传输时间，因而具有较高的转换速度。

3．A/D 转换器可将模拟量转换成数字量，按其工作原理可分为直接型和间接型。直接型典型电路有并行比较型、逐次比较型，特点是工作速度快，但精度不高。间接型典型电路为双积分型和电压频率转换型，特点是工作速度较慢，但抗干扰性能较好。

4. 以 DAC0832 和 ADC0804 为例，重点掌握单片集成 DAC 和 ADC 的外特性及其使用方法。随着电子技术的不断发展，高精度、高速度的 A/D 和 D/A 转换器集成芯片层出不穷，极大地方便了各种应用。

5. 通过 $3\frac{1}{2}$ 位数字电压表的装调训练，进一步熟悉 CC14433 等器件的功能，从而掌握实用电子产品的制作方法，为学习单片机技术、检测技术等打下良好的基础。

自测题 6

6-1 填空题

（1）计算机只能接收和处理_____信号，也只能输出_____信号。

（2）A/D 转换分为_____和_____两种类型。

（3）在 A/D 转换器中，抗干扰能力最强的是_____型。

6-2 问答题

（1）为什么要将模拟信号转换为数字信号？

（2）什么是取样保持电路？它有什么功能？

（3）D/A 转换器的主要参数有哪些？

6-3 D/A 转换器的输出电压范围为 0～10 V，当 8 位数字量 10110110 输入时，输出电压为多少？

6-4 一个 10 位逐次逼近型 A/D 转换器，其最小量化单位电压为 0.005 V。试求：（1）基准电压 U_{REF}；（2）可转换的最大模拟电压；（3）若输入电压 U_i=3.568 V，其转换成数字量为多少？

6-5 A/D 转换器输入的模拟电压不大于 10 V，基准电压应为多大？如转换成 8 位二进制代码时，它能分辨最小的模拟电压有多大？如转换成 16 位二进制代码时，它能分辨最小的模拟电压有多大？

项目 7 大规模数字集成器件及应用

项目剖析

在当前的电子信息技术时代,数字电路的应用极其广泛,从而产生了专用集成电路(Application Specific Integrated Circuit,ASIC)。ASIC 的提出和发展说明集成电路进入了一个新阶段,半导体厂商制作的通用的、标准的集成电路已不能完全适应电子系统的急剧变化和更新换代。因此,电子设计师们更愿意自己设计出 ASIC 芯片,而且希望设计周期尽可能短,最好是在实验室里用计算机就能设计出符合要求的芯片,并立即投入使用中,因而出现了大规模数字集成器件——复杂可编程逻辑器件(CPLD)和现场可编程门阵列(FPGA)。

本项目要完成以下 3 个学习任务:
任务 1 认识半导体存储器;
任务 2 学习可编程逻辑器件;
任务 3 EDA 技术与 VHDL 设计。

学习目标

通过本项目的学习,应达到以下目标:
1. 了解存储器的基本结构、工作原理和简单应用;
2. 了解可编程逻辑器件的基本结构和简单应用;
3. 初步掌握用 VHDL 语言进行数字电路的 EDA 设计。

任务 7.1 认识半导体存储器

任务目标

1. 了解存储器的分类、结构、原理。
2. 掌握存储器存储容量的扩展方法。
3. 熟悉用存储器实现组合逻辑电路。

7.1.1 半导体存储器的概念

半导体存储器是用来存储一系列二进制数码的器件,常作为计算机的内存储器来存放系统程序和数据。此外,也可用来构成组合逻辑电路。

半导体存储器可分为随机存取存储器(Random Access Memory,RAM)和只读存储器(Read Only Memory,ROM)两大类,具体分类如图 7-1 所示。

一般情况下,SRMA 的工作速度优于 DRAM,而 DRAM 的工作速度优于 ROM。

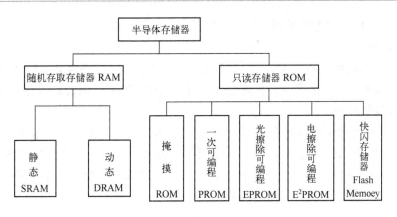

图 7-1 半导体存储器的分类

7.1.2 随机存取存储器

RAM 也称为读/写存储器,它既能方便地读出所存的数据,又能随时写入新的数据。RAM 的缺点是数据的易失性,即一旦掉电,所存数据就全部丢失。

1. RAM 的结构原理

图 7-2 所示为 RAM 的一般结构形式,图中有 3 大类总线,即地址总线(Adaress Bus,AB)、数据总线(Data Bus,DB)和控制总线(Control Bus,CB)。其中地址输入线有 n 条,经过地址译码器译码输出的线称为字线,有 W_0,W_1,W_1,…,W_{2^n-1} 共 2^n 条字线(即有 2^n 个最小项)。每条字线只能选通存储矩阵中的一个存储单元,故存储矩阵中共有 2^n 个存储单元,每个存储单元也叫一个"字",它由 M 个可以存放一位二进制信息(0 或 1)的基本存储电路组成,一个存储单元所含有的基本存储电路的个数(也即能存放的二进制数的位数)称为存储器的"字长"。如通常所说的 16 位机、32 位机指的就是它的字长 $M=16$(或 32)。

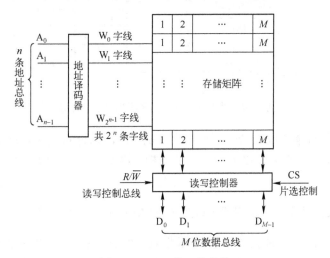

图 7-2 RAM 的一般结构

可以看出,对于有 n 位地址和 M 位字长的存储器来说,其存储容量可以表示为

$$存储容量 = N 个字 \times M 位 = 2^n \times M$$

即存储容量为 $2^n \times M$ 二进制位数码。

1）工作原理

n 位地址经译码后，每次仅有 2^n 条字线中的一条有效，这条有效字线选中存储矩阵中对应的一个存储单元（一个字），将通过 M 位数据总线 $D_0D_1 \cdots D_{M-1}$ 对该存储单元进行读出数据或写入新数据的操作。

RAM 受外界片选 CS 信号和读/写 $R/\overline{W}$ 信号的控制，因此把 CS 和 $R/\overline{W}$ 统称为控制总线。当 CS=1 时，若 $R/\overline{W}$=1，电路执行读出操作；若 $R/\overline{W}$=0，电路执行写入操作。当 CS=0 时，读/写控制器不工作，数据总线呈高阻状态，即此时该片 RAM 被禁止读/写操作，使得它让出整机的数据总线以便对其他 RAM 进行操作。

注意：有些集成 RAM 电路中用 $\overline{CS}$ 表示片选信号，即该端为 0 有效。

2）RAM 的改进

在计算内存容量时，常把 2^{10}=1024 简称为 1 KB。对于一个内存为 64 KB 的计算机来说，若字长 M=16 位，根据存储容量公式可得

$$存储容量 = 64 \text{ KB} = 64 \times 2^{10}\text{B} = 2^n \times 16 \text{ B}$$

可求出 n=12，即该机有 12 条地址输入线，这时由地址译码器译出的字线数 $N=2^{12}=4\,096$ 条，这么复杂的地址译码器不可能实现。为此，计算机常采用的地址译码器是由行线译码器和列线译码器组成，如图 7-3 所示，只有被行和列同时选中的存储单元才能被进行读/写操作。

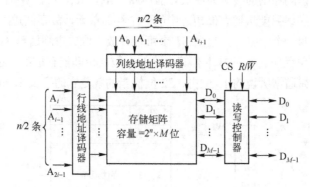

图 7-3 采用行、列分别译码的 RAM 结构

同样是 12 个地址输入线，若采用行、列分别译码，则总的字线条数仅有（2^6+2^6）条=（64+64）条=128 条，大大简化了 RAM 的结构。因此，计算机内存大都采用如图 7-3 所示的结构。

注意：无论是图 7-2 还是图 7-3，这两种 RAM 存储容量的计算公式是相同的。

【例 7-1】 有 16 条地址总线和 16 条数据总线的 RAM，其存储容量是多少位？

解：因为 n=16，M=16，故有

存储容量 $= 2^{16} \times 16\text{B} = 2^{16} \times 2^4\text{B} = 2^{20}\text{B} = 2^{10} \times 2^{10}\text{B} = 2^{10}\text{KB}$

按通常的说法，它的存储容量为 1024 KB 或 1 MB。

2. 常用的 RAM 举例——2114

2114 静态 RAM 是一个通用的 MOS 集成静态存储器（SRMA），它由 4096（1024×4）个存储单元组成。图 7-4 是其逻辑符号及引脚排列图。

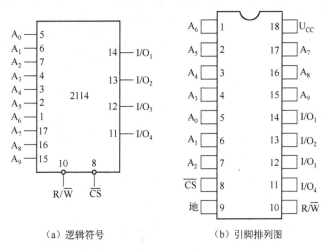

（a）逻辑符号　　　　　（b）引脚排列图

图 7-4　集成静态存储器 2114

RAM2114 有 10 根地址线，可访问 1024（2^{10}）个字。RAM2114 电源电压为 +5 V，采用 NMOS 技术，3 态输出，时间是 50～450 ns。

3. RAM 容量的扩展

在实际应用中，经常需要大容量的 RAM。在单片 RAM 的容量不能满足要求时，就需要将多片 RAM 组合起来进行扩展，从而构成存储器系统（也称存储体）。

1）位扩展

图 7-5 所示是用两片 RAM 2114（1024（1K）×4 位）扩展成 8 位字长的存储器，就是在大多数微机中所说的 1 KB 存储器，或者叫做 1 024 B（每个字节长 8 位）。具体做法是：将 RAM 的地址线、读出线和片选信号线对应地并接在一起，而各个芯片的输入/输出（I/O）线作为字的各个位线。

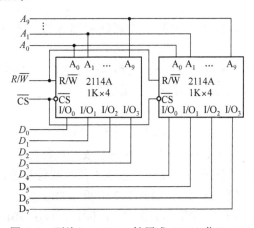

图 7-5　两片 RAM2114 扩展成 1K×8 位 RAM

2）字扩展

字数的扩展可以通过外加译码器控制芯片的片选输入端来实现。如图 7-6 所示，高位地址码 $A_{12}A_{11}A_{10}$ 经译码器 74LS138 的 8 个输出端分别控制 8 片 1K×4 位 RAM 的片选端，从而将 8 片 1K×4 位 RAM 扩展成 8K×4 位的存储器。

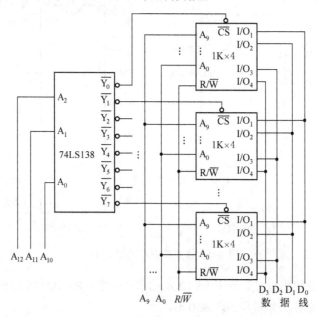

图 7-6　1K×4 位 RAM 扩展成 8K×4 位 RAM

如果需要，还可以采用位与字同时扩展的方法来扩大 RAM 的容量。

7.1.3　只读存储器

顾名思义，只读存储器工作时其内容只能读出，不可写入，常用于存储数字系统及计算机中不需改写的数据。例如，数据转换表及计算机操作系统程序等。ROM 存储的数据不会因断电而改变或消失，即具有非易失性。

1．ROM 的种类

ROM 一般需由专门装置写入数据。按照数据写入方式的不同，ROM 可分为以下几种。

（1）固定 ROM。又称为掩膜 ROM，这种 ROM 在厂家制造时利用掩膜技术直接把数据写入到存储器中。ROM 制成后，其存储的数据就固定不变了，用户无法对它进行修改。

图 7-7 所示为二极管掩模 ROM 的结构。

图 7-7 中采用一个 2 线-4 线地址译码器，将两个地址码 A_0、A_1 译成 4 个地址 $W_0 \sim W_3$。存储单元是由二极管组成的 4×4 存储矩阵，其中 1 或 0 代码是用二极管的有无来设置的。即当译码器输出所对应的 W（字线）为高时，在线上的二极管导通，将相应的 D（位线）与 W 相连使 D 为 1，无二极管的 D 为 0。如图 7-7 中所存的信息为

W_0：0101；W_1：1110；W_2：0011；W_3：1010

掩模 ROM 除二极管掩模外，还有 TTLROM 和 MOSROM 等形式。

（2）一次性可编程 ROM(PROM)。PROM 在出厂时，存储内容全为 1（或全为 0），用户可根据需要，利用编程器将某些单元改写成 0（或 1）。PROM 一旦进行了编程，就不能再修改了。

（3）光擦除可编程 ROM(EPROM)。EPROM 是采用浮栅技术的可编程存储器，信息的存储是通过 N 沟道 MOS 管浮栅上的电荷分布来决定的，编程过程实际上是一个电荷注入过程。编程结束后，尽管撤掉了电源，但是由于其浮栅上的电荷不泄漏，电荷分布维持不变，因此 EPROM 为一个非易失性存储器件。

图 7-8 所示是一个典型 24 引脚的 EPROM 存储器芯片，其顶部具有一个特设的石英窗口。如果要对 EPROM 重复使用或重复编程，可用外部能源（如紫外线光源）通过窗口加到 EPROM 上面，使聚集在浮栅上的电荷在紫外线照射下形成光电流被泄漏掉，电路恢复到初始状态，从而擦除了所有原来写入的信息，之后 EPROM 就可以写入新的信息。

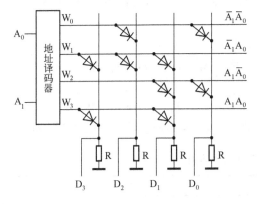

图 7-7　二极管掩膜 ROM 的结构

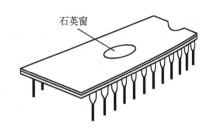

图 7-8　EPROM 芯片

（4）电擦除可编程 ROM(E^2PROM)。E^2PROM 也是采用浮栅技术的可编程存储器，但是构成其存储单元的是隧道 MOS 管。与 NMOS 管不同的是隧道 MOS 管是用电擦除的，并且速度要快得多（一般为 ms 级）。

E^2PROM 的电擦除过程就是改写过程，它可以随时改写（重复擦写 1 万次以上）。目前，大多数 E^2PROM 芯片内部都具备升压电路，只需提供单电源即可进行读、擦除/写操作，极大地方便了数字系统设计和在线调试。

（5）快闪存储器（简称闪存，Flash ROM）。闪存是一种长寿命的非易失性的存储器，是 E^2PROM 的变种，其数据删除不是以单个的字节为单位而是以固定的区块为单位，这样 Flash ROM 就比 E^2PROM 的更新速度快。由于其断电时仍能保存数据，Flash ROM 通常被用来保存设置信息，如在计算机的 BIOS（Basic Input/ Output System，基本输入/输出程序）、PDA（Personal Digital Assistant，个人数字助理）、数码相机中保存资料等。

2．ROM 的结构原理

1）ROM 的内部结构

与 RAM 相似，ROM 的结构也是主要由地址译码器和存储矩阵组成，只是省去了读/写控制器。这是因为只读存储器中的信息一旦写入，在正常工作时就只能读出而不能写入了，断电后信息也能保持，因而将 RAM 中的读/写控制器改用三态缓冲器即为 ROM 的典型结构,如图 7-9 所示。

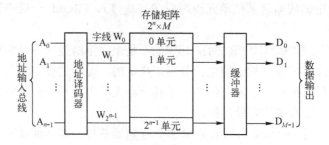

图 7-9 ROM 的内部结构示意图

2) ROM 的基本工作原理

以图 7-7 所示的二极管掩膜 ROM 为例,其中与门阵列组成译码器,或门阵列构成存储阵列,其存储容量为 4×4 位=16 位。

(1) 输出信号表达式。与门阵列输出表达式为

$$W_0 = \overline{A_1} \cdot \overline{A_0}, \quad W_1 = \overline{A_1} \cdot A_0, \quad W_2 = A_1 \cdot \overline{A_0}, \quad W_3 = A_1 \cdot A_0$$

或门阵列输出表达式为

$$D_0 = W_0 + W_2, \quad D_1 = W_1 + W_2 + W_3, \quad D_2 = W_0 + W_1, \quad D_3 = W_1 + W_3$$

(2) ROM 的功能表。综上分析,可得出图 7-7ROM 的逻辑功能表如表 7-1 所示。

表 7-1 图 7-7 的逻辑功能表

地址		输出数据				说明
A_1	A_0	D_3	D_2	D_1	D_0	存储单元
0	0	0	1	0	1	0
0	1	1	1	1	0	1
1	0	0	0	1	1	2
1	1	1	0	1	0	3

(3) 功能说明。从存储器角度看,A_1A_0 是地址码,$D_3D_2D_1D_0$ 是数据。表 7-1 说明:在 00 地址中存放的数据是 0101;01 地址中存放的数据是 1110;10 地址中存放的数据是 0011;11 地址中存放的数据是 1010。

从函数发生器角度看,A_1A_0 是两个输入变量,$D_3D_2D_1D_0$ 是 4 个输出函数。表 7-1 说明:当变量 A_1、A_0 取值为 00 时,函数 $D_3=0$、$D_2=1$、$D_1=0$、$D_0=1$;当变量 A_1、A_0 取值为 01 时,函数 $D_3=1$、$D_2=1$、$D_1=1$、$D_0=0$;依此类推。

从译码编码角度看,与门阵列先对输入 A_1A_0 进行译码,得到 4 个输出信号 W_0、W_1、W_2、W_3;再由或门阵列对 $W_0 \sim W_3$ 四个信号进行编码。表 7-1 说明:W_0 的编码是 0101;W_1 的编码是 1110;W_2 的编码是 0011;W_3 的编码是 1010。

知识链接

ROM 的与或阵列图

为进一步简化分析,可将图 7-7 中的 ROM 电路跨接有二极管的字线与地址线的交叉处

以及字线和位线的交叉处（即逻辑功能表 7-1 中的"1"）的二极管用小黑点代替，无二极管的交叉处不加小黑点，在此规定下，图 7-7 可用图 7-10 所示的简化图（即符号矩阵）画出，该图也称为 ROM 的与或阵列图。

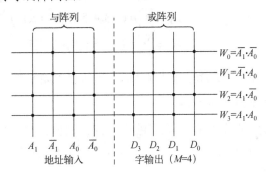

图 7-10 ROM 的与或阵列图

从图 7-10 可以看出，与阵列横线上的两个小黑点表示与其交叉的两条竖线变量是相与的关系。例如，与阵列第一条横线的两个小黑点对应的两条竖线分别为 $\overline{A_1}$ 和 $\overline{A_0}$，所以相与的结果为 $W_0 = \overline{A_1} \cdot \overline{A_0}$，即对应的横线为最上边的字线。

在或阵列中，每根竖线上的小黑点之间为相或的关系，该线上的每一个小黑点都分别对应左边与阵列的一个与项。

3. ROM 在组合电路中的应用

ROM 的主要用途是存放各种数学函数表和一些固化程序等，芯片厂家根据用户提供的有关与或阵列图，便可进行大批量生产。除此之外，根据 ROM 的字线实际上包含了所有输入地址变量的最小项以及任何组合逻辑电路也都可以表示为最小项的和这一事实，完全可以用 ROM 设计出任意组合电路。

【例 7-2】 某组合电路，要求输入变量为 4 位二进制数，试用 ROM 设计出输出为格雷码的组合电路。

解： 4 位二进制码转换成格雷码的真值表如表 7-2 所示。

表 7-2 4 位二进制码转换成格雷码的真值表

二进制数				格雷码				二进制数				格雷码			
B_3	B_2	B_1	B_0	G_3	G_2	G_1	G_0	B_3	B_2	B_1	B_0	G_3	G_2	G_1	G_0
0	0	0	0	0	0	0	0	1	0	0	0	1	1	0	0
0	0	0	1	0	0	0	1	1	0	0	1	1	1	0	1
0	0	1	0	0	0	1	1	1	0	1	0	1	1	1	1
0	0	1	1	0	0	1	0	1	0	1	1	1	1	1	0
0	1	0	0	0	1	1	0	1	1	0	0	1	0	1	0
0	1	0	1	0	1	1	1	1	1	0	1	1	0	1	1
0	1	1	0	0	1	0	1	1	1	1	0	1	0	0	1
0	1	1	1	0	1	0	0	1	1	1	1	1	0	0	0

由表 7-2 中可以看出，各位格雷码的最小项表达式为

$$G_3 = \sum m(8,9,10,11,12,13,14,15)$$
$$G_2 = \sum m(4,5,6,7,8,9,10,11)$$
$$G_1 = \sum m(2,3,4,5,10,11,12,13)$$
$$G_0 = \sum m(1,2,5,6,9,10,13,14)$$

只要画出与阵列后，在或阵列相应最小项上打点即可得出如图 7-11 所示的 ROM 阵列图。

4．常用的 EPROM 举例——2764

2764 是 8KB×8 的紫外线擦除、电可编程只读存储器，单一+5 V 供电，工作电流为 75 mA，维持电流为 35 mA，读出时间最大为 250 ns，28 脚双列直插式封装，如图 7-12 所示。

1）2764 各引脚的含义

$A_0 \sim A_{12}$ 为 13 根地址线，可寻址 8 KB。

$D_0 \sim D_7$ 为 8 根数据输出线。

$\overline{CE}$ 为片选端。

$\overline{OE}$ 为数据输出使能端。

$\overline{PGM}$ 为编程脉冲输入端。

U_{PP} 是编程电源。

U_{CC} 是主电源。

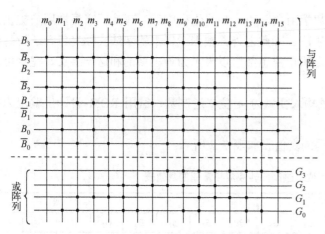

图 7-11　4 位二进制码转换成 4 位格雷码的 Rom 阵列图　　图 7-12　EPROM2764 引脚排列图

2）2764 的工作原理

在正常使用时，$U_{CC} = U_{PP} = +5$ V，$\overline{PGM}$ 引脚接高电平，数据由数据总线输出。在进行编程时，$\overline{PGM}$ 引脚接低电平，U_{PP} 引脚接编程电平+25 V，数据由数据总线输入。

当 $\overline{OE}=0$ 时，输出端使能；当 $\overline{OE}=1$ 时，输出被禁止，ROM 数据输出端为高阻态。

当 $\overline{CE}=0$ 时，ROM 工作；当 $\overline{CE}=1$ 时，ROM 停止工作，且输出为高阻态（无论 $\overline{OE}$ 为何值）。ROM 输出能否被使能取决于 $\overline{CE}+\overline{OE}$ 的结果：当 $\overline{CE}+\overline{OE}=0$ 时，ROM 输出使能，否则将被禁止，输出为高阻态。另外，当 $\overline{CE}=1$ 时，还会停止对 ROM 内部译码器等电路的供电，其功耗降低到正常工作时的 10% 以下，这样会使系统中 ROM 芯片的总功耗大大降低。

5. ROM 容量的扩展

1）位扩展

图 7-13 所示是将两片 2764 扩展成 8K×16 位 EPROM 的连线图。

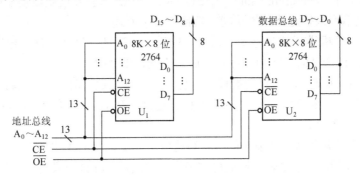

图 7-13　两片 2764ROM 扩展成 8K×16 位 EPROM 的连线图

2）字扩展

图 7-14 所示是将 8 片 2764 扩展成 64K×8 位 EPROM 的连线图。

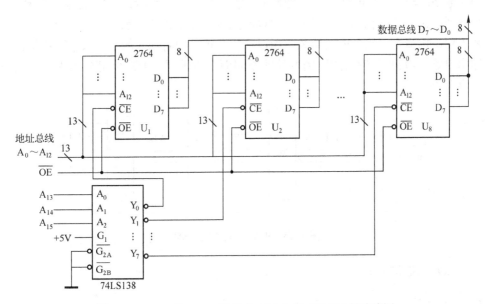

图 7-14　8K×8 位 ROM 扩展成 64K×8 位 EPROM 的连线图

任务 7.2　学习可编程逻辑器件

任务目标

1. 了解可编程逻辑器件的特点、分类、基本结构。
2. 熟悉可编程逻辑器件的性能。

7.2.1 可编程逻辑器件的基本知识

1. 可编程逻辑器件的概念与特点

可编程逻辑器件（Programmable Logic Device，PLD）是 20 世纪后期发展起来的新型逻辑器件，它通过编程来确定器件的功能。其特点如下所述。

（1）可用计算机进行数字电路（系统）的设计和测试。设计成功的电路可方便地下载到 PLD 中，从而使产品的研制周期缩短、成本降低、效率提高。

（2）以 PLD 为核心的电路功能修改方便。这种修改通过对 PLD 重新编程来实现，但不影响其外围电路。因此更易于产品的维护、更新。PLD 使硬件也能像软件一样实现升级，因而是硬件的革命。

（3）PLD 集成规模大。较复杂的数字系统用 1 片或几片 PLD 即可实现，因此应用 PLD 生产的产品具有体积小、重量轻、性能可靠等优点。此外，PLD 还具有硬件加密功能。

（4）应用 PLD 设计电路时，需选择合适的软件。

2. PLD 的基本结构

PLD 的基本结构如图 7-15 所示，各部分功能如下。

输入电路：输入缓冲电路用以产生输入信号的原变量和反变量，提供足够的驱动能力。

与阵列：由多个多输入与门组成，用以产生输入变量的各乘积项。

或阵列：由多个多输入或门组成，用以产生或项，即将输入的某些乘积项相加。

输出电路：PLD 的输出回路因器件的不同而有所不同，但总体可分为固定输出和可组态输出两大类。

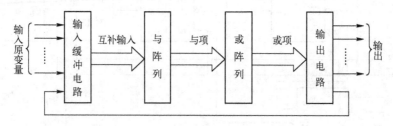

图 7-15 PLD 的基本结构框图

3. PLD 的表示方法

1）连接方式

图 7-16 所示为 PLD 中阵列交叉点上 3 种连接方式的表示法。其中，交叉处为"·"的表示纵横两线为固定连接，不能"编程"使其断开；交叉处为"×"的表示该处为可编程连接，即可通过"编程"使其断开；交叉处无任何符号的表示纵横两线不连接。

(a) 固定连接　(b) 可编程连接　(c) 不连接

图 7-16 PLD 连接表示法

2）逻辑门的表示方式

与普通数字电路的习惯表示方法不同，PLD 中门电路和缓冲器的表示法如图 7-17 所示。

3）PLD 电路的表示法

例如，在一些 PLD 中，与阵列是通过编程完成的，而或阵列是固定的。如图 7-18 所示是这种 PLD 编程后的电路表示法，它完成的逻辑功能为

$$Y_1 = AB + \overline{AB} \longrightarrow 同或逻辑$$
$$Y_2 = \overline{A}B + A\overline{B} \longrightarrow 异或逻辑$$

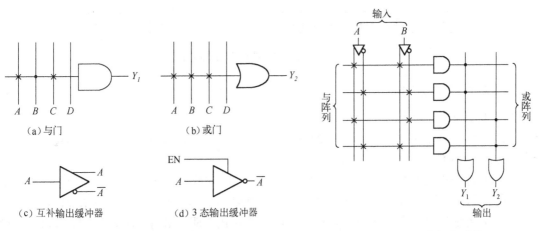

图 7-17　PLD 逻辑门的表示方式

图 7-18　PLD 编程阵列图

7.2.2　可编程逻辑器件简介

1. PLD 的类型

（1）按编程情况不同分类，如表 7-3 所示。

表 7-3　PLD 内部可编程情况

类　型	与　阵　列	或　阵　列	输 出 电 路
PROM（Programmable Rom，可编程 ROM）	固定	可编程	固定
PLA（Programmable Logic Array，可编程逻辑阵列）	可编程	可编程	固定
PAL（Programmable Array Logic，可编程阵列逻辑）	可编程	固定	固定
GAL（Generic Array Logic，通用阵列逻辑）	可编程	固定	可组态

（2）按集成密度分类，有低密度 PLD 和高密度 PLD 之分。PROM、PLA、PAL、GAL 均属低密度 PLD。高密度 PLD（High Density PLD，HDPLD）集成度高、容量大，实现逻辑控制的能力强，主要包括复杂可编程逻辑器件（Complex Programmable Logic Device，CPLD）和现场可编程门阵列（Field Programmable Gate Array，FPGA）两大类，如图 7-19 所示。

（3）按编程方式分类，可分为在系统可编程逻辑器件和普通 PLD。

① 在系统可编程逻辑器件（In-System Programmable PLD，ISPPLD）。ISP 器件不需要

专用编程器，可以在工作现场或者生产线上，经串口直接对系统进行现场升级，极大方便了电路的设计、调试、检修等工作，因此得到越来越广泛的应用。

② 普通 PLD。一般的 PLD 需要使用编程器进行编程。

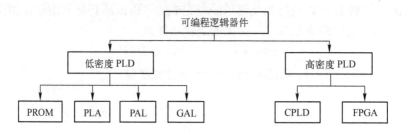

图 7-19　可编程逻辑器件按集成度分类

2．PLD 的功能介绍

1）低密度 PLD

低密度 PLD 是可编程逻辑器件的早期产品，尽管今天用得不多，但是它为超大规模专用集成电路 ASIC 的发展奠定了基础。

（1）可编程只读存储器 PROM。它是 20 世纪 70 年代初期出现的第一代 PLD，采用熔丝工艺编程，只能写一次，具有价格低、易编程的特点，适于存储函数和数据表格。

（2）可编程逻辑阵列 PLA。它是 20 世纪 70 年代中期推出的一种基于"与-或阵列"的一次性编程器件，只能用于组合逻辑电路的设计。PLA 的资源利用率较低，现已基本不用。

（3）可编程阵列逻辑 PAL。它是 20 世纪 70 年代末期由 AMD 公司率先推出的，PAL 由可编程与阵列、固定或阵列和输出电路 3 部分组成，适于各种组合和时序逻辑电路的设计，但它也是一次性编程器件。

（4）通用阵列逻辑 GAL。它是在 PAL 基础之上，由 Lattice 公司在 20 世纪 80 年初期推出的。GAL 在结构上采用了可编程逻辑宏单元（Output Logic Macro Cell，OLMC）的形式，在工艺上吸收了 E^2PROM 的浮栅技术，从而使其具有电可擦写、可重复编程、数据能长期保存和可设置加密等特点。常见的 GAL 器件型号为 GAL16V8 和 GAL20V8。

上面介绍的这些简单的低密度 PLD 器件目前基本上只有 GAL 还在应用，但限于集成度，它也只能用在中小数字逻辑方面。

2）高密度 PLD

现在的 PLD 以大规模、超大规模集成电路工艺制造的 CPLD、FPGA 为主，它实际上就是一个子系统，可以替代几十甚至几千块通用 IC 芯片。比较典型的器件是 Altera 公司和 Xilinx 公司生产的 CPLD 系列和 FPGA 系列，它们占有全球 60%的市场份额。

（1）复杂可编程逻辑器件（CPLD）。它是 20 世纪 90 年代初期由 GAL 器件发展而来的，采用了 E^2PROM、Flash ROM 和 SRAM 等编程技术，从而构成了高密度、高速度和低功耗的可编程逻辑器件。CPLD 的主体仍是与-或阵列，因而称之为阵列型 HDPLD。典型的 CPLD 器件有 Altera 公司的 MAX7000 和 MAX9000 系列、Xilinx 公司的 7000 和 9000 系列。

（2）现场可编程门阵列（FPGA）。它是由若干独立的可编程逻辑模块排列为阵列组成，通过片内连线将这些模块连接起来实现一定逻辑功能，因而称之为单元型 HDPLD。由于 FPGA 的逻辑功能配置数据存放在片内的 SRAM 上，断电后数据便随之丢失，因此在工作前需要从芯片外的 EPROM 中加载配置数据。

知识链接

FLEX 10K 系列器件

FLEX 10K 系列是 Altera 公司于 1998 年推出的 FPGA 主流产品，具有高密度、在线配置、高速度与连续布线结构等特点。它的集成度达到了 10 万门级，而且是在业界首次集成了嵌入式阵列块（EBA）的芯片。

所谓 EBA 实际上是一种大规模的 SRAM 资源，可以被方便地设置为 RAM、ROM、FIFO（First In First Out，先入先出数据缓存器）及双口 RAM 等存储器。EBA 的出现极大地拓展了 PLD 芯片的应用领域。

3）CPLD 与 FPGA 的比较

（1）结构上的差异。CPLD 的各个逻辑块相互独立，数量从几到几十块；FPGA 的各个逻辑块相互关联，数量为几百到几千块。

（2）逻辑块的互联。CPLD 属于集中式；FPGA 属于分布式。

（3）使用的方便性。CPLD 采用 E^2PROM 工艺，可以断电工作，使用起来更加方便且保密性好；FPGA 采用 SRAM 工艺，断电数据即丢失，但可以实现动态重构。

（4）器件的性能。CPLD 属于控制型，适合做接口电路，尤其是用在高速的场合；FPGA 属于数据型，适合做算法电路。

对用户来说，虽然 CPLD 与 FPGA 的结构性能有所不同，但是其开发方法是一样的。由于现在 PLD 开发软件已经发展得相当完善，甚至可以不需要深入了解 PLD 的内部结构，利用读者自己熟悉的开发软件和设计流程就可以完成相当优秀的 PLD 设计。

任务 7.3　EDA 技术与 VHDL 设计

任务目标

1. 了解 EDA 技术及相关软件。
2. 熟悉可编程逻辑器件的 VHDL 设计。

7.3.1　EDA 技术介绍

1. EDA 的概念

EDA（Electronic Design Automation，电子设计自动化）。EDA 技术是指以计算机为工作平台，以 EDA 软件工具为开发环境，以硬件描述语言为设计输入，以 ASIC 芯片为目标器件，以电子系统设计为应用方向的一种新技术手段。

EDA 旨在帮助电子设计工程师在计算机上完成电路的功能设计、逻辑设计、性能分析、时序测试直至 PCB（印制电路板）的自动设计。

与 CAD 软件相比，EDA 软件的自动化程度更高，功能更完善，运行速度更快，而且操作界面友好，有良好的数据开放性和互换性，即不同厂商的 EDA 软件可相互兼容。因此，EDA 技术很快在世界各大公司、企业和科研单位得到了广泛应用，并已成为衡量一个国家电子技术发展水平的重要标志。

2．EDA 技术的基本特征

现代 EDA 技术的基本特征是采用硬件语言描述，具有系统级仿真和综合能力。

1）"自顶向下"的设计方法

传统的电子设计通常为"自底向上"的方法，即首先确定构成系统的最底层电路元器件（或模块）的结构功能，然后根据系统总的功能要求，将其搭接组合成更大的功能模块，直至完成整个系统的设计。可见，自底向下的设计方法自动化程度低，是一种低效、低可靠性、高成本的设计方法。

自顶向下的设计方法首先从系统级设计入手，在顶层进行功能方框图的划分和结构设计；在方框图级进行仿真、纠错，并用硬件描述语言对高层次的系统行为进行描述；在功能级进行验证，然后用逻辑综合优化工具生成具体的门级逻辑电路的网表，最后在物理级实现印制电路板或专用集成电路。这种设计方法有利于在早期发现结构设计中的错误，提高了设计的一次成功率，大大降低了成本，因而在现代 EDA 系统中被广泛采用。

2）采用硬件描述语言

用硬件描述语言（HDL）进行电路与系统的设计是当前 EDA 技术的一个重要特征。与传统的原理图输入设计方法相比较，硬件描述语言更适合于规模日益增大的电子系统，它还是进行逻辑综合优化的重要工具。目前最常用的硬件描述语言有 VHDL 和 Verilog-HDL，它们都已经成为 IEEE（美国电子电气工程师协会）标准。

知识链接

关于 IEEE 标准

美国电气和电子工程师协会（Institute of Electrical and Electronics Engineers，IEEE）是一个国际性的电子技术与信息科学工程师的协会，是世界上最大的专业技术组织之一，拥有来自近 200 个国家的 36 万会员。IEEE 标准已成为世界通用的行业标准。

3）开放性和标准化

任何一个 EDA 系统只要建立了一个符合标准的开放式框架结构，就可以接纳其他厂商的 EDA 工具一起进行设计工作。这样，框架作为一套使用和配置 EDA 软件包的规范，就可以实现各种 EDA 工具间的优化组合，并集成在一个易于管理的统一的环境之下，实现资源共享。

想一想：EDA 技术与 CAD 技术的主要区别是什么？

7.3.2　EDA 开发软件介绍

可编程器件的设计离不开 EDA 软件。现在有多种支持 CPLD 和 FPGA 的设计软件，有的设计软件是由芯片制造商提供的,其中 Altera 开发的 MAX+plus II 软件包(Quartus II 软件包是它的升级版)应用比较广泛。

1. MAX+plus II 软件

Altera 公司的 MAX+plus II 的开发软件是一个完全集成化、易学易用的可编程逻辑设计环境,它可以在多种平台上运行。Altera 的器件能达到最高的性能和集成度,不仅仅是因为采用了先进的工艺和全新的逻辑结构,还在于提供了现代化的设计工具。MAX+plus II 软件提供了一种与结构无关的设计环境,它使设计者能方便地进行设计输入、快速处理和器件编程。

使用 MAX+plus II,设计者无需精通器件内部的复杂结构,而只需要用自己熟悉的设计输入工具(如原理图或硬件编程语言)建立设计,MAX+plus II 会自动把这些设计转换成最终结构所需的格式。由于有关结构的详细知识已装入开发工具,设计者不需手工优化自己的设计,因此设计速度非常快。

2. PLD 的基本设计流程

CPLD/FPGA 器件的设计一般可以分为设计输入、设计处理和下载编程等几个步骤,如图 7-20 所示。

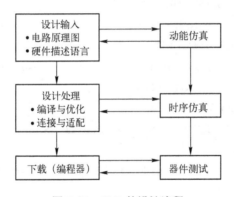

图 7-20 PLD 的设计流程

7.3.3 VHDL 语言设计基础

1. VHDL 的基本概念

所谓硬件描述语言(Hardware Description Language,HDL),实际就是一个描述工具,描述的对象是待设计电路系统的逻辑功能、实现该功能的算法、选用的电路结构以及其他各种约束条件等。通常要求 HDL 既能描述系统的行为,又能描述系统的结构。

硬件描述语言 HDL 种类较多,常用的有 VHDL、Verilog 和 ABEL 等。其中 VHDL(Very High Speed Integrated Circuit Hardware Description Language)是超高速集成电路硬件描述语言,主要用于描述数字系统的结构、行为、功能和接口,具有广阔的应用和工程价值前景。

一个相对完整的 VHDL 设计具有如图 7-21 所示的基本结构。

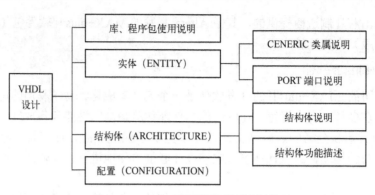

图 7-21 VHDL 程序设计的基本结构

在 VHDL 的以上 4 个部分中,实体和与之对应的结构体是必不可少的。

下面通过一些简单逻辑电路设计实例,使读者能迅速地从整体上把握 VHDL 语言的基本结构和设计特点,达到快速入门的目的。

2. 组合逻辑电路设计举例

【例 7-3】 2 选 1 数据选择器的 VHDL 描述。

```
                LIBRARY  IEEE;
                USE IEEE.STD-LOGIC-1164.ALL;          --IEEE 库使用说明
器件 mux21a     ENTITY  mux21a  IS                    --实体名称为 mux21a
的外部引脚        PORT(a, b: IN  BIT;
说明,这部            s: IN  BIT;                      --a、b、s 为三个输入引脚
分称为实体           y: OUT  BIT);                    --y 为输出引脚
                END  ENTITY  mux21a;

器件 mux21a     ARCHITECTURE  one  OF  mux21a  IS     --结构体名称为 one
的内部功能说       BEGIN
明,这部分称       y <=a  WHEN  s = '0'  ELSE          --结构体描述了实体 mux21a
为结构体              b;                              --的内部逻辑功能
                END  ARCHITECTURE  one;
```

这是一个组合逻辑电路 2 选 1 数据选择器的完整 VHDL 描述程序,可以直接综合出实现相应功能的逻辑电路及其功能器件。如图 7-22 所示是此描述对应的逻辑符号,图中 a 和 b 分别为两个数据输入端的端口名,s 为通道选择控制信号输入端的端口名,y 为输出端的端口名。"mux21a" 是设计者为此器件取的名字,这类似于 74LS48、74LS74 等器件的名称。如图 7-23 所示是对以上程序综合后获得的门级电路,因而可以认为是 "mux21a" 的内部电路结构。

1) 程序简单分析

由例 7-3 可见,2 选 1 数据选择器的 VHDL 描述由两大部分组成。

(1) 以关键词 "ENTITY" 引导,"END ENTITY mux21a" 结尾的语句部分,称为实体。它的功能是对设计实体进行外部接口描述,相当于把整个设计看成一个封装好的元器件,实体仅用来说明设计单元的输入、输出接口信号或引脚,它是设计实体对外的一个通信

界面。图 7-22 可以认为是该实体的图形符号表达。

（2）以关键词 "ARCHITECTURE" 引导，"END ARCHITECTURE one" 结尾的语句部分，称为结构体。结构体负责描述所设计实体的内部逻辑功能或电路结构。如图 7-23 所示是此结构体的原理图表达。

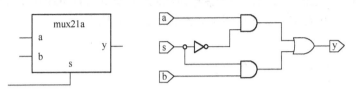

图 7-22　mux21a 的实体　　　图 7-23　mux21a 的结构体

在 VHDL 结构体中用于描述逻辑功能和电路结构的语句分为顺序语句和并行语句两部分。顺序语句的执行方式类似于普通软件语言的程序执行方式，都是按照语句的前后排列方式顺序执行的。而在结构体中的并行语句，无论有多少行，都是同时执行的（几乎不需要时间，这正是超高速硬件描述语言的特点），与语句的前后次序无关。

例 7-3 中的逻辑描述是用 WHEN_ELSE 结构的的并行语句表达的。它的含义是，当满足条件 s = '0'，即 s 为低电平时，a 输入端的信号传送至 y，否则 b 输入端的信号传送至 y。

图 7-24 所示是 2 选 1 数据选择器 mux21a 的仿真波形，从中不难看出 2 选 1 数据选择器的 VHDL 描述的正确性。

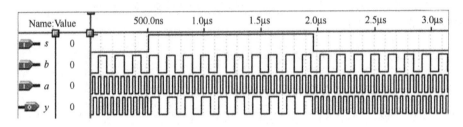

图 7-24　2 选 1 数据选择器 mux21a 仿真波形

2）VHDL 程序设计约定

为了便于程序的阅读和调试，对 VHDL 程序设计特做如下约定。

（1）语句结构描述中方括号 "[ ]" 内的描述语句不是必需的，可根据需要选择。

（2）对于 VHDL 的编译器和综合器来说，程序文字的大小写是不加区分的，但为了便于阅读和分辨，建议将 VHDL 基本语句中的关键词以大写表示，而由设计者添加的内容以小写方式来表示。如实体的结尾可写为 "END ENTITY mux21a"，其中的 mux21a 就是设计者取的实体名。

（3）程序中双横线 "--" 后面的文字是对程序的注释和说明，这些文字不参与编译和综合。注释文字一行写不完需要另起一行时，也要以 "--" 引导。通常，一段好的 VHDL 程序都包含有清晰的文字说明。

（4）为了便于程序的阅读和调试，书写和输入程序时，可以使用层次缩进格式，同层次的对齐，低一层的缩进两个字符。

3. VHDL 相关语句说明

1）实体

一个完整的 VHDL 程序必须包含实体和结构体两个组成部分。就一个设计实体而言，外界所看到的仅仅是它的界面上的各种接口，因此，实体是 VHDL 的表层设计单元。

（1）实体的语句结构。实体说明语句的书写格式如下：

```
ENTITY 实体名 IS
    [GENERIC（类属参数说明）;]
    PORT（端口说明）;
END [ENTITY] 实体名;
```

实体说明单元必须按照这一结构来编写，实体说明语句应以"ENTITY 实体名 IS"开始，以"END [ENTITY] 实体名;"结束，内部可包含类属说明和端口说明。其中的实体名由设计者自己定。由于实体名实际上表达的是该设计电路的器件名，所以最好根据相应电路的功能来确定，如上面例 7-3 中 2 选 1 数据选择器实体名为"mux21a"；4 位二进制计数器，实体名可取为"counter4b"。但应该注意的是，一般不应用数字或中文定义实体名，也不应用与 EDA 工具库中已定义好的元件名作为实体名，且不能以数字开头。

（2）类属说明语句。类属（GENERIC）参数说明语句必须放在端口说明语句之前，用以设定实体或元件的内部电路结构和规模。类属与常数不同，常数只能从设计实体的内部得到赋值，且不能再改变，而类属的值可以由设计实体外部提供。因此，设计者可以从外部通过对类属参量的重新设定而方便地改变一个设计实体的内部电路结构和规模。

类属说明的格式如下：

```
GENERIC ( 常数名：数据类型 [:=设定值];
          …
          常数名：数据类型 [:=设定值] );
```

类属说明以关键词"GENERIC"引导，其中常数名是由设计者确定的；数据类型通常取 INTEGER 或 TIME 等类型；设定值为常数名的默认值，提供时间参数或总线宽度等静态信息。类属说明是设计实体和外部环境进行通信的参数，它传递静态信息。类属在所定义的环境中的地位十分接近常数，但却能如上实体定义语句那样，将类属说明放在其中，且放在端口说明语句的前面。

例 7-4 是使用了类属说明的的实体描述。

【例 7-4】

```
ENTITY cpu IS
    GENERIC ( addrwidth : INTEGER:=16 ) ;
    PORT ( add_bus : OUT STD_LOGIC_VECTOR (addrwidth-1 DOWNTO 0 ) ;
           …
                                          );
END ENTITY cpu ;
```

这里，GENERIC 语句定义了一个地址宽度常数，在端口说明部分用该常数定义了一个 16 位的信号 addrwidth，这句相当于：

```
add_bus : OUT  STD_LOGIC_VECTOR (15  DOWNTO  0);
```

若该实体内部大量使用了 addrwidth 这个参数表示地址宽度,则当设计者需要改变地址宽度时,只需一次性在语句 GENERIC 中改变类属参量 addrwidth 的设定值,则结构体中所有相关的地址宽度都随之改变。由此可方便地改变整个设计实体的硬件规模和结构。

从 EDA 综合的结果来看,一个数字的改变将大大地影响设计结果的硬件规模;而从设计者的角度看,只需改变一个数字即可实现硬件的改变。用 VHDL 进行 EDA 设计的优越性由此可见一斑。

(3) PORT 端口说明。实体中端口说明的书写格式如下:

```
PORT (端口名 [端口名] : 端口模式  数据类型;
        ...
    端口名 [端口名]:端口模式  数据类型) ;
```

其中的端口名是设计者为实体的每一个对外通道所取的名字;端口模式用来说明信号的流动方向,共有 IN、OUT、INOUT、BUFFER 四种。

IN:IN 定义的通道为单向只读模式,规定数据只能通过此端口被读入实体中。

OUT:OUT 定义的通道为单向输出模式,规定数据只能通过此端口实体向外流出,或者说可以将实体中的数据向此端口赋值。

INOUT:INOUT 定义的通道确定为输入/输出双向端口,即从端口的内部看,可以对此端口进行赋值,也可以通过此端口读入外部的数据信息;而从端口的外部看,信号既可以从此端口流出,也可以向此端口输入信号,如 RAM 的数据端口,单片机的 I/O 口。

BUFFER:BUFFER 的功能与 INOUT 类似,区别在于当需要输入数据时,只允许内部回读输出的信号,即允许反馈。如计数器设计,可将计数器输出的计数信号回读,以做下一计数值的初值。与 INOUT 模式相比,BUFFER 回读的信号不是由外部输入的,而是由内部产生向外输出的信号。

在例 7-3 中,a、b、s 的端口模式都定义为 IN,y 的端口模式定义为 OUT。

数据类型是指端口上流动的数据的表达格式。在例 7-3 中端口信号 a、b、s 和 y 的数据类型都定义为位数据类型 BIT。BIT 数据类型的信号规定的取值范围是逻辑位'1'和'0'。在 VHDL 中,逻辑位 1 和 0 的表达必须加单引号,否则 VHDL 综合器将 1 和 0 解释为整数类型 INTEGER。BIT 数据类型可以参与逻辑运算或算术运算,其结果仍是位的数据类型。

2)结构体

对一个电路系统而言,实体描述部分主要是对系统的外部接口的描述,这一部分如同是一个"黑盒",描述时并不需要考虑实体内部的具体细节。因为描述实体内部结构和性能的工作是由结构体完成的。

结构体是一个实体的组成部分,是对实体功能的具体描述。结构体不能单独存在,它必须有一个界面说明,即一个实体。结构体主要描述实体的内部结构、元件之间的互连关系、实体所完成的逻辑功能以及数据的传输变换等内容。如果实体代表一个电路的符号,则结构体描述了这个符号的内部行为。一个实体可以有多个结构体,但同一个结构体不能隶属于不同的实体。每个结构体对应着一个实体不同的结构和算法实现方案,各个结构体的地位是等同的。

结构体的书写格式如下：

```
ARCHITECTURE 结构体名 OF 实体名 IS
    [说明语句;]
BEGIN
    功能描述语句;
END [ ARCHITECTURE ] 结构体名 ;
```

在书写格式上，实体名必须是所在设计实体的名字，而结构体名可以由设计者自己定义，但当一个实体具有多个结构体时，结构体的取名不可相同。结构体的说明语句部分必须放在关键词"ARCHITECTURE"和"BEGIN"之间，结构体必须以"END [ARCHITECTURE] 结构体名;"做为结束句。

说明语句包括在结构体中需要说明和定义的数据对象、数据类型、元件调用声明等。说明语句并非是必须的，如例 7-3 中就没有说明语句。功能描述语句则不同，结构体中必须给出相应的电路功能描述语句，可以是并行语句、顺序语句或它们的混合。

3）信号传输（赋值）符号和数据比较符号

例 7-3 中的表达式"y<=a"表示输入端口 a 的数据向输出端口 y 传输，但也可以解释为信号 a 向信号 y 赋值。VHDL 要求赋值符号"<="两边的信号的数据类型必须一致。

例 7-3 中，条件判断语句 WHEN_ELSE 通过测试表达式"s='0'"的比较结果，以确定由哪一端口向 y 赋值。条件语句 WHEN_ELSE 的判定依据是表达式"s='0'"输出的结果。表达式中的等号"="没有赋值的含义，只是一种数值比较符号。其表达式输出结果的数据类型是布尔数据类型 BOOLEAN，它的取值分别是：true（真）和 false（假）。即当 s 为高电平时，表达式"s='0'"输出"false"；当 s 为低电平时，表达式"s='1'"输出"true"。在 VHDL 综合器或仿真器中分别用'1'和'0'表示 true 和 false。

4）逻辑操作符及数据对象

【例 7-5】 2 选 1 数据选择器的第二种描述方法。

```
ENTITY  mux21a IS
  PORT( a, b : IN  BIT ;
        s : IN  BIT ;
        y : OUT  BIT ) ;
END ENTITY mux21a ;

ARCHITECTURE  one  OF  mux21a  IS
  SIGNAL d , e : BIT ;         --类似于在芯片内部定义了两个数据的暂存节点
  BEGIN
  d <= a AND (NOT s) ;
  e <= b AND s ;
  y <= d OR e ;                --将内部的暂存数据向端口输出
END  ARCHITECTURE   one ;
```

例 7-5 实现的也是 2 选 1 数据选择器，在该例中出现的 AND、OR 和 NOT 是逻辑操作符号。VHDL 共有 7 种基本逻辑操作符，它们是 AND（与）、OR（或）、NOT（非）、NAND（与非）、NOR（或非）、XOR（异或）、XNOR（同或）。信号在这些操作符的作用

下，可构成组合电路。逻辑操作符所要求的操作数（操作对象）的数据类型有 3 种，即位数据类型 BIT、布尔数据类型 BOOLEAN、标准逻辑位数据类型 STD_LOGIC。逻辑操作符左右两边操作数的数据类型及位宽必须相同。逻辑运算的顺序是先作括号里的运算，再作括号外的运算。

例 7-5 中的语句"SIGNAL d , e : BIT;"表示在描述的器件 mux21a 内部定义标识符 d、e 的数据对象为信号 SIGNAL，其数据类型为 BIT。由于 d 和 e 被定义为器件的内部节点信号，数据的进出不像端口信号那样受限制，所以不必定义其端口模式。在 VHDL 中，数据对象类似于一种容器，它接受不同数据类型的赋值。数据对象有 3 类，即信号（SIGNAL）、变量（VARIABLE）和常量（CONSTANT）。

5）WHEN_ELSE 条件信号赋值语句

例 7-3 中出现的是条件信号赋值语句，这是一种并行赋值语句，其表达方式如下：

```
赋值目标 <= 表达式 WHEN 赋值条件 ELSE
表达式 WHEN 赋值条件 ELSE
                ...
表达式 ;
```

在结构体中的条件信号赋值语句的功能与在进程中的 IF 语句相同，在执行条件信号语句时，每一"赋值条件"是按书写的先后关系逐项测定的，一旦发现"赋值条件"为 true，立即将"表达式"的值赋给"赋值目标"信号。

另外应注意，由于条件测试的顺序性，条件信号赋值语句中的第一个字句具有最高赋值优先级，第二句其次，依此类推。例如，在以下程序中，如果当 p1 和 p2 同时为'1'时，z 获得的赋值是 a 而不是 b。

```
z <= a WHEN p1='1' ELSE
     b WHEN p2='1' ELSE
     c;
```

6）IF 条件语句

【例 7-6】 2 选 1 数据选择器的第三种描述方法。

```
ENTITY mux21a IS
  PORT( a, b : IN BIT ;
        s : IN BIT ;
        y : OUT BIT ) ;
END ENTITY mux21a ;
ARCHITECTURE one OF mux21a IS
  BEGIN
    PROCESS (a,b,s)
      BEGIN
        IF  s = '0'  THEN
          y <= a ;
        ELSE
          y <= b ;
        END IF;
```

```
        END PROCESS;
    END ARCHITECTURE one ;
```

例 7-6 采用了 IF_THEN_ELSE 表达的 VHDL 顺序语句的方式，描述了 2 选 1 数据选择器：首先判断如果 s 为低电平，则执行"y <= a"语句，否则（当 s 为高电平），则执行语句"y <= b"。

IF 语句是一种条件语句，它根据语句中设置的一种或多种条件，有选择地执行指定的顺序语句。IF 语句的语句结构有以下 4 种。

(1) IF 条件句 THEN

```
        顺序语句;
    END IF;
```

(2) IF 条件句 THEN

```
        顺序语句;
    ELSE
        顺序语句;
    END IF;
```

(3) IF 条件句 THEN

```
        顺序语句;
    ELSIF 条件语句 THEN
        顺序语句;
    …
    ELSE
        顺序语句;
    END IF;
```

(4) IF 条件句 THEN

```
    IF 条件句 THEN
        …
        END IF;
    END IF;
```

7) PROCESS 进程语句

从例 7-6 可见，IF 顺序语句是放在"PROCESS"引导的语句中，由 PROCESS 引导的语句称为进程语句。在 VHDL 中，所有合法的顺序描述语句都必须放在进程语句中。

例 7-6 中 PROCESS 旁的 (a,b,s) 称为进程的敏感信号表，通常要求将进程中所有的输入信号都放在敏感信号表中。如例 7-6 中的输入信号是 a、b 和 s，所以将它们全部列入敏感信号表中。由于 PROCESS 语句的执行依赖于敏感信号的变化，当某一敏感信号（如 a）从原来的'1'跳变到'0'，或者从原来的'0'跳变到'1'时，就将启动此进程语句，而在执行一遍整个进程的顺序语句后，便进入等待状态，直到下一次敏感信号表中某一信号的跳变才再次进入"启动-运行"状态。

在一个结构体中可以包含任意个进程语句,所有的进程语句都是并行语句,而由任一进程 PROCESS 引导的语句结构属于顺序语句。

4. 时序逻辑电路设计举例

前面以组合逻辑电路 2 选 1 数据选择器的 VHDL 描述为例,学习了 VHDL 的结构及相关的语句。下面以 D 触发器为例,学习时序逻辑电路的 VHDL 描述方法。

1) D 触发器的 VHDL 描述

【例 7-7】 图 7-25 所示为 D 触发器的逻辑符号,试用 VHDL 对其进行设计。

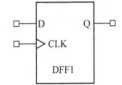

图 7-25 D 触发器逻辑符号

```
LIBRARY  IEEE ;          --打开 IEEE 库
USE  IEEE.STD_LOGIC_1164.ALL ;
                         --调用 IEEE 库中的 STD_LOGIC_1164 程序包中的所有内容
ENTITY  DFF1  IS
  PORT (CLK : IN  STD_LOGIC ;
        D : IN  STD_LOGIC ;
        Q : OUT  STD_LOGIC );
END  ENTITY  DFF1;
ARCHITECTURE  bhv  OF  DFF1 I S
  BEGIN
    PROCESS (CLK)
      BEGIN
        IF  CLK'EVENT  AND  CLK = '1'   THEN
           Q <= D ;
        END IF;
    END PROCESS ;
END  ARCHITECTURE  bhv;
```

最简单并最具有代表性的时序电路是 D 触发器,它是现代数字系统设计中最基本的时序单元和底层元件。D 触发器的描述包含了 VHDL 对时序电路的最基本和典型的表达方式,同时也包含了 VHDL 中许多最具特色的语言现象。与例 7-6 相比,从 VHDL 的描述上看,例 7-7 多了两部分。

(1) 由 LIBRARY 引导的库说明部分。

(2) 使用了一种新的条件判断表达式。

除此之外,虽然例 7-6 描述的是组合逻辑电路,而例 7-7 描述的是时序逻辑电路,如果不详细分析其中的表述含义,两例在语句结构和语言应用上没有明显的差异,也不存在如其他硬件描述语言那样用于表示时序和组合逻辑电路的特征语句,更没有与特定的软件或硬件相关的特征属性语句。这充分表明了 VHDL 电路描述与设计平台和硬件实现对象无关性的优秀特点。

2) D 触发器 VHDL 相关语句说明

(1) 设计库和程序包。在一个设计实体中定义的常数、数据类型、元件、子程序等,对其他的设计实体是不可用的,也称不可见。为使已定义的常数、数据类型、元件、子程序能被更多的设计实体访问和共享,可把它们收集在某个 VHDL 程序包中。多个程序包则可并入一个 VHDL 库中,使之更适用于一般的访问与调用。这样,既减少了程序代码的输入量,又使程序结构更加清晰。

由此看来,库(LIBRARY)可以看成是用来存储预先完成的程序包和数据集合体的仓库。仓库里的信息可以是预先定义好的数据类型、子程序等设计单元的集合体(程序包),也可以是预先设计好的各种设计实体(元件库程序包)。如果要在一项 VHDL 设计中使用某一程序包,就必须在这项设计中预先打开这个程序包,使此设计能随时使用这一程序包中的内容。

使用库和程序包的一般格式如下:

```
LIBRARY  库名;
USE  库名.程序包名.ALL;
```

第一句是打开以"库名"来命名的库;第二句是调用该库中以"程序包名"来命名的程序包中的所有内容,如例 7-7 中的前两行语句。

VHDL 库分为两类:设计库(预定义库)和资源库。

① 设计库。设计库对当前项目是可见的、默认的,无须用"LIBRARY"语句来显示打开,有 STD 库和 WORK 库两种。

STD 库定义了 VHDL 的多种常用的数据类型,如 BIT、BIT_VECTOR。STD 库中有 STANDARD 和 TEXTIO 两个程序包。由于 BIT 数据类型定义在 STANDARD 程序包中,所以在例 7-6 中,实体前无须加下列语句:

```
LIBRARY  STD;
USE  STD.STANDARD.ALL;
```

WORK 库是 VHDL 语言的工作库,是用户的临时仓库。用户在项目设计中已设计成功,或正在验证,或未仿真的中间部件等都堆放在 WORK 工作库中。

② 资源库。STD 库和 WORK 库之外的其他库都被称为资源库,它是常规元件和标准模块存放的库。使用资源库中的内容必须用"LIBRARY"语句来打开。最常用的资源库为 IEEE 库和 VITAL 库。

STD_LOGIC 数据类型定义在 STD_LOGIC_1164 的程序包中,此程序包所在的库为 IEEE,所以例 7-7 在实体前有如下两行语句:

```
LIBRARY  IEEE ;
USE   IEEE.STD_LOGIC_1164.ALL ;
```

(2)边沿检测语句。例 7-7 中的条件语句的判断表达式"CLK'EVENT AND CLK = '1'"是用于检测时钟信号 CLK 的上升沿的,即如果检测到 CLK 的上升沿,此表达式将输出"true"。

关键词"EVENT"是信号属性,VHDL 通过以下表达式来检测某信号的跳变边沿:

```
信号' EVENT
```

"CLK'EVENT"就是对 CLK 信号在当前的一个极小的时间内发生事件进行检测。所谓发生事件,就是 CLK 的电平发生变化。如果发生了事件,此表达式将输出一个布尔值 true,否则为 false。

"CLK'EVENT AND CLK = '1'"表示如果信号 CLK 在极小的时间内发生了跳变,而且之后为高电平,则 CLK 产生了上升沿。

 想一想:用于检测时钟信号 CLK 下降沿的表达式是什么?

需要说明的是:上面的几个实例是简单的逻辑电路设计,而 VHDL 主要是用来进行较复杂逻辑系统设计的,如要进一步学习请参考其他相关专业书籍。

实用资料　可编程逻辑器件厂商及软件

作为一名优秀的电子设计工程师,必须对一些知名的相关 PLD 厂商及其产品有一定的了解,这样才能更好完成设计任务。表 7-4 列出了主要厂商开发的 EDA 软件特性。

表 7-4　EDA 主要开发软件的特性

厂商	EDA 软件名称	适用器件系列	输入方式
Lattice	Synario	MACH GAL、ispLSI、pISI 等	原理图、ABEL 文本、VHDL 文本等
Lattice	Expert、LEVER	ispLSI、pLSI、MACH 等	原理图、VHDL 文本等
Altera	MAX+plus Ⅱ	MAX、FLEX 等	原理图、波形图、VHDL 文本、AHDL 文本等
Altera	Quartus Ⅱ	MAX、FLEX、APEX 等	原理图、波形图、VHDL 文本、Veriloghdl 文本等
Actel	Actel Designer	SX 系列、MX 系列	原理图、VHDL 文本等
Xilinx	Alliance	Xilinx 各种系列	原理图、VHDL 文本等
Xilinx	Foundation	XC 系列	原理图、VHDL 文本等

技能训练　计数器的 EDA 设计

1. 实训目的

(1) 实现带计数允许和复位端的十进制、六进制和一百进制计数器。
(2) 掌握计数器类型模块的描述方法。
(3) 体会 EDA 技术的优点。

2. 实训器材

安装有 MAX+plus Ⅱ 软件的计算机 1 台,EDA 实验箱 1 套。

3. 设计原理及要求

计数器是数字电路系统中最基本的功能模块之一。设计十进制、六进制和一百进制计数器,要求计数器有计数允许和复位输入及进位输出功能。计数时钟可以用 2Hz 信号,用 LED 显示计数值。

本设计要求用仿真和测试两种手段来验证计数器的功能。实验时,可以通过修改十进制计数器的设计得到六进制、一百进制计数器。同时满足以下几点要求。

（1）设计带计数允许（ENA）和复位输入（RET）的十进制计数器，要求完成顶层电路图和 VHDL 文件。

（2）进行功能仿真。

（3）下载并验证计数器功能。

（4）按上述步骤设计六进制和一百进制计数器。

（5）为上述设计建立元件符号。

4．实训总结

（1）画出原理图，并写出 VHDL 文件。

（2）打印元件符号和仿真波形。

（3）写出仿真和测试结果。

附件　十进制计数器设计文件

（1）顶层电路图如图 7-26 所示。

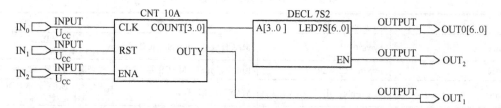

图 7-26　十进制计数器的顶层电路图

（2）引脚分配如表 7-5 所示（对于 FLEX10K10 器件）。

表 7-5　十进制计数器的引脚分配

in0	in1	in2	OUT00	OUT01	OUT02	OUT03	OUT04	OUT05	OUT06	OUT1	OUT2
5 脚	6 脚	7 脚	54 脚	58 脚	59 脚	60 脚	61 脚	62 脚	64 脚	17 脚	50 脚

（3）十进制计数器的 VHDL 程序如下。

```
LIBRARY IEEE;
USE IEEE.STD_LOGIC_1164.ALL;
USE IEEE.STD_LOGIC_UNSIGNED.ALL;
ENTITY cnt10a IS
  PORT(CLK,RST,ENA:IN STD_LOGIC;
       COUNT:OUT STD_LOGIC_VECTOR(3 DOWNTO 0);    --计数器 BCD 码输出
       OUTY: OUT STD_LOGIC);                       --计数器进位输出
END cnt10a;
ARCHITECTURE beha OF cnt10a IS
SIGNAL c1:STD_LOGIC_VECTOR(3 DOWNTO 0);            --定义中间变量 c1
BEGIN
  PROCESS(CLK,RST,ENA)                             --三个敏感信号
    BEGIN
      IF(RST='1')THEN
```

```vhdl
                c1<="0000";
            ELSIF(CLK'EVENT AND CLK='1')THEN
                IF ENA='1' THEN   c1<=c1+1;
    IF (c1>="1001") THEN
                    c1<="0000";
                END IF;
            END IF;
        END IF;
    END PROCESS;
    PROCESS(CLK)
    BEGIN
        IF CLK'EVENT AND CLK='1' THEN
            IF c1="1001" THEN OUTY<='1';
            ELSE OUTY<='0';
END IF;
        END IF;
        COUNT<=c1;
    END PROCESS;
END beha;
```

(4) 7段显示译码器（DECL7S2）的程序如下。

```vhdl
LIBRARY IEEE;
USE IEEE.STD_LOGIC_1164.ALL;
ENTITY DECL7S2 IS
    PORT(A : IN STD_LOGIC_VECTOR(3 DOWNTO 0);
        LED7S: OUT STD_LOGIC_VECTOR(6 DOWNTO 0);
        EN: OUT STD_LOGIC);
END;
ARCHITECTURE ONE OF DECL7S2 IS
BEGIN
    PROCESS(A)
    BEGIN
        CASE A(3 DOWNTO 0) IS
            WHEN "0000" => LED7S <="0111111";    --显示0
            WHEN "0001" => LED7S <="0000110";    --显示1
            WHEN "0010" => LED7S <="1011011";    --显示2
            WHEN "0011" => LED7S <="1001111";    --显示3
            WHEN "0100" => LED7S <="1100110";    --显示4
            WHEN "0101" => LED7S <="1101101";    --显示5
            WHEN "0110" => LED7S <="1111101";    --显示6
            WHEN "0111" => LED7S <="0000111";    --显示7
            WHEN "1000" => LED7S <="1111111";    --显示8
            WHEN "1001" => LED7S <="1101111";    --显示9
            WHEN OTHERS =>NULL;
        END CASE;
END PROCESS;
EN<='0';
END;
```

想一想：如何修改十进制计数器的程序，从而实现六进制、一百进制计数器的设计？

项目小结

1. 半导体存储器件与高密度可编程逻辑器件都是大规模或超大规模逻辑集成电路器件，前者多用在电子计算机中，而后者则是电子电路的理想开发器件。

2. 随机存储器 RAM 是随时进行读/写的存储器件，根据基本存储单元的构成可分为静态 RAM（SRAM）和动态 RAM（DRAM）两大类型。其中 DRAM 集成度高、成本低，多用于超大规模的集成电路 RAM 中；而 SRAM 电路复杂，成本高，集成度低，但不用刷新，多用于微型机中。

3. 只读存储器 ROM 的种类较多，包括固定 ROM、一次可编程 PROM、紫外线可擦除 EPROM 及电信号可擦除的 E^2PROM 等。ROM 的基本组成部分就是与阵列和或阵列两个阵列。ROM 除作基本的信息存储使用外，还可实现组合逻辑功能。

4. 现在的可编程逻辑器件主要是复杂可编程逻辑器件 CPLD 和现场可编程逻辑门阵列 FPGA。可编程逻辑器件的应用是现代数字系统设计的发展方向，它可以实现硬件软件化。

5. EDA 技术的主要特征是自顶向下的设计理念，主流方法是 VHDL 语言设计。

自测题 7

7-1 填空题

（1）半导体存储器按存取方式可分为_____和_____两大类型。

（2）一个 6 位地址码，8 位输出的 ROM，其存储矩阵的容量为_____。

（3）RAM 的特点是_____；ROM 的特点是_____。

（4）VHDL 的含义是_____；IEEE 的含义是_____。

（5）EPROM 器件在使用时，需用不干胶纸将其上方的窗口密封，是因为光线中含有_____成分。

（6）EDA 的设计流程一般可以分为_____、_____和_____等几个步骤。

（7）EPROM27256 芯片的容量是 32K×8 位，它有_____根地址线，_____根数据线。

7-2 问答题

（1）什么叫通用型 IC？什么叫 ASIC？二者的应用有何不同？

（2）现代数字系统设计的基本思想是什么？

7-3 试用多片 2114（1024×4 位）和 74LS138 译码器扩展成 8192×8 位的存储器，要求画出电路图说明。

7-4 试画出 4 选 1 数据选择器的逻辑符号图，并用 VHDL 语言对其进行设计。

7-5 试用 VHDL 语言设计一个 T′触发器。

7-6 试用 VHDL 语言设计一个六十进制计数器。

附录 A 常用数字集成电路速查表

表 A-1 74 系列集成电路速查表

型号：74LSxx / 74HCxx 等	功 能 简 述
7400	2 输入端 4 与非门
7401	集电极开路 2 输入端 4 与非门
7402	2 输入端四或非门
7403	集电极开路 2 输入端 4 与非门
7404	6 反相器
7405	集电极开路 6 反相器
7406	集电极开路 6 反相高压驱动器
7407	集电极开路 6 正相高压驱动器
7408	2 输入端 4 与门
7409	集电极开路 2 输入端 4 与门
7410	3 输入端 3 与非门
74107	带清除主从双 J-K 触发器
74109	带预置清除正触发双 J-K 触发器
7411	3 输入端 3 与门
74112	带预置清除负触发双 J-K 触发器
7412	开路输出 3 输入端 3 与非门
74121	单稳态多谐振荡器
74122	可再触发单稳态多谐振荡器
74123	双可再触发单稳态多谐振荡器
74125	3 态输出高有效 4 总线缓冲门
74126	3 态输出低有效 4 总线缓冲门
7413	4 输入端 2 与非施密特触发器
74132	2 输入端 4 与非施密特触发器
74133	13 输入端与非门
74136	4 异或门
74138	3-8 线译码器/复工器
74139	双 2-4 线译码器/复工器
7414	6 反相施密特触发器
74145	BCD—十进制译码/驱动器

续表

型号：74LSxx / 74HCxx 等	功 能 简 述
74415	开路输出 3 输入端 3 与门
74150	16 选 1 数据选择/多路开关
74151	8 选 1 数据选择器
74153	双 4 选 1 数据选择器
74154	4 线—16 线译码器
74155	图腾柱输出译码器/分配器
74156	开路输出译码器/分配器
74157	同相输出四 2 选 1 数据选择器
74158	反相输出四 2 选 1 数据选择器
7416	开路输出 6 反相缓冲/驱动器
74160	可预置 BCD 异步清除计数器
74161	可预制 4 位二进制异步清除计数器
74162	可预置 BCD 同步清除计数器
74163	可预制 4 位二进制同步清除计数器
74164	8 位串行输入/并行输出移位寄存器
74165	8 位并行输入/串行输出移位寄存器
74166	8 位并输入/串出移位寄存器
74169	二进制 4 位加/减同步计数器
7417	开路输出 6 同相缓冲/驱动器
74170	开路输出 4×4 寄存器堆
74173	3 态输出 4 位 D 型寄存器
74174	带公共时钟和复位 6D 触发器
74175	带公共时钟和复位 4D 触发器
74180	9 位奇数/偶数发生器/校验器
74181	算术逻辑单元/函数发生器
74185	二进制—BCD 代码转换器
74190	BCD 同步加/减计数器
74191	二进制同步可逆计数器
74192	可预置 BCD 双时钟可逆计数器
74193	可预置 4 位二进制双时钟可逆计数器
74194	4 位双向通用移位寄存器
74195	4 位并行通道移位寄存器
74196	十进制/二-十进制可预置计数锁存器
74197	二进制可预置锁存器/计数器
7420	4 输入端双与非门
7421	4 输入端双与门
7422	开路输出 4 输入端双与非门
74221	双/单稳态多谐振荡器
74240	8 反相 3 态缓冲器/线驱动器

续表

型号：74LSxx / 74HCxx 等	功能简述
74241	8 同相 3 态缓冲器/线驱动器
74243	4 同相 3 态总线收发器
74244	8 同相 3 态缓冲器/线驱动器
74245	7 同相 3 态总线收发器
74247	BCD—7 段 15V 输出译码/驱动器
74248	BCD—7 段译码/升压输出驱动器
74249	BCD—7 段译码/开路输出驱动器
74251	3 态输出 8 选 1 数据选择器/复工器
74253	3 态输出双 4 选 1 数据选择器/复工器
74256	双 4 位可寻址锁存器
74257	3 态原码四 2 选 1 数据选择器/复工器
74258	3 态反码四 2 选 1 数据选择器/复工器
74259	8 位可寻址锁存器/3-8 线译码器
7426	2 输入端高压接口 4 与非门
74260	5 输入端双或非门
74266	2 输入端 4 异或非门
7427	3 输入端 3 或非门
74273	带公共时钟复位 8D 触发器
74279	4 图腾柱输出 S-R 锁存器
7428	2 输入端 4 或非门缓冲器
74283	4 位二进制全加器
74290	2/5 分频十进制计数器
74293	2/8 分频 4 位二进制计数器
74295	4 位双向通用移位寄存器
74298	四 2 输入多路带存储开关
74299	3 态输出 8 位通用移位寄存器
7430	8 输入端与非门
7432	2 输入端 4 或门
74322	带符号扩展端 8 位移位寄存器
74323	3 态输出 8 位双向移位/存储寄存器
7433	开路输出 2 输入端 4 或非缓冲器
74347	BCD—7 段译码器/驱动器
74352	双 4 选 1 数据选择器/复工器
74353	3 态输出双 4 选 1 数据选择器/复工器
74365	门使能输入 3 态输出 6 同相线驱动器
74366	门使能输入 3 态输出 6 反相线驱动器
74367	4/2 线使能输入 3 态 6 同相线驱动器
74368	4/2 线使能输入 3 态 6 反相线驱动器
7437	开路输出 2 输入端 4 与非缓冲器

续表

型号：74LSxx / 74HCxx 等	功 能 简 述
74373	3 态同相 8D 锁存器
74374	3 态反相 8D 锁存器
74375	4 位双稳态锁存器
74377	单边输出公共使能 8D 锁存器
74378	单边输出公共使能 6D 锁存器
74379	双边输出公共使能 4D 锁存器
7438	开路输出 2 输入端 4 与非缓冲器
74380	多功能八进制寄存器
7439	开路输出 2 输入端 4 与非缓冲器
74390	双十进制计数器
74393	双 4 位二进制计数器
7440	4 输入端双与非缓冲器
7442	BCD—十进制代码转换器
74447	BCD—7 段译码器/驱动器
7445	BCD—十进制代码转换/驱动器
74450	16:1 多路转接复用器多工器
74451	双 8:1 多路转接复用器多工器
74453	四 4:1 多路转接复用器多工器
7446	BCD—7 段低有效译码/驱动器
74460	10 位比较器
74461	八进制计数器
74465	3 态同相 2 与使能端 8 总线缓冲器
74466	3 态反相 2 与使能端 8 总线缓冲器
74467	3 态同相 2 使能端 8 总线缓冲器
74468	3 态反相 2 使能端 8 总线缓冲器
74469	8 位双向计数器
7447	BCD—7 段高有效译码/驱动器
7448	BCD—7 段译码器/内部上拉输出驱动
74490	双十进制计数器
74491	10 位计数器
74498	八进制移位寄存器
7450	2-3/2-2 输入端双与或非门
74502	8 位逐次逼近寄存器
74503	8 位逐次逼近寄存器
7451	2-3/2-2 输入端双与或非门
74533	3 态反相 8D 锁存器
74534	3 态反相 8D 锁存器
7454	4 路输入与或非门
74540	8 位 3 态反相输出总线缓冲器

续表

型号:74LSxx / 74HCxx 等	功 能 简 述
7455	4输入端2路输入与或非门
74563	8位3态反相输出触发器
74564	8位3态反相输出D触发器
74573	8位3态输出触发器
74574	8位3态输出D触发器
74645	3态输出8同相总线传送接收器
74670	3态输出4×4寄存器堆
7473	带清除负触发双J-K触发器
7474	带置位复位正触发双D触发器
7476	带预置清除双J-K触发器
7483	4位二进制快速进位全加器
7485	4位数字比较器
7486	2输入端4异或门
7490	可2/5分频十进制计数器
7493	可2/8分频二进制计数器
7495	4位并行输入\输出移位寄存器
7497	6位同步二进制乘法器

表 A-2 4000 系列集成电路速查表

型 号	性 能 说 明
CD4000	3输入双或非门1反相器
CD4001	四2输入或非门
CD4002	双4输入或非门
CD4006	18级静态移位寄存器
CD4007	双互补对加反相器
CD4008	4位二进制并行进位全加器
CD4009	6缓冲器/转换器（反相）
CD4010	6缓冲器/转换器（同相）
CD40100	32位双向静态移位寄存器
CD40101	9位奇偶发生器/校验器
CD40102	8位BCD可预置同步减法计数器
CD40103	8位二进制可预置同步减法计数器
CD40104	4位3态输出双向通用移位寄存器
CD40105	先进先出寄存器
CD40106	6反相器（带施密特触发器）
CD40107	2输入双与非缓冲/驱动器
CD40108	4×4多端寄存
CD40109	四3态输出低到高电平移位器
CD4011	四2输入与非门

续表

型 号	性 能 说 明
CD40110	十进制加减计数/译码/锁存/驱动
CD40117	10 线~4 线 BCD 优先编码器
CD4012	双 4 输入与非门
CD4013	带置位/复位的双 D 触发器
CD4014	8 级同步并入串入/串出移位寄存器
CD40147	10 线~4 线 BCD 优先编码器
CD4015	双 4 位串入/并出移位寄存器
CD4016	4 双向开关
CD40160	非同步复位可预置 BCD 计数器
CD40161	非同步复位可预置二进制计数器
CD40162	同步复位可预置 BCD 计数器
CD40163	同步复位可预置二进制计数器
CD4017	十进制计数器/分频器
CD40174	6D 触发器
CD40175	4D 触发器
CD4018	可预置 1/N 计数器
CD40181	4 位算术逻辑单元
CD40182	超前进位发生器
CD4019	4 与或选译门
CD40192	可预制 4 位 BCD 计数器
CD40193	可预制 4 位二进制计数器
CD40194	4 位双向并行存取通用移位寄存器
CD4020	14 级二进制串行计数/分频器
CD40208	4×4 多端寄存器
CD4021	异步 8 位并入同步串入/串出寄存器
CD4022	八进制计数器/分频器
CD4023	三 3 输入与非门
CD4024	7 级二进制计数器
CD4025	三 3 输入或非门
CD40257	四 2 线~1 线数据选择器/多路传输
CD4026	7 段显示十进制计数/分频器
CD4027	带置位复位双 J-K 主从触发器
CD4028	BCD-十进制译码器
CD4029	可预制加/减(十/二进制)计数器
CD4030	4 异或门
CD4031	64 级静态移位寄存器
CD4032	3 位正逻辑串行加法器
CD4033	十进制计数器/消隐 7 段显示
CD4034	8 位双向并、串入/并出寄存器

续表

型号	性能说明
CD4035	4位并入/并出移位寄存器
CD4038	3位串行负逻辑加法器
CD4040	12级二进制计数/分频器
CD4041	4原码/补码缓冲器
CD4042	4时钟控制D锁存器
CD4043	四3态或非R/S锁存器
CD4044	四3态与非R/S锁存器
CD4045	21位计数器
CD4046	PLL锁相环电路
CD4047	单稳态、无稳态多谐振荡器
CD4048	8输入端多功能可扩展3态门
CD4049	6反相缓冲器/转换器
CD4050	6同相缓冲器/转换器
CD4051	8选1双向模拟开关
CD4052	双4选1双向模拟开关
CD4053	三2选1双向模拟开关
CD4054	4位液晶显示驱动器
CD4055	BCD—7段译码/液晶显示驱动器
CD4056	BCD—7段译码/驱动器
CD4059	可编程1/N计数器
CD4060	14级二进制计数/分频/振荡器
CD4063	4位数字比较器
CD4066	4双向模拟开关
CD4067	单16通道模拟开关
CD4068	8输入端与非门
CD4069	6反相器
CD4070	4异或门
CD4071	四2输入端或门
CD4072	4输入端双或门
CD4073	3输入端3与门
CD4075	3输入端3或门
CD4076	4位3态输出D寄存器
CD4077	4异或非门
CD4078	8输入端或非门
CD4081	四2输入端与门
CD4082	4输入端双与门
CD4085	双2×2与或非门
CD4086	2输入端可扩展4与或非门
CD4089	二进制系数乘法器
CD4093	四2输入端施密特触发器
CD4094	8级移位存储总线寄存器

续表

型 号	性 能 说 明
CD4095	选通 J-K 同相输入主从触发器
CD4096	选通 J-K 反相输入主从触发器
CD4097	双 8 通道模拟开关
CD4098	双单稳态多谐振荡器
CD4099	8 位可寻址锁存器

附录 B　常用 TTL（74 系列）数字集成电路型号及引脚排列

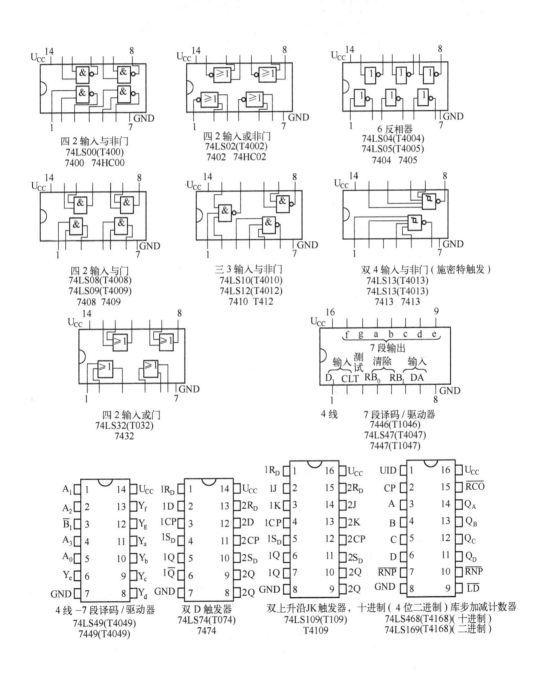

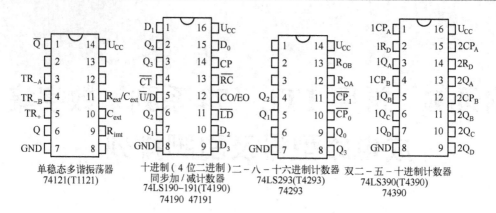

单稳态多谐振荡器　十进制(4位二进制)　二-八-十六进制计数器　双二-五-十进制计数器
74121(T1121)　同步加/减计数器　74LS293(T4293)　74LS390(T4390)
　　　　　　　　74LS190-191(T4190)　74293　　　　　　74390
　　　　　　　　74190　47191

附录 C 常用 CMOS（C000 系列）数字集成电路型号及引脚排列

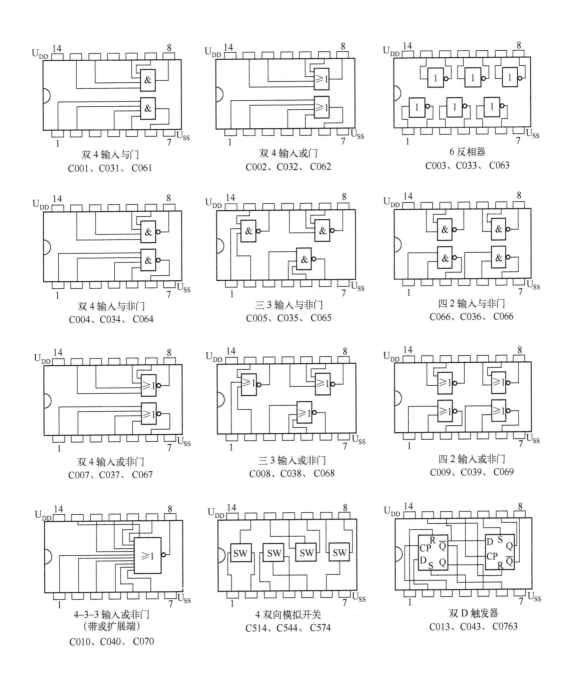

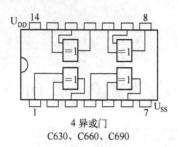

4 异或门
C630、C660、C690

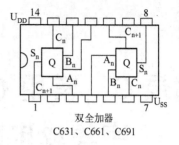

双全加器
C631、C661、C691

附录 D 常用 CMOS（CC4000 系列）数字集成电路型号及引脚排列

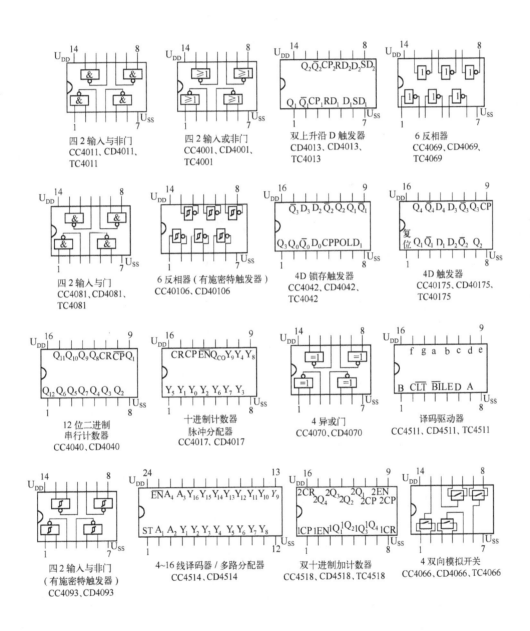

十进制计数器
CC4553、CD4553、TC4553

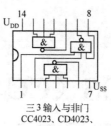
三 3 输入与非门
CC4023、CD4023、
TC4023

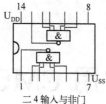
二 4 输入与非门
CC4012、CD4012、
TC4012

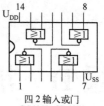
四 2 输入或门
CC4071、CD4071
TC4071

参 考 文 献

[1] 阎石. 数字电子技术基础[M]. 4版. 北京：高等教育出版社，1998.
[2] 崔忠勤. 中外集成电路简明速查手册：TTL、COMS电路（续集）[M]. 北京：电子工业出版社，1999.
[3] 杨志忠. 数字电子技术[M]. 北京：高等教育出版社，2000.
[4] 沈任元，吴勇. 数字电子技术基础[M]. 北京：机械工业出版社，2000.
[5] 张友汉. 电子技术[M]. 北京：高等教育出版社，2001.
[6] 李忠国. 数字电子技能实训[M]. 北京：人民邮电出版社，2006.
[7] 郝波. 数字电子技术[M]. 大连：大连理工大学出版社，2003.
[8] 王建，邵小英. 数字电子[M]. 北京：机械工业出版社，2007.
[9] 谢兰清. 电子技术项目教程[M]. 北京：电子工业出版社，2009.
[10] 刘守义. 数字电子技术[M]. 2版. 西安：西安电子科技大学出版社，2007.
[11] 朱强. 数字逻辑电路[M]. 北京：机械工业出版社，2005.
[12] 熊伟. Multisim7电路设计及仿真应用[M]. 北京：清华大学出版社，2005.
[13] 陈国庆，贾卫华. 电子技术基础实训教程[M]. 北京：北京理工大学出版社，2008.
[14] 陈松. 数字逻辑电路[M]. 南京：东南大学出版社，2002.
[15] 吴慎山. 电子线路设计与实践[M]. 北京：电子工业出版社，2005.
[16] 王振红. VHDL数字电路设计与应用实践教程[M]. 2版. 北京：机械工业出版社，2007.
[17] 王志鹏，付丽琴. 可编程逻辑器件开发技术MAX+plusⅡ[M]. 北京：国防工业出版社，2005.
[18] 潘松，黄继业. EDA技术实用教程[M]. 北京：科学出版社，2002.